贵州大学美学创新团队文丛

生命与生态的碰撞与交融

封孝伦　袁鼎生　主编

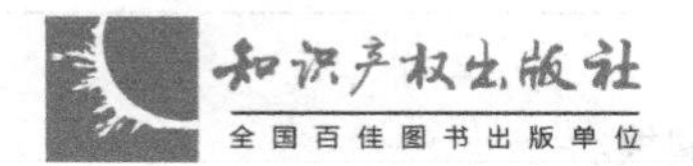

图书在版编目(CIP)数据

生命与生态的碰撞与交融 / 封孝伦，袁鼎生主编. —北京：知识产权出版社，2016.8
ISBN 978-7-5130-4396-0

Ⅰ.①生… Ⅱ.①封… ②袁… Ⅲ.①生命—美学—研究 ②生态学—美学—研究 Ⅳ.①B83-05 ②Q14-05

中国版本图书馆 CIP 数据核字(2016)第 198453 号

内容提要

本书选取了生命美学与生态美学中的部分问题进行了研究，主要集中在三个方面：一是基础理论研究，如生命的哲思、生态的逻辑、生命美学的哲学视野等问题的研究；二是不同美学分支学科间的交汇、碰撞与对话，如生命美学与生态美学、生命美学与实践美学等问题的研究；三是生命美学与生态美学的应用研究，运用生命、生态美学的原理与方法来研究一些具体问题，如音乐、书法、舞蹈等文艺中的生命、生态意识，以此还原、验证乃至重构生命美学、生态美学理论。

责任编辑：王　辉　　　　**责任出版**：孙婷婷

生命与生态的碰撞与交融

SHENGMING YU SHENGTAI DE PENGZHUANG YU JIAORONG

封孝伦　袁鼎生　主编

出版发行：知识产权出版社有限责任公司　　网　址：http://www.ipph.cn
电　话：010-82004826　　http://www.laichushu.com
社　址：北京市海淀区西外太平庄55号　　邮　编：100081
责编电话：010-82000860转8381　　责编邮箱：wanghui@cnipr.com
发行电话：010-82000860转8101/8029　　发行传真：010-82000893/82003279
印　刷：北京中献拓方科技发展有限公司　　经　销：新华书店及相关销售网点
开　本：720 mm×1000 mm　1/16　　印　张：16
版　次：2016年8月第1版　　印　次：2016年8月第1次印刷
字　数：290千字　　定　价：52.00元
ISBN 978-7-5130-4396-0

序 言

20世纪90年代以来中国美学界兴起的统称为后实践美学的诸流派大多以实践美学为言说的预设对象，甚至作为自身美学理论的标靶，即通过寻找实践美学的第一逻辑起点或关怀维度等不足之处来建立起自身的美学体系，形成了美学学科中灿烂的学术景观。但是，21世纪以来美学研究相对沉寂的今天，各美学流派之间真心诚意的对话和碰撞已越来越少，这不能不说是一个遗憾。换句话说，各美学流派若不以实践美学为标靶，还能否心平气和地面对美学自身的问题？

而在后实践美学的诸流派中，生命美学与生态美学无疑是两个影响较大的美学流派，仅就主持、参与研究者言，甚众。但是，某一家的生命美学理论能否直接等同于"生命美学一般"，进而又直接等同于"人类美学一般"？同样，某一家的生态美学理论能否直接等同于"生态美学一般"，进而又直接等同于"人类美学一般"？今天的美学研究能否把这些个性化、历史地形成的美学研究成果放置到超越个性化美学理论、具体美学流派的人类美学学科位置上来进行对话和整合，从而将个性化、历史地形成的美学理论、美学流派纳入一般性的美学学科知识体系中？这是考量当代美学研究智慧、胸怀的一项工程。

生命美学与生态美学对话的初衷就是想作这样的尝试，即站在"人类美学一般"的角度既充分了解、同情、体认、理清生命美学与生态美学对人类审美活动认知的理论贡献、现实价值，又不忘检视它们各自的学术盲区、缺憾。从生命美学或生态美学的任一单一、特定的视角看，它们对人类审美活动的认知会有各自的看法，甚至认为各自都抓住了关于人类审美活动认知的唯一真理，但从"人类美学一般"的角度看，却未必如此。人类审美活动是开放的，对它的认知也无止境。共和国成立以来的中国美学界，有了认识论美学、实践美学、生命美学、超越美学、生存美学、否定美学、怀疑论美学、生态美学、休闲美学、身体美学等美学流派的此起彼伏，放眼未来，应该还会有以"某某美学"命名的美学流派诞生。选取"人类美学一般"这个第三方的立场来从事生命美学与生态美学的对话、比较研究的好处是，它有益于美学研究少一份流派、门户的狭隘，多一份追问人类审美活动真谛的审慎立场和科学理性。

这是一个没有英雄的年代，也是一个科学意识充分觉醒的时代。纯粹的学术辩护或学术攻伐等观念游戏难有太大的社会影响力，多一份真理占有我的平常心倒是更有益于美学界对人类审美活动的认知日将月就地累积更多明确的知识，因此而说服、安顿人心。

生命美学与生态美学的对话是近年来西南美学界的学术盛事。黔桂两省虽地处西南边陲，却并未远离中国美学研究中心。近年来，已经形成以广西民族大学袁鼎生教授为代表的“生态美学”研究团队和以贵州大学封孝伦教授为代表的“生命美学”研究团队，通过举办学术会议、学术互访等方式致力于生态美学与生命美学的对话与交流。迄今，两个团队间关于“生命美学与生态美学的对话”学术研讨会已进行了两届。第一届2011年在南宁举行，广西师范大学出版社2013年出版了同名的会议成果；第二届2013年在贵阳举行，本书是该次会议的成果。

这部论文集分列“生命的哲思”“生态的逻辑”“生命与生态的交融”“文艺中的生命与生态”“学理的辨析”五个栏目，分别高屋建瓴地从哲学的高度探索生命与生态这两种美学体系，具体又从古今中外的文化、文艺和思想家案例中挖掘有美学意味的生命与生态之思，体悟以生命与生态为内核的审美之美。

当然，由于水平有限，这部论文集的整体理论质地未必很高，也可能未完全贯彻、落实黔桂两个美学团队从事生命美学与生态美学的对话的初衷，但我们愿继续努力，并热情期待同行的批评、指点。

封孝伦　袁鼎生

2016年3月

目　录

生命的哲思

生态的逻辑

生命与生态的交融

文艺中的生命与生态

学理的辨析

生命的哲思

李泽厚对实践美学的建构与解构

封孝伦

一、实践美学的基本观点

实践美学的逻辑起点是把“实践”定义为人的“本质”或“本体”。我们知道，哲学对“本质”的解释是“现象”得以发生的“内在规定性”。说人的本质是实践，也就是说人的一切行为都被这个实践所规定。而人的一切行为及其成果则都是这个“实践本质”的外在表现。“实践美学”认为，美是人类的社会实践产生的，美的事物是人的“社会实践”这个“本质力量的对象化”。因此，我们欣赏美的事物不是欣赏它的什么，只是欣赏这个事物中显现出来的人的“社会实践”这个本质力量。事物所以美，根本上，在于它“确证”了人的“社会实践”这个“本质力量”的存在。

众所周知，“实践美学”的最早创始人是李泽厚。虽然开始他不愿意承认，后来还是认下了。他最早提出用马克思提出的“实践”概念来解释美的本质问题。他所重视和坚持的“实践”这个概念的出处，主要来源于马克思的《1844年经济学哲学手稿》和1845年写的《关于费尔巴哈的提纲》。“实践”这个概念，在马克思早期的著作中，本来是使用黑格尔提出的动态、宏观、辩证地认识事物的关于人类活动的哲学观念，批判费尔巴哈的直观、静止、抽象的人本主义。1845年马克思在《关于费尔巴哈的提纲》中说：“从前的一切唯物主义——包括费尔巴哈的唯物主义——的主要缺点是：对事物、现实、感性，只是从客体的或者直观的形式去理解，而不是把它们当作人的感性活动，当作实践去理解，不是从主观方面去理解。”这里的“实践”，实际上是理解人的一个角度，即认识“人”必须看到人的“能动性”。在马克思看来，不从实践这个角度理解事物和人的感性，是费尔巴哈哲学的主要缺点，但这个缺点并不能抹杀费尔巴哈唯物主义哲学的优点。马克思说：“费尔巴哈不满意抽象的思维而诉诸感性的直观；但是他把感性不是看作实践的、人类感性的活动。"[1]很显然,马克思是利用黑格尔的"能动"的历史辩证法批判费尔巴哈的直观的、静止的、抽象的唯物主义。马克思把"现实、事物、感性"都看成是人的实践的结果,这与黑格尔把所有的"现实、事物、感性"都看成是绝对精神的对象化的结果——而人的实践不过是绝对精神对象化的工具——有理论渊源关系。马克思正是在批判性地接受黑格尔的过程中接受性地批判费尔巴哈。在这里,马克思并没有把"实践"看作是人的本质。他说:"费尔巴哈把宗教的本质归结于人的本质。但是,人的本质并不是单个人所固有的抽象物。在其现实性上,它是一切社会关系的总和。"[2]他并没有说,人的本质是实践。他只是认为对于人的本质要从社会关系的总和来抽象,而不能从单个人来抽象。他认为费尔巴哈"撇开历史的进程,孤立地观察宗教感情,并假定出一种抽象的——孤立的——人类个体"[3]。马克思认为,"社会生活在本质上是实践的。凡是把理论导致神秘主义方面去的神秘的东西,都能在人的实践中以及对这个实践的理解中得到合理的解决。"[4]就是说,只要把人看成能动的、实践的,就不会把人的社会生活理解为某种神秘现象的产物。因为能动的、实践的、在历史过程中存在的人,其复杂性是可以在历史的复杂关系中得以揭示和解释的,并不神秘。

1956 年,李泽厚在他的《论美感、美和艺术》中引用了马克思的《1844 年经济学哲学手稿》中的一段话:"一切对象都是他本身的对象化,都是确定和实现他的个性的对象,也就是他的对象,也就是他本身的对象。"[5]照一般人的理解,马克思所说的这个"他",就是人类。照黑格尔的理解,这个"他",就是他提出的所谓"绝对精神"。李泽厚则有自己的理解,他指出:"这里的'他',不是一种任意的主观情感,而是有着一定历史规定性的客观的人类实践。自然对象只有成为'人化的自然',只有在自然对象上'客观地揭开了人的本质的丰富性'的时候,它才成为美。"[6]这段话的前半段符合马克思在《关于费尔巴哈的提纲》里提出的"什么事物都应当作实践来看"的思想,而在后半段,李泽厚把"人类实践"几乎就说成了"人的本质"的代名词,因为人的本质的丰富性就是由人类实践展开的。

李泽厚通过评述车尔尼雪夫斯基的美学观点进一步展开自己的思考,他认为,车尔尼雪夫斯基的"美是生活"的定义比较接近于马克思主义美学观,只是"生活"

---

[1] 马克思恩格斯选集(第一卷)[M].北京:人民出版社,1972:17.

[2] 马克思恩格斯选集(第一卷)[M].北京:人民出版社,1972:18.

[3] 马克思恩格斯选集(第一卷)[M].北京:人民出版社,1972:18.

[4] 马克思恩格斯选集(第一卷)[M].北京:人民出版社,1972:18.

[5] 李泽厚.美学论集[M].上海:上海文艺出版社,1980:25.这段话可以在《马克思恩格斯全集》第 42 卷第 125 页找到。译文小有出入。

[6] 李泽厚.美学论集[M].上海:上海文艺出版社,1980:25.

这个概念比较抽象空洞。李泽厚根据马克思《关于费尔巴哈的提纲》提出的"社会生活在本质上是实践的"这个论断，指出，"社会生活，照马克思主义的理解，就是生产斗争和阶级斗争的社会实践。"[1]他说："人的一切思想，感情都是围绕着、反映着和服务于这样一种实践斗争而活动着，而形成起来或消亡下去。……这也就是社会生活的本质、规律和理想。""美正是包含社会发展的本质、规律和理想而有着具体可感形态的现实生活现象，美是蕴藏着真正的社会深度和人生真理的生活形象(包括社会形象和自然形象)。"[2]说人的一切——请注意，这里说的是"一切"——思想、感情"都是"围绕着、反映着和服务于"社会实践"在活动、形成或消亡，这隐含两个问题：一或者是实践的内容很宽泛，可以说无限宽泛，因为凡是与人的一切思想感情有关的都是实践。李泽厚的这个说法导致了日后有的美学家对"实践"内涵的泛化，而这恰恰又是他所反对的。二是思想感情太狭隘，只围绕着阶级斗争、生产斗争、科学实验产生思想和感情，除此之外都不能产生思想和感情。李泽厚从始至今很明确并且多次地把"实践"限定在"三大项"即生产斗争、阶级斗争、科学实验上。因此，按李泽厚的实践美学，很难解释与这三大项无关的审美活动和审美内容。

李泽厚在这里还趁便运用他的实践观改造黑格尔的理论，"黑格尔说，'理念'从感官所接触的事物中照耀出来，于是有'美'。这'理念'如果颠倒过来，换成历史唯物主义所了解的社会生活的本质、规律和理想，就可以说是接近于我们所需要的唯物主义的正确说法了。"也就是说，社会生活的本质、规律和理想——即"社会实践"——从感官所接触的事物中"照耀出来"或显示出来，就是美。这个说法后来被他归纳为"人的本质力量的对象化"，被有的理论家归纳为"人的本质力量的感性显现"。因为人的本质力量就是实践的力量。人的本质就是实践。

在1956年的这篇文章里，李泽厚只是陈述观点，而没有论证观点。我们不清楚，人的本质为什么只是"社会实践"而不是别的？也不知道，把"实践"替换掉"理念"，怎么就实现了对黑格尔的"颠倒"？黑格尔的"颠倒"是精神决定物质。我们如果要把它"颠倒"过来就应该是物质决定精神。比较一下"实践"和"感官所接触的事物"两者，谁更"物质"谁更精神呢？"感官所接触的事物"是精神吗？如果说它们都是物质，那就是物质决定物质，精神到哪里去了呢？

仔细阅读马克思原著，马克思并没有说人的本质是实践，他只是说人的本质在其现实性上是一切社会关系的总和，他只是说社会生活本质上是实践的。实践其

[1] 1980年结集出版时，他在注释里面为"社会实践"加上了"科学实验"这一项，与毛泽东关于实践的说法相一致。见李泽厚.美学论集[M].上海：上海文艺出版社，1980：30.

[2] 李泽厚.美学论集[M].上海：上海文艺出版社，1980：30.

实就是人发出的一种行动。人的行动构成了社会生活的全部内容。而“决定”人发出行动的那个“内在规定性”,才是人的本质。把人的行动说成是人的本质,然后说人的行动决定人的思想和感情,这恰好是把本与末颠倒了,实质上是把决定人何以要行动和如何行动的那个根本性的东西——真正的本质——忽略了,抛弃了。

不过,这个“实践”概念在20世纪50年代给美学讨论带来极大的兴奋,对当时的美学建构至少有两方面的功劳和价值:一是它肯定人的活动对美的产生的决定意义,强调人的主观活动的物质性和社会性,这一点在朱光潜、高尔太虽然也强调人的主导地位但却被戴上“唯心主义”帽子饱受攻击的时期,对于保留人在审美活动中的核心地位至关重要。二是它可以作为时代英雄主义美学观的理论基础,因为它强调阶级斗争、生产斗争、科学实验的革命实践,对于我们在五六十年代革命文艺大力歌颂阶级斗争、生产斗争中的英雄提供了美学支持,这也为美学自身在当时的政治大背景下的生存加了分。

到20世纪80年代,“实践”这个概念还顺利实现了与“自由”这个时代概念的对接。因为恩格斯1876年写《反杜林论》时说:“自由不在于幻想中摆脱自然规律而独立,而在于认识这些规律,从而能够有计划地使自然规律为一定的目的服务。”[1]恩格斯的这个关于自由的说明,恰好与李泽厚所说的“实践”的内涵——掌握规律,改造自然——是一致的,这对于他把“人化自然”这个概念表述转换成“美是自由的形式”提供了方便。“美是自由的形式”响应了“文革”结束后人们对“自由”的渴望和呼唤,人们并不仔细推敲李泽厚说的这个“自由”是什么意思,反正“自由”成了审美的最高旗帜,这又在中国大地迅速掀起了新一波美学热潮。

我们后来从李泽厚的《批判哲学的批判》一书里发现他关于人性的一些思考,其实就是他选择“实践”作为人的本质定义的根源所在。他认为人性不等于动物性。人性“应该是区别于动物而为人所特有的性质或本质”[2]。他说:“人性是否等于动物性呢?人性是否就是吃饭、睡觉、饮食男女呢?……这是我不同意的。人性恰恰应该是区别于动物而为人所特有的性质或本质,这才叫人性。”[3]人区别于动物之处在哪里呢?他认为在于制造工具和使用工具改造自然,这就是他非常看重的“实践”。他又进一步表述说:“人性应该是感性与理性的互渗,自然性与社会性的融合。”[4]这个表述与前面的表述存在矛盾。说区别就难说互渗,说互渗就难言

[1] 马克思恩格斯选集(第三卷)[M].北京:人民出版社,1972:153－154.
[2] 李泽厚.批判哲学的批判[M].北京:人民出版社,1979:423.
[3] 李泽厚.批判哲学的批判[M].北京:人民出版社,1979:423.
[4] 李泽厚.批判哲学的批判[M].北京:人民出版社,1979:423.

区别。“区别点”是什么，感性还是理性？自然性还是社会性？在他看来显然是“理性”和“社会性”。而理性与社会性，恰好与“社会实践”相一致。

二、实践美学的逻辑困难

实践美学一经提出就存在困难，但人们可以忽略不计这些困难，因为“实践美学”在与“典型美学”的论战中坚持了人的核心地位，这是当时——20世纪五六十年代——人们思考文学理论、艺术创造、审美活动所必争的一个理论立足点；是保留人在艺术和审美中的位置，坚持“文学是人学”所需要的一个桥头堡。因此，实践美学理论是至今为止拥有最多守望者的理论。

在“文革”已然结束30多年、改革开放已然进行了30年后的今天，人们已不必仰仗某一把尚方宝剑——哪怕这把剑还没有完全铸成——就可以自由讨论学理问题的时候，实践美学创建之初就存在的一些问题，必然会日益明显地呈现出来，更为强烈地引起人们的注意。那些在创建之初看起来不显眼的问题，现在变得非常刺目。就像一间打扫得十分整洁的房间，偶尔出现一粒尘沙或落叶，都会让人觉得非常刺目一样。

实践美学太难解释许多看起来与人类实践无关的审美现象了。

首先是自然美——尤其是那些不可能经受过人类实践活动作用过的自然现象的美，如太阳、月亮、山川、大海等。如果说人化自然是人在特定的历史时期与自然的关系发生了变化，那么为什么在同一时期有些自然美有些自然不美？有些自然此时看来是美的彼时看来是不美的？从“人化自然”的逻辑来解释自然美，应该是“人化”的程序越是深入越是普遍就越是美，但为什么不是人类实践渗透得越深的自然越是美？

人体美也是实践美学解释的致命难点，它自古很少经过人类实践的改造，但人体从来是审美的重要内容。当代流行整容，这已是“实践”染指了人体的自然状态，应该说整过的容貌——这里排除失败的整容——一定是美的，但是不然。许多人不能接受自己的“丑妻”整容。而且，有的美人，当你知道他或她是整过容的，先有的美感就会锐减而不会增加。整容的美如果能够成立，真与美的关系就被颠覆了，美则美了，但是假了。而实践美学恰恰坚持的是真、善、美的统一。

实践美学也难以解释有的实践活动的结果是美的，而有的实践活动的结果是丑的。它也难以解释为什么有的结果投入的实践活动多反而不美，而有的结果投入的实践活动少却很美很美。有的结果科技含量高不美，有的结果科技含量不高却很美。这样的例子不胜枚举。

实践美学还有一个重要问题难以回答:美感的心理基础在哪里?实践美学把审美看成是一种反映,一种认识,一种对“人的本质力量”的“确证”,对“实践”的“确证”,对人的自由的“确证”。这与黑格尔美学观相一致。即看到了,证明了,对了,就美了。但我们在与美相遇时那种激动得心跳的愉悦感是怎么产生的,其心理基础和心理过程与人的生命动机有没有关系,是怎样一种关系?实践美学难以说明。李泽厚总是说心理学还不成熟,还解释不了审美中的心理过程。20 世纪说要等到 21 世纪,到了 21 世纪说还要等到 22 世纪。其实,人类审美不断,我们每一个人都曾经经历审美,这个心理过程是怎么产生的,都是有体验的,只是,我们被某种理论暗示了,被引向了一个不正确的方向。我们总是走不出认识论的梦魇,总是达不到真切地把握美的彼岸。

另外,不论号称什么美学,它所坚持的逻辑起点必须是第一逻辑起点,其理论才可能彻底。如果不是第一逻辑起点而是第二逻辑起点,这个理论的解释范围就会有漏洞。从第一逻辑起点到第二逻辑起点之间的地带是它所不能覆盖的。人类的实践没有第一决定者吗?人类像黑格尔的“绝对理念”那样生而“实践”吗?人类为什么要实践?人类不实践行不行?回答这个问题其实简单,人类要生存,所以要实践。这样看来,实践并不是人类行为的第一决定因素,而生命的生存需要才是第一决定因素。也就是说,实践并不是人类审美活动的第一逻辑起点。它充其量是由人类生命需要决定的第二逻辑起点。

这就是为什么,那些与实践无关或关系不大的审美现象实践美学解释起来如此困难。

对实践美学的质疑从 20 世纪 90 年代开始就发生了。潘知常、杨春时、汪济生,以及后来的生态美学学派,都从自己的思考对美学的发展做出了贡献。潘知常提出要从人的生命的角度认识审美问题,否则美学就是无根的美学。这是真知灼见。杨春时明确提出要构建后实践美学理论,这实际上是举旗向实践美学挑战。汪济生则从人与动物的共同性入手,从根本上动摇实践美学的人学根基。许多人对实践美学的反思是不动声色的。生态美学一开始就引起了美学界较多学者的关注和参与。生态美学一个很重要的理念是反对以人为中心,同时与当前建设生态文明、建设和谐社会相呼应。因此它一下子有许多工作可做,还来不及思考生态美学与实践美学是什么关系。其实生态美学一提出就受到追捧,与人们对实践美学的失望有关。

“人类实践”可以有两解。一是作动词解,即人类对自然界的改造。作动词解的时候,动作的实施主体为什么要实施这个动作,是一个决定性因素,这个因素决定了人何以要实践,如何实践,达成什么目的。而实践美学仿佛从来不追问这个因素，只讨论如何实践——制造、使用工具——而不问为什么实践。在实践美学体系中，“实践”这个概念是抽象的，无人类目的的，人不过是“实践”达成实践目的的工具。二是作名词解，即“社会实践”指的就是生产斗争、阶级斗争、科学实验，就是掌握规律，人化自然。这实践是规定性的，就是说，人类的一切实践内容在行动之前已设定好了，实践的结果不过就是把这些早已规定好的内容展现出来，对象化出来。如果实践产生的结果恰好能证明、能显示那早先设定好的内容，就行了，就对了，就美了。这就有一个问题，这些内容是谁规定的？是先验的还是上帝给予的？李泽厚认为，是人类的实践活动“积淀”下来的。紧接着产生的问题是，是怎么“积淀”下来的，是通过什么方式“积淀”下来的？是把历史发生的所有的东西都沉淀下来呢还是有所选择地进行积淀？如果有选择，选择的标准是什么？设立标准的依据是什么？李泽厚又把它交给未来世纪的心理学来回答。

三、李泽厚对实践美学的修补

像李泽厚这样的有智慧的哲学家，不可能不发现他所创设的实践美学中真正的问题所在，也就不可能不对他的理论进行修补。这些修补，一方面显示了他的坚持；另一方面也显示了他的改变。

他作了三个重要修补。

第一个修补是关于“人化自然”的修补。这个修补进行了两个轮次。首先针对“人化自然”难以解释人类不曾有过实践改造过的自然何以美的问题。他提出的修补方案是从狭义走向广义。他说：“其实，‘自然的人化’可分狭义和广义两种，通过劳动、技术去改造自然事物，这是狭义的自然人化。我所说的自然人化，一般都是从广义上说的，广义的‘自然的人化’是一个哲学概念。天空、大海、沙漠、荒山野林，没有经过人去改造，但也是‘自然的人化’。因为‘自然的人化’是指人类征服自然的历史尺度，指的是整个社会发展达到一个阶段，人和自然的关系发生了根本的改变。‘自然人化’不能仅仅从狭义上去理解，仅仅看作是经过劳动改造了的对象。”[1]这个修补仿佛可以解决没有经过改造过的自然现象何以美的问题了，虽然牵强，却也能在理论上自圆其说。但却经不起深入追问：社会发展到一定阶段，人与自然关系的变化应该是等量的、相同的，何以有的自然现象是美的，而有的自然现象却是不美的甚至是极丑的？另外，按照实践美学的逻辑，按照“人的本质力量对象化”的逻辑，应该是，人越是深入地切入自然，越是巨大地改变自然，所产生的后果越是美。但这常常不合审美实际。我们许多时候许多情况下追求最为

---

[1] 李泽厚. 美学四讲[M]. 桂林：广西师范大学出版社，2001：96.

原始的、最没有人迹扰动的自然。

对这个问题,李泽厚作了他第二轮次的修补,他提出"人的自然化"概念。从文字概念上看,"人的自然化"与"自然的人化"是两个反向的提法。既然要求人自然化,干吗还要自然的人化?李泽厚是这样说的:"人自然化是建立在自然人化基础之上,否则,人本是动物,无所谓'自然化'。正是由于自然人化,人才可能自然化。正因为自然人化在某些方面今日已走入相当片面的'极端',才需要突出人自然化。"❶显然,这是从历史任务的角度来说明的,就是说,前一时期"自然人化"搞得太过火了,今天才要提出"人自然化"。这个提法与今天生态美学的思考相一致,但它从根本上颠覆了"自然的人化"的逻辑,颠覆了"人的本质力量对象化"的逻辑。

他的第二个修补,是从反动物性向动物性的修补。李泽厚主张人性是与动物性相区别的特性。人与动物相区别的地方就是制造工具和使用工具,也就是实践。这个观点特别注意对规律的把握和运用,特别强调人高于动物的精神境界。凡做美学的人都记得马克思早期的《1844 年经济学哲学手稿》中提到过"美的规律",强调人只有在不食人间烟火条件下的创造才符合美的规律。话是这样说的:"诚然,动物也生产。它也为自己营造巢穴或住所,如蜜蜂、海狸、蚂蚁等。但是动物只生产它自己或它的幼仔所直接需要的东西;动物的生产是片面的,而人的生产是全面的;动物只是在直接的肉体需要的支配下生产,而人甚至不受肉体需要的支配也进行生产,并且只有不受这种需要的支配时才进行真正的生产;动物只生产自身,而人再生产整个自然界;动物的产品直接同它的肉体相联系,而人则自由地对待自己的产品。"说到这里,人已不是动物,是黑格尔的"理念"的化身。否则,他的生产如何是"全面的"?他如何"再生产整个自然界"?看清了这一层,下面的"两个尺度"就好理解了:"动物只是按照它所属的那个种的尺度和需要来建造,而人却懂得按照任何一个种的尺度来进行生产,并且懂得怎样处处都把内在的尺度运用到对象上去;因此,人也按照美的规律来建造。"❷实践美学也贯穿了这个精神。

但这个精神实在难以解释文艺创作中的许多充满感性的现象。所以李泽厚在后期的著作中一再对这个偏颇进行补救。他开始强调人的动物性,强调人的物质需要;开始注重人的个体和生死;吃饭的问题明显地纳入了他的哲学视野。他也比较大声地强调人的情欲。2006 年,他对他早先提出的四种心理因素中的"情感"重

---

❶ 李泽厚. 李泽厚近年答问录[M]. 天津:天津社会科学院出版社,2006:57.

❷ 《马克思恩格斯全集》第 42 卷,第 96 – 97 页。

新作出解释:"情有关欲望。欲望是属于自然性的东西。过去是衣、食、住、行,我后来加上性、健、寿、娱。……不仅仅限于吃饱,还有一个吃好的问题,也就是衣、食、住、行、性、健、寿、娱不断提高的问题。"[1]他甚至高调重视生命的生与死,"人作为个体生命是如此之偶然、短促和艰辛,而死却必然和容易,所以人不能是工具、手段,人是目的自身。"[2]所以他呼吁:"回到人本身吧,回到人的个体、感性和偶然吧。从而,也就回到现实的日常生活中来吧!不再受任何形上观念的控制支配,主动迎接、组合和打破这积淀吧。艺术是你的感性存在的心理对映物,它就存在于你的日常经验中,这即是心理——情感本体。在生活中去作非功利的审视,在经验中去进行情感的净化,从而使经验具有新鲜性、客观性、开拓性,使生活本身变而为审美意味的领悟和创作,使感知、理解、想象、情欲[3]处在不断变换的组合中,于是艺术作品不再只是供观赏的少数人物的产品,而日益成为每个个体存在的自我完成的天才意识。"[4]从这个修补我们看到,李泽厚早期强调"区别点"而不得不丢掉的"动物性"被他捡回来了。我们真正看到了他在《批判哲学的批判》中说的:"人性应该是感性与理性的互渗,自然性与社会性的融合。"[5]但这样一来,自然性和感性摆在一个什么逻辑位置上呢?是感性决定理性、自然性决定社会性呢?还是相反?这使得他有了第三个修补。

第三个修补是对逻辑起点的修补。这就是他提出的"双螺旋"理论。我们知道,实践美学的逻辑起点是"实践",它强调理性,强调社会性,而轻视感性和自然性。由于社会审美文化和艺术发展不断地把"感性"与"自然"坚决而且铺天盖地地置放在美学的面前,让每个人不得不重新审视它们的存在并考虑如何在理论上解释它。面对这种理论困窘,有人把实践的概念泛化,以缓解非实践产生的审美现象与实践美学的矛盾。但李泽厚首先坚持,实践的概念不能扩大。"如果实践的概念无限扩大,最终会取消这个概念。如果把人的一切活动、行为,把讲话、看画、写文章、吃梨子都叫实践,那要实践这个概念干什么?那不就是人的行为与活动吗?我一直是不同意随意扩大实践的概念,特别强调'狭义'实践的重要性和本源性。"[6]怎么来解决实践美学不能解释的审美现象呢?他借助基因(DNA)的双螺旋结构做比喻,提出了一个双螺旋理论。所谓双螺旋,就是并行两个逻辑起点:工艺本体(有的地方说工具本体)和情感本体。就是说,在"实践"的旁边,并列站着"情

---

[1] 李泽厚.李泽厚近年答问录[M].天津:天津社会科学院出版社,2006:53.

[2] 李泽厚.美学四讲[M].桂林:广西师范大学出版社,2001:271.

[3] 这四个概念在这里第一次从"情感"变成"情欲",别有意味。

[4] 李泽厚.美学四讲[M].桂林:广西师范大学出版社,2001:272.

[5] 李泽厚.批判哲学的批判[M].北京:生活·读书·新知三联书店,2007:423.

[6] 李泽厚.李泽厚近年答问录[M].天津:天津社会科学院出版社,2006:37.

感”这个本体。这不成了二元论了吗？李泽厚说：“我讲两个本体，也不是不可以。笛卡尔不是也讲二元吗？……我讲两个本体怎么就不行呢？”❶但他同时强调说：“这二者是有先后的，工艺本体在先，情感本体在后。尽管在制造工具本身的过程中，这两个就出现了。为什么要讲两个本体和先后呢？是为了强调前者的基础性和后者的独立性，因为后者本身对人类构成意义。”❷

把两个本体分出先后，这又回到了一元论，但是，说情感在工艺之后，这明显搞颠倒了。没有实践就没有情感？有了实践才有情感？在我们看来恰恰相反，有了情感，才有实践，在实践中会产生新的情感，但是决定实践得以产生的那个情感才是具有本体意义的情感。李泽厚在后面的论述中也把情感摆在了很重要的地位。情本体的提出，为他回答和解决现实的审美问题提供了理论上的方便。所以他对“情本体”一而再再而三地反复强调。这也显示他提出“情本体”不是心血来潮，不是偶尔言之，而是深思熟虑的。

他说：“大家也许没有特别注意，我一方面强调唯物史观，但另一方面我又认为要走出唯物史观。走到哪里？走向心理。所以，我谈情本体、心理本体。”❸“现在，有许多犯罪，包括杀人啊，吸毒啊，等等，这里面当然有社会因素，但很多是心理原因。心理问题表现得越来越突出，越来越重要。所以，我就提出了心理本体或情本体。”❹他甚至说：“先秦儒学讲的是礼乐，汉代儒学讲的是天人，宋明理学讲的是心性，我是第四期儒学，我讲自然人化，情本体，实用理性，积淀，度，文化心理结构，等等，概括地说是情、欲，是儒学在现代的真正发展。”❺“情、欲”竟升格成了他的“儒学思想”的标志。

仔细分析和体察，“情、欲”在他看来已是比“实践”更为重要的，更具有决定意义的“本体”。改革开放30年，学界似乎已经打破了“唯心主义”禁忌，泽厚先生显然已不在乎有人把他说成是“唯心主义”了。

李泽厚的这三个重要的修补有三个特点：一是“改造世界”的调子明显降低了，他从狭义的“人化自然”，到广义的“人化自然”，再到“人自然化”，“实践”征服自然的那种强烈愿望和气势减弱了。二是人的自然性在理论建构中的地位提高了。人作为生物存在，已经得到了他的承认并在论述中有明显的强调。三是逻辑起点明显前移了。原来强调实践的基础性和唯一性，后来转而强调情感。虽然没

---

❶ 李泽厚. 李泽厚近年答问录[M]. 天津：天津社会科学院出版社，2006：44.
❷ 李泽厚. 李泽厚近年答问录[M]. 天津：天津社会科学院出版社，2006：44.
❸ 李泽厚. 李泽厚近年答问录[M]. 天津：天津社会科学院出版社，2006：49－50.
❹ 李泽厚. 李泽厚近年答问录[M]. 天津：天津社会科学院出版社，2006：50.
❺ 李泽厚. 李泽厚近年答问录[M]. 天津：天津社会科学院出版社，2006：54.

有放弃实践,但地位明显被弱化了。

通过这些修补,我们突然发现,李泽厚的实践美学已悄然发生了变化,他已明显修改了他提出的实践美学理论体系。

我们知道,实践美学的逻辑起点是实践,它是第一逻辑起点,犹如黑格尔的绝对精神是第一逻辑起点。双螺旋的提出,情感本体——有时候他表达为情欲——被鲜明地凸显了。虽然他说工具本体先于情感本体,但是有时他也承认,情感产生实践,这也就是心理决定实践。心理是什么决定的呢?是人,是人与自然的关系决定的。愚公要搬掉太行王屋两座大山,先有想搬山的心理,然后有搬山的实践,而不是先有搬山的实践,然后有搬山的心理。那么这搬山的心理是怎么产生的呢,是愚公与山的关系决定的。山挡住了愚公的去路,所以他产生了搬山的心理,并在这心理的支配下发出了搬山的“实践”。显然,双螺旋理论的提出,实践已然不是第一逻辑起点。实践美学的逻辑起点已经被双螺旋结构所消解。

四、李泽厚对实践美学的解构

提出“双螺旋结构”,必然会受到学术界的质疑。他自己也说,“有人在《哲学研究》上发表了一篇文章,说我本来讲了工具本体,现在又讲了情本体,怎么有两个本体。责难我违反了马克思主义的唯物论。”[1]

李泽厚分辩说:“这个‘情本体’即无本体,它已不再是传统意义上的‘本体’。这个形而上学即没有形而上学,它的‘形而上’即在‘形而下’之中。……‘情本体’之所以仍名之为‘本体’,不过是指它即人生的真谛、存在的真实、最后的意义,如此而已。”[2]说“情本体”就是“无本体”?那么扔掉算了。干干净净坚持“实践”本体——工具本体得了。但他并不。好不容易弄出一个“情本体”,而且大家也都还认可,扔掉可惜。在该书中他还提到:“也有人说,本体是最后的实在,你到底有几个本体?因我讲过,‘心理本体’,‘度’有本体性,这不又弄了两个本体出来?有几个本体了。其实,我讲得很清楚,归根到底,是历史本体,同时向两个方向发展,一是向外,就是自然的人化,是工具—社会本体;另一个是向内,即内在自然的人化,那就是心理—情感的本体了,在这个本体中突出了‘情感’。所以文化—心理结构又叫‘情理结构’。至于‘度’,人靠‘度’才能生存。在使用工具有原始狩猎过程中,就要掌握好距离远近、力量大小,便要有度。生产上是这样,生活上也一样,感情交往上也是这样,发乎情,止乎礼义,没有度怎么行?那就是动物性情感了。度

---

[1] 李泽厚.该中国哲学登场了[M].上海:上海译文出版社,2011:77.

[2] 李泽厚.该中国哲学登场了[M].上海:上海译文出版社,2011:75.

掌握得好,烂熟于心,才能随心所欲不逾矩。哪里都有个度的问题。所以'度'具有人赖以生存生活的本体性。这三点其实说的是一个问题,也就是有关人类和个体生存延续的人类学历史本体论"。[1]

在这里我们看到一个有趣的现象。当李泽厚坚持"实践"基础上的"工具本体"时,大家一片叫好,并且处处加以运用。但当大家发现"工具本体"解决不了全部问题时,他增加一个"情本体",学术界仍然一片叫好,只是觉得"情本体"他尚未说清,步步追问。同时,觉得"情本体"和"工具本体"难以合而为一时,他说,这是"双螺旋"结构。现在学术界没有叫好,而是有点讶异,有点纳闷,有点疑惑,于是他说"情本体"就是"无本体"。最后的本体仍然是"工具本体"。但完全否定掉"情本体"他又不舍,干脆把"工具本体"和"情本体"都纳入一个"历史本体"("历史本体"其实也就是为了强调他所坚持的"积淀"一说)。合二为一,仍然是一元化的本体论,两个本体不过是这个一元本体的分本体。为了缓解对"情本体"的穷追不舍,又提出了"度"的本体性。当然,"度"——分寸感——无论在哪里都是重要的,正如粮食无论何时都是重要的,但这个重要性是由什么东西决定的呢?增之一分则太长,减之一分则太短,这个"度"是由什么决定的呢?起决定作用的东西才是本体,而被决定的东西尽管重要也不可能成为本体。似乎在李泽厚先生手里,只要为了强调某个事物的根本重要性,他就可以指认它为"本体"。

"本体"这个概念还是原来的意义吗?"本体"还是本体吗?对"本体"的指认,在李泽厚先生手里,未免太随意了吧!我不相信,智慧如李泽厚者,会如此随意地对待牵一发而动全身的"本体"。

哦!我们突然恍然大悟,他利用这样多的"本体",实际是把他原来所坚持的"实践"本体"解构"了。我们不能说李泽厚是"解构主义"者,但他在这里的确使用了"解构主义"手法。"解构主义"对对象采取的基本倾向是:否定本原,疏离中心。解构主义十分强调边缘,坚持对中心权威加以颠覆而消解中心,而且并不承诺以某一边缘为中心,坚持若干边缘的"多元齐生"。

李泽厚如此费心地解构存在了数十年的实践美学,他想提出一个什么样的本体概念呢?或者他同意什么样的本体性概念呢?我们也许从他下面这段话中可看出端倪:

我正是要回归到认为比语言更根本的"生"——生命、生活、生存的中国传统。这个传统自上古始,强调的便是"天地之大德曰生""生生之谓易"。这个"生"或"生生"究竟是什么呢?我认为这个"生"首先不是现代新儒家如牟宗三等人讲的

---

[1] 李泽厚.该中国哲学登场了[M].上海:上海译文出版社,2011:77.

“道德自觉”“精神生命”，不是精神、灵魂、思想、意识和语言，而是实实在在的人的动物性的生理肉体和自然界的各种生命。其实这也就是我所说的“人（我）活着”。人如何能“活着”，主要不是靠讲话（言语—语言），而是靠食物。如何弄到食物也不是靠说话而是靠“干活”。“干活”不只是动物式动作，而是使用工具的“操作”，“操作”是动作的抽象化、规则化、理性化的成果，并由它建立能动的抽象感性规范形式，这就是“技艺”的起源，也是思维、语言中抽象的感性起源。[1]

“实践”（干活）仍然是重要的，但决定“实践”的东西是什么呢？是生命。生命才是最后的本体。

---

[1] 李泽厚. 中国哲学如何登场[M]. 上海：上海译文出版社，2012：4－5.

李泽厚“情本体”哲学思想的内在逻辑研究

罗绂文

李泽厚在其设计的自问自答《哲学答问》中，认为“构建一个无所不包的形而上学新理论”的“时代早已过去”，哲学“只是某种对命运的感受和关怀”，“只提供某种观念或角度，而不需要去构建人为的庞大体系”[1]，当然，我们看到他也只是以“提纲”或“答问录”的形式表达其对哲学的观点和看法。但是这并不妨碍我们将其哲学思想作为一个系统来研究，他反复申说从1964年的第一个“提纲”《人类起源提纲》到1994年的第六个“提纲”《哲学探寻录》的六个“提纲”共同构成一个同心圆，也就是说从整体上看其哲学思想自成一统；更何况，他总结性地将其近六十年来所有哲学研究论著中的核心观点在2008年以“人类学历史本体论”为名出版并在时隔两年的2010年修订再版，尤其迫切的是2011年将这本书中的章节重新编排为“伦理学纲要”“认识论纲要”“存在论纲要”以总题为《哲学纲要》出版面世。从这些事实中，我们可以看出李泽厚近六十年的哲学研究不仅是“提供某种观念或角度”，而是雄心壮志地试图建构一个前后一贯的“人类学历史本体论”哲学思想体系。因此，我们要全面把握李泽厚哲学思想的理论价值和时代意义，除了对其哲学思想内容做外在的“类型”“门类”式概述之外，更要研究其内在的逻辑关系。

一、“人类学”“历史”“本体论”的内在逻辑结构

李泽厚将自己哲学思想命名经由“主体性实践哲学”[2]（1979）、“人类学本体论实践哲学”[3]（1980）、“人类学本体论”（1984）[4]、“人类学历史本体论”[5]（1994）、

---

[1] 李泽厚.实用理性与乐感文化[M].北京：生活·读书·新知三联书店，2005：150.

[2] “主体性实践哲学”一词于1981年的《关于主体性的哲学提纲》中正式提出，但其基本思想在李泽厚于1979年出版的《批判哲学的批判——康的述评》中亦有系统的阐述。参见：李泽厚.批判哲学的批判——康德述评[M].北京：人民出版社，1979：87－89.

[3] 该观点于1980年写就的文稿中提出，发表于1981年。参见：李泽厚.康德哲学与建立主体性论纲[A].论康德黑格尔哲学[C].中国社会科学院哲学研究所.上海：上海人民出版社，1981：8.

[4] 李泽厚.批判哲学的批判——康德述评（修订本）[M].北京：人民出版社，1984：94.

[5] 李泽厚在发表于1994年香港的《明报月刊》3月号与高健平的访谈录中提出：“我过去讲人类学历史本体论，现在我更愿意加上‘历史’二字，将之概括为‘人类学历史本体论’，也许名之为‘人类学文化本体论’更通俗”。参见：李泽厚.李泽厚哲学文存[M].合肥：安徽文艺出版社，1999：489.

“历史本体论”[1](2001),而最终定名为“人类学历史本体论”[2](2010)。在这30多年的提出、调整、犹豫、确认的命名之旅中,从纵向的时间维度审视,我们不但可以从中把握李泽厚的哲学思想的内在理路,而且似乎可以从中看到中国当代思想基本话语的变迁;从横向的“人类学历史本体论”的表面文字的称谓来看,至少包含有三层内容:①本体论;②人类学;③历史。因此,要对李泽厚的“人类学历史本体论”哲学的内在逻辑的把握,首先必须梳理这三个“关键词”在李泽厚哲学思想的内涵及其相互之间的关系。

首先,李泽厚的“人类学历史本体论”中的“本体论”维度。在《哲学纲要》中,李泽厚将本体论放置于“存在论纲要”中,并在其小序中认为“中国本无存在(即本体论 ontology),本纲要为友朋怂恿,将拙作中有关‘人活着’及某些宗教——美学论议摘取汇编,与前二纲要合成三位一体,为本无形而上学存在论的‘中国哲学’顺理成章地开出一条普世性的‘后哲学’之路”[3]。透过这谦虚而又自信的陈述中,我们可以看到李泽厚的学术理想和雄心壮志。“本体论”又名“存在论”,作为西方哲学中的“第一哲学”而有别于一般的认识论、伦理学、美学等,是“研究作为存在的存在的科学”[4],它追问作为存在者的存在者,亦即存在者的本原、根据、开端、始基、规定、原因。在此意义上,中国虽然没有如同西方哲学那样的“本体论”分支,但同样有本体论的问题。李泽厚就强调自己的哲学的主要问题是本体论,目的在于否定将哲学等同于认识论的看法,并最终使自身与流行的认识论哲学划清界限。因此,李泽厚反复申明他的“实践说”不是毛泽东式“实践论”有关认识的来源和标准问题[5],他的“主体性”哲学也不是近代西方认识论意义上的主客体相分的“主体性”。在本体论中所谈论的“实践”和“主体性”相关于人类历史的基本本性,它们决定了认识论中的“实践”和“主体性”。由于李泽厚进入了本体论,他的思想已经达到了一个深刻的维度。当然,李泽厚的本体论也不能回避现代西方的挑战。一方面,海德格尔否定传统本体论。在他看来,西方形而上学的历史不是存在的历史,而是存在者或者存在者的存在的历史。关于一般存在者的学说形成了本体论,而关于最高存在者的学说则形成了目的论(神学)。但海德格尔自身追问的是作为存在的存在,亦即作为“缘在”的存在[6],这便要求建立一种关于“Dasein”的本体论,从而也否定了本体论自身。另一方面,德里达认为一切本体论的尝试都是在场

---

[1] 李泽厚.历史本体论·己卯五说[M].北京:生活·读书·新知三联书店,2006:5.
[2] 李泽厚.哲学纲要[M].北京:北京大学出版社,2011:总序.
[3] 李泽厚.哲学纲要[M].北京:北京大学出版社,2011:208.
[4] 冯契.哲学大辞典(修订本)[Z].上海:上海辞书出版社,2001:66.
[5] 李泽厚.实用理性与乐感文化[M].北京:生活·读书·新知三联书店,2005:118.
[6] 张祥龙.海德格尔传[M].北京:商务印书馆,2007:156.

的形而上学的幽灵，也就是所谓“逻各斯中心主义”的变种，而非中心化将解构一切本体论所奠定的哲学根基。对此李泽厚也许可以声称，他的“实践”不是存在者，而是存在；同时，基于实践基础的“自然的人化”和“人的自然化”不相关于人类中心论。另外，不仅要解构，而且也要建构，亦即构造世纪新梦。

其次，李泽厚的“人类学历史本体论”中的“人类学”含义。李泽厚的“本体论”不是一般性意义上的而是人类学的，故称“人类学历史本体论”。一般本体论思考作为存在者的存在者，从而追问存在者的根据。一切存在者的根据又可分为物质和精神两种，唯物主义和唯心主义就是将物质和精神设为本体的本体论。但如果对于存在者的不同领域进行追问的话，那么它又可以形成不同的区域本体论[1]，如自然的、人类的、艺术的，等等。所谓的“人类学历史本体论”既是区域性的，又是根据性的。这在于它一方面将自身视为是关于人的学说，而不是关于自然的或精神的理论；另一方面把人类的活动本身理解为本原性的存在。李泽厚为了强化其本体论的人类学意蕴，曾多次表明哲学的根本问题是人的命运，也就是人的生活的偶然性。对于“人生在世”，他划分了四个层面：一是人活着——出发点；二是如何活——人类主体性；三是为什么活——个人主体性；四是活得怎样——生活境界和人生归宿[2]。对于李泽厚的人类学来说，生活就是其直接的给予性。它是存在，亦即它就是如此存在，而不是不如此存在。同时它也是自身的根据，而不是建基于另一更本原的存在之上。

最后，李泽厚“人类学历史本体论”中的“历史”内涵。当然现代人类学的理论种类繁多，如科学的人类学、文化的人类学、哲学的人类学。甚至可以说一切人文科学都是人类学，只要将它们理解为关于人的科学。为了避免与这些人类学相混淆，李泽厚不再是简单地说他的思想是“人类学本体论”，而是“人类学历史本体论”。这突出了“历史人类学”和“非历史人类学”的差异。假使后者是“纯粹人类学”的话，那么前者则是“非纯粹人类学”。这使人想起康德的“纯粹理性批判”和狄尔泰的“历史理性批判”的分歧，以及胡塞尔的“纯粹现象学”和舍勒的“经验现象学”的不同。历史在此成为分界线。但李泽厚的历史不是精神的历史，而是社会的历史，以及“历史唯物主义”中的历史。它是人类的生成。于是他拒绝将人类总体和个体的许多问题如人性个体、自由等看成是人固有的先验本性，而赞成将它们理解为历史的成果。因此“历史”一词就成为他的“人类学历史本体论”的最后限定。

---

[1] 彭富春. 哲学与美学问题———种无原则的批判[M]. 武汉：武汉大学出版社，2005：241.

[2] 李泽厚. 实用理性与乐感文化[M]. 北京：生活·读书·新知三联书店，2005：163－193.

李泽厚认为人类的文化、政治活动是建立在基本物质生活需求的基础之上的，而这种基本物质生活的满足，则离不开人类制造和使用工具的社会实践活动。由"本体论""人类学""历史"三个具有独特含义的"关键词"构成李泽厚"人类学历史本体论"，从"人活着"为其出发点，以人类的主体性实践活动来实现人类的存在与种族的延续，因而"'使用—制造工具的人类实践活动'（亦即以科技为标志的生产力）"的"工具本体"成为社会存在的核心。"人活着要吃饭，但人并非为自己吃饭而活着"，人都要死而人生有限，"把一切归结为吃饭或归结为因吃饭而斗争如'阶级斗争'，是一种误解"，人生的意义虽不在人生之外，但"也不等于人生"，于是就有了"人生在世"有何意义的"为什么活"的问题，从而"人类学历史本体论"哲学在"工具本体"之外就有了"心理本体"问题，尤其是在物质不断富余的"后现代"中，"心理本体"将取代"工具本体"而日益成为问题的焦点❶。

二、"工具本体"：人的历史生成

"人类学历史本体论"哲学特别强调以制造、使用工具作为人的实践活动与动物界自然生存的分界线，"我所强调的'工具本体'，是说人与动物的根源性的区别"，在此意义上，"人类学历史本体论"的"本体"可命名为"工具本体"，其包括"整个科技、工艺，社会关系、社会结构，等等"，它是人的手段或中介，尤其是指物质性的手段和中介。人以它来满足自身的欲望，服务于、效劳于自身的生活，"即使在日常生活中，人不使用工具就难以生存。现代生活更如此"❷。因而"工具本体"在李泽厚看来则意味着工具是人的实践活动中本原性的存在，所以"工具本体"是开端，是根据，是始基，是规定。

那么，为什么是工具成为"本体"，而不是天地自然，不是上帝、理性或者是语言？中国"天地君亲师"的传统认为"天地"亦即"自然"才是规定性的；西方的智慧则认为太初有"道"（Logos），"道"是上帝创造，"道"是理性，"道"是语言，所以是上帝、理性或者语言创造了人的世界。在李泽厚的思想中，传统的"天地""自然"不能设定为"人类历史本体论"哲学的基础，因为他正是要寻找人和自然的分界线。而上帝、理性或者语言也不是"人类学历史本体论"的终极根源，因为它们都必须在人类使用工具的实践活动中得到说明，这也就是李泽厚所理解的马克思"最基本的理论观念"——"唯物史观"了。他指出，人类储存积淀"使用—制造工具"的经验，由此才构成了语言的意义、理性的规范和创造了上帝，并赋予语言、理性和

---

❶ 李泽厚. 实用理性与乐感文化[M]. 北京：生活·读书·新知三联书店，2005：167.

❷ 李泽厚. 世纪新梦[M]. 合肥：安徽文艺出版社，1998：256.

上帝的“存在”地位，这就是所谓“历史建理性，经验变先验，心理成本体”[1]中的“历史建理性，经验变先验”。

这样“工具”成为人的实践活动中不可替代的标志，同时也将“人类学历史本体论”与其他以上帝（神）、理性（思想、精神）或语言作为“第一本体”的思想智慧区别开来。这样，李泽厚的“工具本体”剩下是关涉人之作为人的规定，尤其是人与动物的区分。人和动物有许多差异性的标志如身体、心灵和语言等，即使就人的本能（亦即人的动物性）而言，它也不同于动物的本能，如性本能：动物的交配受到季节的限制，而人却不受时令的影响。尽管如此，李泽厚确认只有工具的制造和使用才是人与动物分离的根本性之所在[2]。这当然在于它是人的“本体”，是人之作为人的开端、始基、规定。不过人与动物的区分作为人的规定只是一个最低的尺度，因为任何一个时代的人，任何一种人都可以描述为使用工具的动物。尽管使用工具的历史能够划分人类一般的历史，但它并不能解释如李泽厚所深切关注的人类何处去和个体存在的意义这一根本问题。于是人的规定要求不仅人与动物相区分，而且人与自身相区分。这就涉及“人之为人”的构想问题。在这个问题上，虽然马克思没有明确表达人与自身相区分的意义，但他所构想的人的“自由”和“自由王国”学说对李泽厚影响特别大，尤其马克思所主张的人是在“历史”中不断生成的，也就算所谓的“人化”理论。马克思这一“人化”理论具体化为每个“自由”的个体，在我国当代特定的历史阶段就成为马克思主义所说的“共产主义新人”，成为人的规定的最高尺度。

在李泽厚的“工具本体”所说的人的实践活动中，“人与自然”“人与人”和“人与自身”三者之中最为基本的关系是“人与自然”（当然包括尚未成为“人之为人”的人和动物）。那么，谁是李泽厚的“人”？何谓李泽厚的“自然”？它们之间的关系是什么？“人类学历史本体论”所讨论的人不是个体，而是总体，因此不是个人，而是人类。同时它所关注的也不是抽象的人的本性，而是具体的人的历史。于是李泽厚的“人”便是实践的人，亦即使用和创造工具的人，并因此是感性的现实的存在。至于李泽厚的“自然”，它也同样是作为感性的现实的存在。但他的“自然”已不再是如同中国传统的“天地”具有规定性的品格，仿佛是非人格的上帝，也不是西方的“理念”（以柏拉图为代表的古希腊）、上帝或造物主（中世纪的经院哲学）及精神（黑格尔）和物理的自然（近现代哲学）。“自然”在李泽厚那里主要“保留了马克思所赋予的意义，亦即作为动物、植物和矿物所构成的整体”[3]。人首先属于

---

[1] 李泽厚. 实用理性与乐感文化[M]. 北京：生活·读书·新知三联书店，2005：173.
[2] 李泽厚. 实用理性与乐感文化[M]. 北京：生活·读书·新知三联书店，2005：124－132.
[3] 彭富春. 哲学与美学问题——一种无原则的批判[M]. 武汉：武汉大学出版社，2005：245.

这样的“自然”,其次又与之相异。人的“实践活动”即使用工具的活动建立了人和自然的关系。对于这种关系,李泽厚创造性地运用了马克思的《1844年经济学—哲学手稿》的“概念”予以表达:“自然的人化”和“人的本质对象化”。但也许考虑到“人的本质对象化”的运用在当时所指已经被泛化,以及所可能包括的主体主义和本质主义,他又以“人的自然化”取而代之。这样人和“自然”的关系就成为:“自然的人化”和“人的自然化”。它们构成了一个美妙的“双螺旋”循环结构[1]和“数学方程式”[2]。

“自然的人化”包含“外在自然的人化”和“内在自然的人化”两个方面。李泽厚认为,“外在自然”指的是“人所生存的自然环境”,其“人化”可以分为“硬件”和“软件”两个层面:前者是指“人对自己生存环境的自然界”物质性改造;后者则指随着“自然人化”的“硬件”即前者的发展所引起的“自然”与人的客观之关系的重要变化[3]。而“内在自然”指的是人的身体器官,其“人化”同样也有“硬件”与“软件”两个向度:前者就是如何“改造作为人自身的自然”,即改造人“自然”的肉体器官、遗传基因等;后者则是指“人类所具有的内在心理状态”的改变,这实际上就是李泽厚所说“文化心理结构”的建立,其中包括“外在自然的人化”是认识论的根本问题,而“内在自然的人化”则是伦理学的核心问题[4]。而“人的自然化”则涉及美学问题,其也是分为“硬件”和“软件”来淡。李泽厚将其中的“硬件”,也就是“人的外在自然化”[5]分为三个层次:其一,人与“自然”的关系,应该是友好和睦、相互依存,而不是去征服与破坏,也就是说人应该将“自然”视为自己的家园所在;其二,人把“自然”作为人的欣赏、欢娱之对象,似乎与之合为一体;其三,人通过学习,如呼吸吐纳使自己身心与“自然”的神秘的内在节律相呼应,达到人与“天”(自然)合为一体[6]。“人的自然化”之“软件”指的是:“本已‘人化’‘社会化’了的人的心理、精神又返回到自然去,以构成人类文化心理结构中的自由享受”[7]。这其实就是美学问题。

“自然的人化”和“人的自然化”是人类历史演化进程中的两个方向不同的重要环节,如果说“自然的人化”是“自然”走向人本身,那么“人的自然化”则是“人”走向物本身,前者是人不断与自身的“自然”相分离而得以进步,后者是人永远与

---

[1] 李泽厚.实用理性与乐感文化[M].北京:生活·读书·新知三联书店,2005:45-52.
[2] 李泽厚.实用理性与乐感文化[M].北京:生活·读书·新知三联书店,2005:282-284.
[3] 李泽厚.人类学历史本体论[M].天津:天津社会科学院出版社,2010:32-36.
[4] 李泽厚.人类学历史本体论[M].天津:天津社会科学院出版社,2010:36-38.
[5] 李泽厚.人类学历史本体论[M].天津:天津社会科学院出版社,2010:36-38.
[6] 李泽厚.人类学历史本体论[M].天津:天津社会科学院出版社,2010:36-38.
[7] 李泽厚.人类学历史本体论[M].天津:天津社会科学院出版社,2010:50.

"自然"去亲近而要求回归。"自然的人化"和"人的自然化"在此就形成了一个"人生在世"的"在世"状态之悖论,但正是凭借这个无法克服的悖论所带来的力量,一方面促使"人"的生成,另一方面促使"自然"的生成。因此,在李泽厚"人类学历史本体论"哲学中,他始终强调实践过程中人与自然的关系,而不是其他的关系。实际上,就"人生在世"来说,存在着人与人的关系、人与精神的关系,还可以列出一些其他非常重要的关系。但人与"自然"的关系从来都不是中西智慧的最主要主题,虽然天人之际一直是中国智慧的一个核心思想,但"天自身不是李泽厚所规定的人的实践活动中的外在自然和内在自然,它不如说是一个思想的天,从而成为中国人的精神家园"❶,如同"天地君亲师"这一序列中"天地"所意味的那样其实并不是"自然"之天。至于在西方的历史上,人与自然似乎也不是其思想智慧关注的核心:首先,在古希腊,人们生活在诸神的世界里,因此,人和命运乃至一切的关系最终都就变成了人与诸神的关系,这形成了荷马史诗和悲喜剧歌唱的基调。其次,中世纪的人们生存于上帝的怀抱内,人与上帝的亲近或远离、叛离或皈依决定了人的生命,以及人的痛苦和欢乐。再次,近代的人则存在于自己构建的理性世界中,运用自身的理性,人才成为了自由人即公民,但让自身的理性规定自己,理性的狂妄由于启蒙精神而背道而驰。最后,到了现代,在海德格尔看来,人则被卷入一个技术的时代,而技术则成为一切存在的尺度,因此自然死了。这意味着在西方思想智慧中"本性"❷(古希腊)、"创造物"(中世纪)、"物理"和"精神"(近代)的自然都失去了"自然"意义。到了现代、后现代,则如彭富春先生认为,"所谓的自然界只是技术开发、改造和变形的对象而已。而后现代作为现代的后现代,一方面考虑到了信息社会的话语的垄断,另一方面则是对于这种话语的解构。虽然否定人类中心主义,重新思考人与自然的关系也成为话题,但它只是无原则主义或多元主义中的一种声音而已"❸。可见,在西方的每个历史时期均建立了独特的"人生在世"价值中心,它们是诸神、上帝、理性、技术和话语,"自然"只是这些世界中的一个部分,而世界之所以成为世界,是因为一个时代的思想话语体系将它聚集而成。

既然如此,人与"自然"之关系如何能作为李泽厚的"人类学历史本体论"哲学的核心问题?这必须从李泽厚对"天人合一"进行重新阐释"天人新义"寻求答案。他认为,中华文化来源于"巫史传统",而中国智慧的核心则是由此所形成的"天人合一"思想。其表现为在远古是以巫师为直接源头的"巫君合一"的通神灵、接祖先之巫术礼仪,汉唐的以"阴阳五行"为构架的"天人感应"的宇宙生成模式,宋明

---

❶ 彭富春.哲学与美学问题——一种无原则的批判[M].武汉:武汉大学出版社,2005:246.
❷ 徐开来.亚里士多德论"自然"[J].社会科学研究,2001(4):55.
❸ 彭富春.哲学与美学问题——一种无原则的批判[M].武汉:武汉大学出版社,2005:246.

以道德形而上学即"性本体"为基础的内在伦理的自由人性理想,近代的康有为、谭嗣同以西方自然科学与社会结构的普遍规律具有一致性的"天人同质",现代的熊十力、冯友兰、牟宗三等现代新儒家之"体用不二"(熊十力)、"托于大全"之"天地境界"(冯友兰)、"心、性、天为一"(牟宗三)的新"天人同一"思想,乃至新中国成立后的中国马克思主义哲学的"天"(即自然—社会发展的必然规律)和"人"(即"共产党必然胜利")思想也没有例外❶。不过这些传统的、现代的旧"天人合一"思想与李泽厚所阐发的"天人新义"即新"天人合一"思想——"自然的人化"和"人的自然化"——只具有似是而非的特性:"是"就在于所有这些不管传统的还是现代的,"旧"的还是"新"的"天人合一"思想都是一种思想的前置性的设定,只是在李泽厚以前的设定是"天人合一"。显然,李泽厚对于中国传统"天人合一"的继承仅仅是形成了其人与"自然"关系中的外在表层结构或者说思维模式,他所建立的内在深层结构则是"自然的人化"和"人的自然化"即李泽厚所谓的马克思主义哲学的历史唯物主义。正是后者,李泽厚的人和"自然"的关系才获得了"人""天""新义",才形成新的李泽厚的"天人合一"思想。

恩格斯认为,"唯物史观"和"剩余价值"是马克思的两个大发现,李泽厚也一再强调他的马克思主义思想与时下主张的历史唯物主义和辩证唯物主义合一的思想有巨大的不同,而是回到当年恩格斯的经典论述:"正像达尔文发现有机界的发展规律一样,马克思发现了人类历史的发展规律,即历来为繁芜丛杂的意识形态所掩盖的一个简单事实:人们首先必须吃、喝、住、穿,然后才能从事政治、科学、艺术、宗教等;所以,一个民族或一个时代的一定的经济发展阶段,便构成基础,人们的国家设施、法的观念、艺术以至宗教观念,就是从这个基础上发展起来的,因而,也必须由这个基础来解释,而不是像过去那样做得相反"❷。这是恩格斯在马克思墓前的盖棺论定,它揭示了一个简单事实,也是一个简明的道理。然而在李泽厚看来,许多号称马克思主义者似乎并没有加以重视,反而去寻找更为复杂的理论。到底马克思主义的基本理论是什么?也许李泽厚属于少数回复到马克思所发现的简单事实中来进行重新思考的思想者,"我始终认为唯物史观中的核心部分,即关于生产力是生产方式和社会存在的根本基础和动力,生产工具是生产力结构中最重要最活跃的决定因素,这一理论是非常正确的。因此,恩格斯强调人们必须'首先吃、

---

❶ 李泽厚.人类学历史本体论[M].天津:天津社会科学院出版社,2010:29-32.

❷ 恩格斯.马克思恩格斯全集(第十九卷)[M].中共中央马克思恩格斯列宁斯大林著作编译局,译.北京:人民出版社,1972:374-375.

喝、住、穿,然后才能从事政治、科学、艺术、宗教,等等'"[1],缘此李泽厚极端化和通俗化为"吃饭哲学";马克思认为直接的物质生活资料的生产是基础,由此李泽厚提出工具本体。而"吃饭哲学"和"工具本体"正好敞开了人与"自然"关系的奥秘。为什么?吃喝作为人的行为,源于人的饥渴的欲望,而这却是人的身体亦即人的自身"自然"的需要。与此同时,饥渴的对象,也就是可吃和可喝的东西,也正是"自然物"本身。因此,吃喝这一行为就是人与"自然"的关系的建立。如果说吃喝是人们首先必须的话,那么这也意味着人与"自然"的关系是本原性的。当然人的吃喝不同于动物(或者动物性的人,如白痴)的吃喝,这是因为人通过劳动来满足自身的需要。所谓劳动就是直接的物质生活资料的生产,其根本性标志为制造和使用工具的活动。这种活动也同样展开了人与自然的关系。但比起吃喝,工具的制造和使用使人与自然的关系得到了更加丰富和深入的发展。人已经不再局限于有限目的,而是追求着长远目的。由此,"自然"不仅成为人的肉体的食粮,而且也成为人的精神的源泉;同时人也不断开拓了其物质和精神的世界。这样,"自然的人化"和"人的自然化"便形成人的历史性生成。

三、"心理本体":"人生在世"的"有情宇宙观"

李泽厚建构"人类学历史本体论"哲学体系时,既有"唯物"的外在的"使用—制造工具"之"工具本体",又有"唯心"的内在"文化心理结构"之"心理本体",是一个新的"天人合一"——"自然的人化"和"人的自然化"的双螺旋结构,在人类历史演化进程中前者更为根本。但到现代、后现代,在物质生活资料不断丰富的情况下,人们遭遇到更大的精神困惑与危机,强调"人生在世"之"在世"的感性状态,于是他将其建构的重心由"工具本体"转向"心理本体"。在1985年的《主体性的哲学提纲之三》中,李泽厚提出了"情感本体":"人性就是我所讲的心理本体,其中又特别是情感本体"[2]。"心理本体"的提出使"情感"获得相对独立的本体地位,这也是在后现代语境中重建"哲学何为"的一种尝试。

但是,在这里就遇到了如何界定这个"文化心理结构"的问题。在其中又分化出"文化"与"心理",以及"文化"与"心理"之间是如何"结""构"起来的。首先,"文化"一词在它的使用中具有多种意义。一般来说,可以分为三类:第一,物质活动层面。文化作为人的现象,是人向人的不断生成过程。因此"文化"就是"人

---

[1] 马克思,等. 马克思恩格斯选集(第三卷)[M]. 中共中央马克思、恩格斯、列宁、斯大林著作编译局,译. 北京:人民出版社,1960.

[2] 李泽厚. 主体性哲学提纲之三[M]//李泽厚哲学文存. 合肥:安徽文艺出版社,1999:651.

化”。如果将人化理解为一个现实的事实,那么它就是人的物质生产活动。第二,精神活动层面。文化不能直接等同于人的心理:情感和思想,而是它们的表现,因此文化指人们对于宗教、艺术和哲学的建构,以及各种风俗、习惯和制度的设立。第三,文字符号层面。因为文字符号是人的精神活动的聚集,所以它是文化最集中的显现。于是人们也就顺理成章地将读书识字等同于学习文化知识,把文化哲学也命名为符号哲学。李泽厚的“文化”概念基本上包括了物质活动和精神活动两个层面。一方面,他将文化等同于历史。人类学本体论更准确地表述为“人类学历史本体论”,但也名为“人类学文化本体论”。在此文化和历史相互置换。这固然使历史可以理解为文化,但也要把文化理解为历史。而历史在李泽厚那里正是历史实践,亦即人类创造和使用工具的物质生产活动。它作为文化,区别于自然的历史性生成,也就是区别于生物学和生理学的人。另一方面,李泽厚将文化不等同于历史。他认为:文化首先应该被看作是“塑造人们日常生活的那些形式”,“人们的行为、思维方式以及表达情感的方式才是文化最根本的方面,也是我们需要把握的方面。它既受经济、政治的影响,而本身又有相对的独立性。”[1]文化在此不仅区别于自然,而且也区别于人的物质活动,它是人的生活世界的心灵形式。李泽厚对于“文化”的两重用法在于他既要给“文化”一个现实的根基,又要让“文化”保持自身的本性。而这又在于他试图寻找从实践到心理的过渡,并使“文化”成为它们之间不可缺少的桥梁。

然而,“心理”在李泽厚那里所指的又是什么?“心理”一词所引起的歧义似乎也不比“文化”少。虽然动物也有“心理”,但“心理”主要是人的特征,尤其是当“心理”被解释为理性的时候。正是如此,古希腊智慧将人之根本规定为“理性的动物”,人能运用自己的理性而与动物相分别,而人之理性、神学之理性与宇宙论的理性混而为一,即人与“上帝”与“世界”同在;中世纪的理性心理学探讨灵魂的来源与归宿问题,也就是人自身的灵魂从何而来又向何而去的玄想。近代的康德则构造了先验的心理学,将心意诸机能划分为认识的机能、愉快或不愉快的情感机能以及欲求的机能。但现代的心理学却是经验的心理学,分析人的感知、情感、意志、思想等。李泽厚的“心理”也是基于现代心理学的成果,如他对于皮亚杰的认知心理学的接受与内化就是明证。不过李泽厚对于现代心理学持批判态度,认为它们没有把人的心理和动物的心理区分开来。他强调要仔细研究动物成为人,动物的心理成为人的心理的过程。他以为人和动物的差异根本在于“使用和制造工具”。作为人的心理,它不是本能的活动,而是文化的介入。因此可以说,人的心理是文

---

[1] 李泽厚.走我自己的路——对谈集[M].北京:中国盲文出版社,2004:209.

化的产物，而且最终是历史实践的成果。但是这必须考虑到实践并没有直接决定心理，其中介就是文化。

就“文化”与“心理”之间的关系而言，李泽厚认为，在“文化心理结构”中“文化”决定“心理”，但其重心不是在“文化”而是在“心理”。因此“文化心理结构”不能倒过来命名为“心理文化结构”。李泽厚认为，前者是活的世界而后者是死的东西。其原因就在于“文化心理结构”强调：

人作为感性的个体，在接受围绕着他的文化作用的同时，具有主动性。个人是在与这围绕着他的文化的互动中形成自己的心理的，其中包括非理性的成分和方面。这就是说，心理既有文化模式、社会规格的方面，又有个体独特经验和感性冲动的方面，这“结构”并非稳定不变，它恰恰是在动态状况中。所以我说它是forming。[1]

与“文化心理结构”相反，“心理文化结构”是“心理的文化结构，是外在的东西变成人的心理的某种框架、规范、理性”[2]。这两者的差异还是要回到如何对“心理”的理解。在李泽厚对心理学的看法既不是中世纪的理性心理学，也不是康德、费希特的先验心理学，而是现代之经验的、感性的心理学。而“文化”不是外在于人的规定，而是内化于心理之润泽。这样它总是相关于每一个个体的感性存在，因此，“文化心理结构”是关于个体感性心理状态的描述。

既然是个体感性心理存在的状态，“文化心理结构”中的“结构”就不再是静态的，而是动态的即所谓的“forming”。它始终是形成、构成、建构过程。这个过程不仅是人的“心理”与动物的“心理”的区分，而且使得人自身的“心理”的不断深化和丰富，使得人不断向“人”生成。与之相对应的就是外在的自然界的“自然的人化”和“人的自然化”，内在的自然即血肉身心的“自然的人化”和“人的自然化”。李泽厚将“结构”动态过程表述为“历史建理性，经验变先验，心理成本体”[3]。从中可以看出“人性”的不断生成过程：一方面，感性的存在可以上升为理性的存在；另一方面，理性的存在又内化为感性的存在，这样就成为不断建设的“新感性”过程。如果说人的物质实践亦即使用工具的物质生产劳动是李泽厚“人类学历史本体论”哲学的理论出发点的话，那么感性就必定是它的开端，因为任何的物质生产活动本身都是感性的活动过程。但它在其历史中形成了理性，并成为人的存在的规则、尺度和要求。一般哲学都注重了从感性到理性的过程，尤其是在以认识论为基础“概念哲学”。但“人类学历史本体论”则试图从既有之理性（人类、历史、必然）始，以

---

[1] 李泽厚.实用理性与乐感文化[M].北京：生活·读书·新知三联书店，2005：156.

[2] 李泽厚.走我自己的路——对谈集[M].北京：中国盲文出版社，2004：290－291.

[3] 李泽厚.实用理性与乐感文化[M].北京：生活·读书·新知三联书店，2005：173.

“人生在世”之感性(个体、偶然、心理)终。这就是使得李泽厚将其哲学研究的重心置于“文化心理结构”,达到强调每个个体感性的“在世”状态的不可置换也不可复制的唯一性。

那么这“文化心理结构”是如何形成的,即“文化”与“心理”之间是如何“结构”起来的?其秘密在于李泽厚生造的独特的“积淀”这个关键词中。除了海德格尔外,似乎很少有这样“生造”[1]的词能在哲学研究领域和非哲学研究领域被广泛地使用,这可能是因为“积淀”一词能够成为诠释一些文化现象的钥匙。在“生造”“积淀”一词时,李泽厚也在“积淀”与“淀积”之间犹豫,但他最后确定选择了“积淀”而不是“淀积”。究其原因就是“淀积”暗示着被动的、消极的和受造的,而“积淀”则呈现为主动的、积极的、创造的动态心理成长过程,因此,只有“积淀”才能恰切地描述“文化心理结构”的建构历程[2]。为了将这一过程清楚地阐释出来,李泽厚又对“积淀”内涵限制与厘清为“广义”和“狭义”两种:“广义的积淀指所有由理性化为感性、由社会化为个体、由历史化为心理的建构行程。它可以包括理性的内化(智力结构)、凝聚(意志结构),等等”[3],也就是说,广义的“积淀”指人之所以为人的生成——“人化”史。李泽厚认为,人化的过程就是人从生物转变成社会的存在但又依然是个体的过程,这是文化心理结构形成的过程,亦即“积淀”的过程。狭义的“积淀”正是“文化心理结构”的形成。在使用工具的物质生产活动中,通过文化“积淀”,无意识已被开始理性化。如果说广义的“积淀”包括从感性到理性和从理性到感性这一“人类学历史本体论”的全部过程的话,那么狭义的“积淀”只是指从理性到感性这一“文化心理结构”的重要阶段。这也就是表述作为个体存在的新感性是如何建立的,即“审美的心理情感”是如何建构起来的[4]。

“文化心理结构”既表现为动态的“forming”过程,又呈现为静态的“function”成果。作为心理结构,它包括若干必不可少的要素,诸如感觉、知觉、情感、意志,乃至意识、前意识、潜意识、理解、记忆、思维、想象,甚至中国传统含有心理意蕴的仁、义、情、性、智(知)、勇、欲、理,同时这些要素之间也形成了一定的关系,而且历史上人们都试图在这些要素或要素之间找到一个中心,乃至这个“中心”之“本”的“根”(华夏文明)或“体”(西方智慧)在何处!李泽厚从这些基本的要素中不是选择其所属的现代经验心理学的感觉、知觉、情感、理解、理智和意志,而是提取了“欲”“情”“性”——也就是“理”三者。这基本上使用中国传统思想中关于人的心

---

[1] 李泽厚.实用理性与乐感文化[M].北京:生活·读书·新知三联书店,2005:137.

[2] 李泽厚.李泽厚近年答问录[M].天津:天津社会科学院出版社,2006:48-49.

[3] 李泽厚.华夏美学·美学四讲[M].北京:生活·读书·新知三联书店,2008:406.

[4] 李泽厚.华夏美学·美学四讲[M].北京:生活·读书·新知三联书店,2008:406.

灵的心理结构要素，也“化用”了弗洛伊德的精神分析说的部分理论，如欲，当然也借用了康德的先验心理学的用法，如情和理。这些学说将人的心理要么规定为自然的，如中国的天理人欲；要么为先验的，如康德的人的心意诸功能；要么为本能的，如弗洛伊德的性欲。与此不同，李泽厚将人的心理结构置于“人类学历史本体论”的基础之上，使之成为“积淀”的产物，即使人欲也相异于兽欲。于是“欲”“情”和“性”（理）就不是空洞抽象的心理形式，而是充满了经过文化“积淀”的人性内容。在这样一个心理结构所形成的关系中，除“欲”外，“性”和“情”都有可能成为主导者或者中心。“欲”之所以如此，是因为它仍然保留了人的生物性和生理性的成分，并需要在与“情”和“性”的关联中获得升华。而如果作为物理的理是主导的话，那么它形成了理性的内化亦即认识；如果作为伦理的理是主导的话，那么它形成了理性的凝聚，亦即道德；如果情是主导的话，那么它形成理性的“积淀”，亦即审美，也就是狭义的“积淀”。李泽厚认为，理性的内化（认识）和理性的凝聚（道德）仍然是理性对于个体、感性、偶然的支配[1]。只有在审美境界中，理性才融和于人的各种感性情欲中，形成了理性的“积淀”。虽然“文化心理结构”中的关系组合可以形成不同的心理功能，但是情感是最高的，因此它成为整个结构的中心。这促使李泽厚发现了“以美启真”和“以美储善”的秘密，这就是通过建立“新感性”实现“以美立人”的关键所在。

“情感”，李泽厚的理解最终由其所主张的经验心理学来说明。在他看来，可以将之划分为“悦耳悦目”“悦情悦意”“悦神悦志”三个层次[2]，它们所对应的就是审美情感所激发的身体的舒适、灵魂的愉快和精神的愉悦三种层次的“快乐”。这看法实际上是源于中西思想，尤其是西方传统形而上学关于人的身体、灵魂和精神的三个层次的区分。当然这三种“快乐”可以相对分离，但它们又能够统一于一体，融合在一起，而使“悦耳悦目”不仅等同于单纯的感官享受，也使得“悦神悦志”不同于纯粹的宗教迷狂，而又达到了一种高峰体验。正是在这样的意义上，李泽厚认为最高的美学境界不是感官“快乐”，而是宗教情感，与天地同流，与天地为一。但这显然也具有人类学的特性，因为它始终是人自身的感官、心意和精神的经验。它不是康德心意诸功能的先验能力，也不是黑格尔的绝对理念的感性显现，更不是海德格尔的存在的无蔽。因此，情感在“文化心理结构”中成为关键性的要素而成为“人类学历史本体论”的“本体”。但何为“情”？在我看来，“情”主要有几种内涵与之相联系：①感性；②某种心理状态（即对“情”之感）；③实情；④与“理”相对

---

[1] 李泽厚. 实用理性与乐感文化[M]. 北京：生活·读书·新知三联书店，2005：186.

[2] 李泽厚. 美学四讲[M]. 北京：生活·读书·新知三联书店，2005：131－144.

之“情”。对此,李泽厚试图在“情”与“欲”和“性”的关联、区分中给予“情”一个规定。“情”与“欲”相连但不是“欲”,“情”与“性”相通但非“性”。“情”是“欲”和“性”某种比例的构成。李泽厚在此说明了“情”不是什么,亦即不是欲望之于本能,不是认识之于物理,不是道德之于伦理。至于“情”是什么,它依然依靠于那些它所不是的要素,也就是由这些要素所构成的关系。因此“情”自身是一个无,这就是“文化心理结构”之中谜一样的东西。但李泽厚已经给予我们以暗示。作为“情”之感的“情感”实际上就是关系,当然它不是具体的关系,而是关系的关系,也就是使一切关系成为可能的关系。这最终源于人与“自然”的关系,亦即“自然的人化”和“人的自然化”。在关系中,相互关联者互相给予。而所谓的给予就是爱,它成为最高的关系和最高的“情”。基于人与“自然”的关系,才有“天行健”的有情宇宙观:基于人与人的关系,才有“何人不起故园情”的人类万岁的欢呼;基于人与精神的关系,才有“春且住”的艺术经验❶。于是,“情”中存在的秘密才得以敞开与呈现。

四、实与虚:“工具本体”和“心理本体”的关系问题

鉴于“情感”处在“文化心理结构”的中心而获得“本体”的哲学地位,我们就不可避免地遇到“工具本体”和“心理本体”的关系问题。李泽厚说,作为历史积淀物的人际“情感”不是当下情感经验以及提升而已,而是一种具有宇宙情怀甚至包括某种神秘的“本体”存在❷。但是“情感(心理)本体”不是超越的“本体”(不管内在超越还是外在超越),而是“无本体”。这里否认了情感作为“实体”和作为存在者的可能。由此“本体”才真正不脱离现象而高于现象,才真正解构任何定于一尊和将“本体”抽象化的形而上学。但“情本体”之所以谓为“本体”,是因为它即人生的真谛,是存在的真实和最后的意义,是宇宙、人生、心理的“本性”。总之,“心理本体”不是传统意义上的“本体”,而是以“情”为本、“理”“欲”交融地解决“人生”“在世”之意义问题的“后现代”玄思,是李泽厚所指出的在西方形而上学本体论被解构情况下的理论重建:一方面要摆脱形而上学的控制,另一方面又不能走向另一极端的一盘散沙的自然人性论和原子个人主义。因此,“情本体”是审美的形而上学,而不是传统的形而上学。它的“形而上”即在“形而下”之中。

在李泽厚看来,所谓“本体”就是“本根”“根本”“最后实在”❸,对于人类来说,

---

❶ 李泽厚.实用理性与乐感文化[M].北京:生活·读书·新知三联书店,2005:181-193.

❷ 李泽厚.实用理性与乐感文化[M].北京:生活·读书·新知三联书店,2005:180.

❸ 李泽厚.实用理性与乐感文化[M].北京:生活·读书·新知三联书店,2005:55.

最后的根据只能有一个,由此"本体"也只能有一个。如果承认"工具"是"本体"的话,那么"心理"就不可能作为"本体";同样,如果承认"心理"作为"本体"的话,那么"工具"就不能作为"本体"。当然正如前文所述,关于"本体"的研究也可以划分为一般本体论和区域本体论,后者如海德格尔的基本本体论,以及其他某种本体论。而"人类学历史本体论"自身如同基本本体论一样是区域本体论,"工具"或者"心理(情感)"只是对于其最后根据的命名而已。于是它们不能构成一般本体论和区域本体论的关系。李泽厚之所以既建构"工具本体",又建构"心理(情感)本体",因为他发现"工具"不能解决"人生在世"的意义问题,而"心理(情感)"作为人生的要义却没有自身的根据,这形成以"工具"作为基础,以"心理(情感)"作为主导的"人类学历史本体论"内在根本逻辑关系:一方面,李泽厚承认"工具"对于"心理(情感)"的决定作用,因此具有"本体"意义。只有"工具本体"得到巨大发展,才可能使"心理本体"由隶属到独立而支配"工具本体"。另一方面,他又为了突出"心理(情感)"的独立性,并由此赋予其"本体"意义。他曾经重申其哲学不关涉真正的"自然"、人世,而只建设"心理本体"❶。鉴于对"工具"和"心理(情感)本体"的如此理解,李泽厚认为其"人类历史本体论"哲学的目标不是"工具",而是"心理(情感)"。这样,"工具本体"将转向"心理(情感)本体"。他坚信后现代的"哲学"唯一道路是既执着于感性又超越感性的"心理(情感)本体"。于是,不是"性",而是"情",不是"性本体",而是"情本体",不是道德的形而上学,而是审美的形而上学,才是今日哲学的方向❷。

因此,李泽厚的"人类学历史本体论"哲学以"人活着"这一始源现象作为出发点,经由"工具本体"和"心理本体",在新的"天人合一"中,形成李泽厚哲学就"循着马克思,康德前行",通过对以孔夫子为代表的中国传统文化智慧"转化性创造"形成一种"美学作为第一哲学"的思想。其中,从"工具本体"到"情本体"的转换并非是"本体"的变化,而是"人类学历史本体论"的"基础"到"文化心理结构"的"主导"的位移。李泽厚在此只是保留了"本体"这一传统形而上学的用法,而赋予它以新意,他曾多次说明"情本体"不是"有""本体",而是"无""本体"❸。我们同样可以理解,"工具本体"也不能执着于"有"而忘记了"无"。因此,"工具本体"与"心理本体"是一种实与虚,有与无的关系。

---

❶ 李泽厚.历史本体论·己卯五说(增订本)[M].北京:生活·读书·新知三联书店,2006:110.

❷ 李泽厚.实用理性与乐感文化[M].北京:生活·读书·新知三联书店,2005:282-284.

❸ 李泽厚.历史本体论·己卯五说(增订本)[M].北京:生活·读书·新知三联书店,2006:109.

20 世纪 80 年代以来的生命美学研究

林　早

如果以国内现代生命美学首倡者潘知常发表于 1985 年第 1 期《美与当代人》的那篇美学札记《美学何处去》作为中国现代生命美学孕生的信号，则中国现代生命美学发展至今已经近 30 个年头。在那篇美学札记中，潘知常明确提出“它（美学）远远不是一个艺术文化的问题，而是一个审美文化的问题，一个‘生命的自由表现’的问题”。[1] 其后，生命美学在 20 世纪 90 年代对实践美学发动了颇具颠覆意义的美学论战。正是在那场论战中，生命美学有力地撬动了以李泽厚为代表的实践美学的原理根基，实现了中国现代美学史上最大规模的一次美学话语突围。今天，无论在学术界留存多少争议，不可置疑的是，生命美学已经成为中国现代美学发展史上不可或缺的有机生命体。20 世纪末以来，国内正式出版的中国现当代美学史研究专著，如阎国忠《走出古典：中国当代美学论争述评》（安徽教育出版社 1996 年版）、陈望衡《20 世纪中国美学本体论问题》（湖南教育出版社 2001 年版）、薛富兴《分化与突围——中国美学 1949—2000》（首都师范大学出版社 2006 年版）、章辉《实践美学——历史谱系与理论终结》（北京大学出版社 2006 年版）、刘三平《美学惆怅——中国美学原理的回顾与展望》（中国社会科学出版社 2007 年版），以及诸多相关学术论文都从历史高度出发对中国现代生命美学做出了正面评价。

从目前中国学界对“生命美学”一词的使用上看，“生命美学”主要在三个论域中被使用：

（1）20 世纪 80 年代发展起来的中国现代生命美学。中国现代生命美学又有广义和狭义之分。广义的生命美学即后实践美学，包括 20 世纪 80—90 年代出现的生存美学、生命美学、体验美学、超越美学等；狭义的生命美学特指以人的感性生命为逻辑起点并以生命全体意义为研究对象的具体的美学理论。

---

[1] 原载于《美与当代人》1985 年 01 期，现收录于潘知常．生命美学论稿——在阐释中理解当代生命美学[M]．郑州：郑州大学出版社，2002：400.

（2）以叔本华、尼采、柏格森、海德格尔等为代表的突出艺术与审美生命本体的西方生命哲学美学。

（3）以中国生命哲学为内蕴的中国传统生命美学。本次研究关注的焦点是20世纪80年代发展起来的，以潘知常、封孝伦为代表的中国现代生命美学。同时，基于中国现代生命美学与中国传统生命美学、西方生命哲学美学具有辩证的发展关联，因此研究也将中国传统生命美学与西方生命哲学美学纳入考察视野，以期在广义的生命美学语境中突显出中国现代生命美学研究的发展状貌。

尽管自20世纪80年代以来，就陆续有学人提出并展开了生命美学研究的现代理路——如宋耀良的论文《美，在于生命》（1988）、封孝伦的硕士学位论文《艺术是人类生命意识的表达》（1989），但如果我们认可一门学科、一个学派、一套理论的成立是以其具有理论体系性的研究成果为学界普遍认可而争取到合法性的，则公允地说，中国现代生命美学理论的创生应以1991年潘知常《生命美学》专著的出版为标志。而其后的一系列生命美学理论专著、论文的相继发布共同构筑了中国现代生命美学的学术生命版图。

表1、图1是对中国国家图书馆收录的生命美学主题专著进行的数字统计。统计显示，1980年以来，国内出版的生命美学主题专著数目共计24本❶。同期，收录于中国知网期刊数据库的生命美学主题论文共计600篇。两项数据的搜集统计时间均为2014年6月8日❷。

表1　中国国家图书馆收录的生命美学主题专著数据表

时段	1980—1989年	1990—1994年	1995—1999年	2000—2004年	2005—2009年	2010年至今	总计
图书专著（本）	0	1	4	7	8	4	24

据表1，1989年以前，国内的生命美学主题专著数量为0。见录于国家图书馆的第一本生命美学主题论著是潘知常1993年出版的《生命的诗境——禅宗美学的现代诠释》❸，这也是国图数据库显示的1994年以前唯一收录的生命美学主题专

❶　该统计信息排除了中国国家图书馆数据库外国学者、港台学者的生命美学主题专著，以及国内以生命美学为主题的编著类图书，如论文集《生命美学与生态美学的对话》（广西师范大学出版社，2013）等未进入该统计信息。

❷　在中国知网期刊资源数据库直接录入“生命美学”字样，检索条件为“主题”字段。

❸　在国家图书馆数据库搜索“生命美学”主题，时段在1980—1989年，可搜索到彭富春《生命之诗——人类学美学或自由美学》（1989）。这本专著虽然涉及了一般的生存论分析，但并未提升到生命美学或生存美学的立论高度，因此排除在表1的统计数据之外。

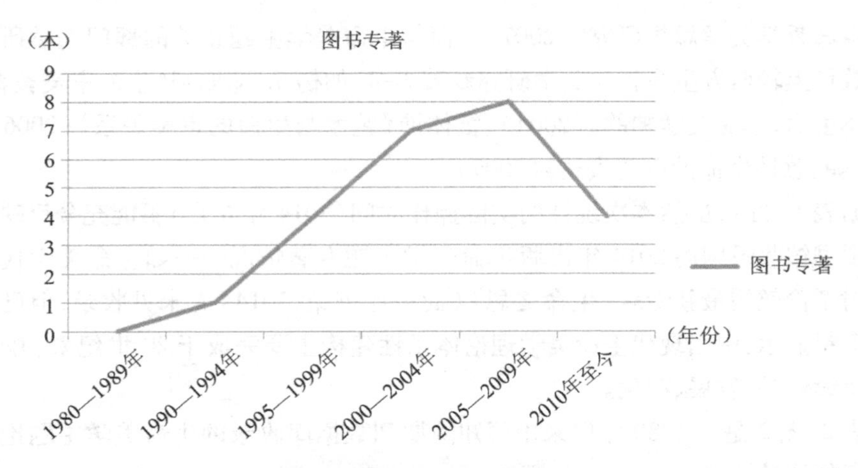

图 1　20 世纪 80 年代至今中国国家图书馆收录的生命美学主题图书专著折线图

著——《生命的诗境——禅宗美学的现代诠释》在运思上呈现了用中国现代生命美学观照中国传统生命美学的理论自觉。而潘知常 1991 年出版的《生命美学》专著并未见录于国家图书馆。

统计显示,2000 年前后是国内生命美学体系性理论建构的高峰期,除生命美学首倡者潘知常于 2002 年发表《生命美学论稿——在阐释中理解当代生命美学》外,封孝伦《人类生命系统中的美学》(1999)、黎启全《美是自由生命的表现》(1999)、杨蔼琪《美是生命力》(2000)、雷体沛《存在与超越——生命美学导论》(2001)、范藻《叩问意义之门——生命美学论纲》(2002)等生命美学体系性理论专著的相继问世充实了作为一个学派的生命美学理论阵营。其后,生命美学理论的体系性写作呈稳定发展态势,有周殿富《生命美学的诉说》(2004)、潘知常《我爱故我在——生命美学的视界》(2008)、潘知常《没有美万万不能——美学导论》(2011)、陈伯海《生命体验与审美超越》(2012)。

除中国现代生命美学的体系性研究专著外,中国国家图书馆收录的生命美学主题专著另有三类:中国传统生命美学研究、西方生命哲学美学研究、部门美学研究。其中,中国传统生命美学研究又可划分为两类:一是以中国现代生命美学的眼光来关照中国传统美学资源,如潘知常《生命的诗境——禅宗美学的现代诠释》(1993)、刘伟《生命美学视域下的唐代文学精神》(2012)、刘萱《自由生命的创化:宗白华美学思想研究》(2013);一是对中国传统生命美学的阐释性研究,如陈德礼《人生境界与生命美学:中国古代审美心理论纲》(1998)、袁济喜《兴:艺术生命的激活》(2009)。相较而言,西方生命哲学美学研究专著数量较小,且自 2005 年才出现,主要有王晓华《西方生命美学局限研究》(2005)、朱鹏飞《直觉生命的延续:柏格森生命哲学美学思想研究》(2007)。而与生命美学主题相关的部门美学研究专著在数量上较西方生命哲学美学研究专著为多,如杨光、邓丽娟《生命审美教育:优化个体生命,享受美学神韵》(2004)、雷体沛《艺术与生命的审美关系》(2006)、蒋继华《媚:感性生命的欲望表达》(2009)。

据表1、图1,虽然本次统计的实际操作时间(2014年6月)不能充分反映中国国家图书馆收录国内2014年出版生命美学主题专著情况——如生命美学代表理论家封孝伦教授最新专著《生命之思》(商务印书馆,2014)尚未见收录,但已有的文献资料显示:中国现代生命美学理论体系性建构主要完成于20世纪末,并于21世纪持续修补、发展、深化。

表2、图2是对1980年以来中国知网期刊数据库收录的生命美学主题论文数据进行的统计。

表2　20世纪80年代至今发表的生命美学研究论文数据表

时段	1980—1989年	1990—1994年	1995—1999年	2000—2004年	2005—2009年	2010年至今	总计
期刊论文(篇)	3	15	55	160	193	174	600

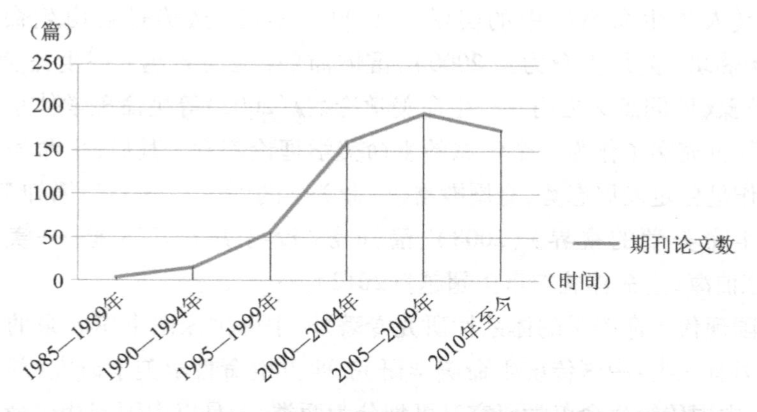

图2　20世纪80年代至今发表的生命美学主题研究论文折线图

为进一步用统计数据说明国内生命美学研究的具体趋向,根据国内生命美学主题专著自然呈现的分类主题,我们将中国知网期刊数据库收录的生命美学主题论文划分为:①生命美学原理性研究(包含对生命美学原理性研究进行阐发、评论,以及展开批判的论文);②中国传统生命美学研究;③西方生命哲学美学研究;④其他(主要是生命美学原理的应用性研究,以及相关的交叉型研究)四类,分时段进行统计,得到的结果如表3所示。

表3　20世纪80年代以来生命美学主题论文分类统计表

时段	1985—1989年	1990—1994年	1995—1999年	2000—2004年	2005—2009年	2010年至今
生命美学原理性研究	2	5	14	78	34	12
中国传统生命美学研究	0	9	21	29	62	61
西方生命美学研究	1	0	2	16	11	7
其他	0	1	18	37	86	94

根据中国知网期刊数据库显示,1989年以前发表的生命美学主题相关论文共有3篇。分别是宋耀良《美,在于生命》(1988)、陈乐平《生命美学的困惑——与宋耀良同志商榷》(1989)、王一川《原型美学概览——现代西方美学研究之一》(1989)。由于期刊《美与时代人》未收录于中国知网期刊数据库,自然地,潘知常1985年发表的美学札记《美学何处去》亦未见录于知网数据库。

1990—1994年,中国知网生命美学主题论文非常集中地呈现为两个类型:一是潘知常本人及其他学者以潘知常生命美学理论为中心的研究与述评——潘知常《中国美学的学科形态——中国美学的现代诠释》(1991)、潘知常《建构现代形态的马克思主义美学体系》(1992)、潘知常《从自然的人到人的自然——中国美学的现代诠释》(1993)、吴风《生存与审美的合一——潘知常〈生命美学〉述评》(1992)、张节末《体系与无体系之辩——读潘知常近著〈生命美学〉》(1992)、晋仲《生命美学》(1993)、劳承万《中国当代美学启航的讯号——潘知常教授〈生命美学〉述评》(1994)等。另一类是对以《周易》、禅宗为代表的中国传统生命美学的研究及评论。虽然其时生命美学与实践美学的论争已经拉开帷幕,但从邹元江对刘纲纪先生在周易美学研究中提出的"生命即美"命题的阐发看,中国传统美学的生命美学内蕴亦是为实践美学所认可的❶。

1995—1999年,生命美学主题研究有三个值得关注的趋势:①生命美学理论阵营的壮大。1995年,封孝伦在《贵州社会科学》第5期发表《从自由、和谐走向生

❶ 邹元江."生命哲学与生命美学——评刘纲纪《周易美学》"[J].哲学研究,1994(01).

命——中国当代美本质核心内容的嬗变》,用历史的辩证逻辑为中国现代生命美学声援、辩护,并简述了他的“三重生命”美学观。封孝伦的声援、辩护随即为生命美学的执旗者潘知常引用到了他与实践美学的论辩中。②学界开始普遍将以潘知常为代表的中国现代生命美学纳入中国现代美学史的整体视野中进行评判。1995年,《学术月刊》第9期刊载《中国当代美学的前沿——关于实践论美学争鸣情况的述评》一文,将以潘知常为代表的中国现代生命美学明确纳入后实践美学体系中进行评价。1997年,阎国忠在《文艺研究》第1期发表《关于审美活动——评实践美学与生命美学的论争》一文,视生命美学与实践美学的论争为中国(现代)美学学科完全确立的标志。[1] 同年,周来祥先生撰文《我看今日美坛》,从学理角度肯定了生命美学的学术品性。杨恩寰则在《实践论美学断想录》中针对“自由”“理想”概念对生命美学提出批判。③生命美学应用性研究及交叉研究的发展,如韩森《建筑——向着人的生命意义开拓》(1998)等。

如图3所示,2000—2004年是20世纪80年代以来中国现代生命美学原理性研究论文发表的高峰期。2000年,《学术月刊》第11期发表了一组生命美学专题论文——潘知常《超主客关系与美学问题》、封孝伦《审美的根底在人的生命》、刘成纪《生命美学的超越之路》、颜翔林《思维与话语的双重变革》、刘强《生命美学:阐释框架的转换与方法论的创新》。这是迈进21世纪的中国现代生命美学最重要的一组专题文章。这一时段,生命美学原理性研究大体上呈现了两个方向:①在对实践美学深化批判基础上展开的生命美学理论升华,以潘知常生命美学研究为代表。其中,深化对实践美学的批判文章有潘知常《生命美学与超越必然的自由问题——四论生命美学与实践美学的论争》(2001)、《实践美学的一个误区:“还原预设”——生命美学与实践美学的论争》(2001)等。呈现生命美学研究自我修补、升华的研究论文主要有潘知常《为信仰而绝望,为爱而痛苦:美学新千年的追问》(2003)、《为美学补“神性”:从王国维接着讲——在阐释中理解当代生命美学》(2003)等。潘知常在这一时期为生命美学的思考提出了“补‘神性’”“补信仰”的维度。②生命美学理论体系的述评与研究。其中,既有对生命美学整体理论面貌进行研究、评述的——如陶伯华《生命美学是世纪之交的美学新方向吗?》(2001)、薛富兴《生命美学的意义》(2002)等多篇论文;也有针对学者个人生命美学理论进行研究、评述的。其中,对封孝伦的生命美学理论体系进行研究、评述的论文数量最多,如薛富兴《生命美学:20世纪中国美学的制高点——〈人类生命系统中的美学〉读后》(2001)、黎启全《建构生命美学理论体系的力作——评〈人类生命系统中

[1] 阎国忠.“关于审美活动——评实践美学与生命美学的论争”[J].文艺研究,1997(01).

的美学〉》(2002)等7篇。封孝伦的三重生命美学理论被视为是继潘知常生命美学理论之后最受学界关注的体系性生命美学理论。③超越生命美学研究,如王建疆《超越“生命美学”和“生命美学史”》(2001)等。其间,刘成纪《从实践、生命走向生态——新时期中国美学的理论进程》(2001)提示出在与实践美学论战之后,生命美学与生态美学展开对话的理论视域。这一时期另有一值得关注的变化是西方生命哲学美学论文数量的明显上升,主要成果是王晓华对西方生命美学的研究。

据表3、图3,2005—2009年,生命美学原理性研究在数量上呈现出明显回落趋势,并且这一趋势似乎一直延续至今。自2005年以来,在完成了《学术月刊》2005年第3期《叩问美学新千年的现代思路——潘知常教授访谈》之后,生命美学的首倡者潘知常再没有在学术期刊上发表过探讨、回应生命美学的文章,而是转入了其他研究领域。因缘巧合,与潘知常生命美学研究转向的时间轨迹大致相应,生命美学理论的另一代表理论家封孝伦同期亦没有相关研究成果发表。这一时期,生命美学原理性研究主要呈现为对已有的生命美学理论的重申、评价、反思、批判。但从中国知网期刊数据库生命美学主题论文数量上看,国内生命美学研究仍呈现稳定发展的态势。这一时期,中国传统生命美学研究、生命美学应用性研究及交叉研究的论文数量相较前一时期几乎同时翻了一倍。前者说明了国内学界对中国传统生命美学资源发掘、重视的不断升温;后者则可支撑生命美学在当代审美文化发展中应用研究价值的论证。

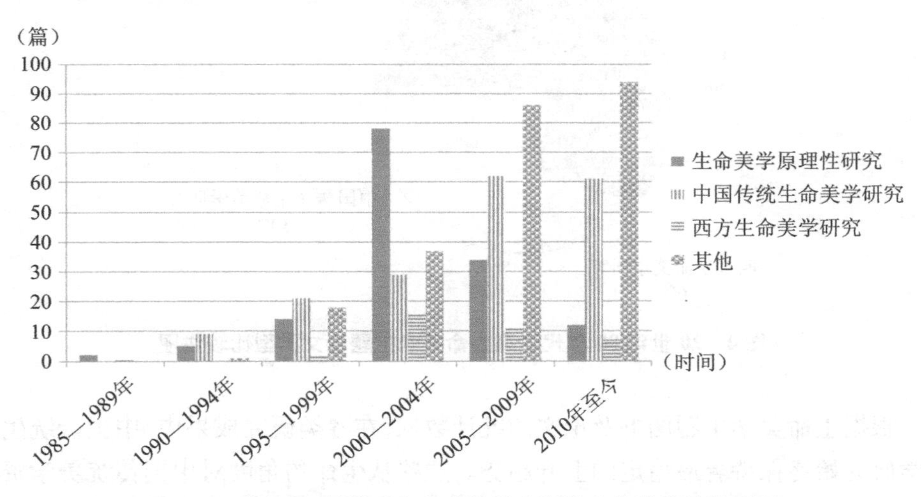

图3　20世纪80年代以来生命美学主题论文分类统计柱型图

2010年至今(2014年6月),中国知网期刊数据库的生命美学主题论文发表情况基本延续着前一时段的状貌。生命美学原理性研究在数量上没有呈现明显的回升趋势，并且仍以对已有的生命美学理论进行重申、评述、反思为主。其中比较重要的两篇论文是封孝伦《人类审美活动的逻辑起点是生命》(2010)、《李泽厚对实践美学的创建与修补》(2010)。中国传统生命美学研究、生命美学应用性研究及交叉研究则热度不减。而西方生命哲学美学研究的论文发表趋势自2000年以来基本没有发生大的变化。

根据图4对生命美学主题论文分类数据的整合，20世纪80年代以来中国知网期刊数据库收录的600篇生命美学主题论文中生命美学原理性研究占总数的24%，中国传统生命美学研究占总数的30%，西方生命哲学美学研究占总数的6%，而生命美学应用性研究与交叉研究则占到了总数的40%。结合图4、表1、图1，我们可以判断，世纪之交是中国现代生命美学理论体系性建构的高峰期。在此时段之前，中国现代生命美学应用性研究与交叉研究发展比较缓慢。而在此时段之后——尤其是2005年以来，该类型研究迅猛发展，并在成果数量上压倒了其他类型的生命美学研究，显现为生命美学研究的“主流”，掠藏了生命美学原理性研究的光芒。客观来看，这一方面固然是2000年以来中国美学研究文化转向的大势所趋；但另一方面亦呈现出生命美学原理研究向应用性研究转化的自然态势与价值潜力。

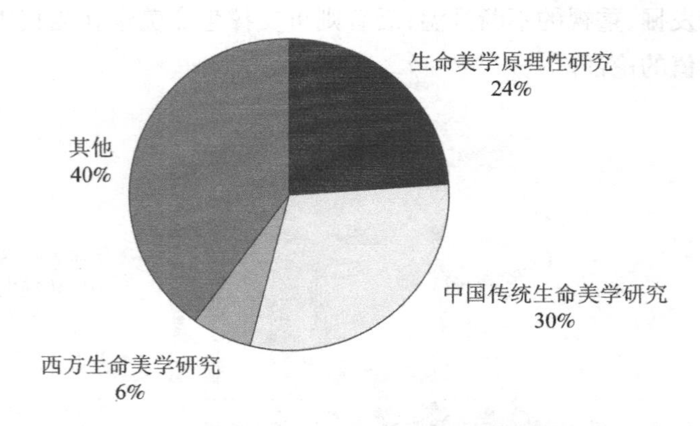

图4　20世纪80年代以来生命美学主题论文类型比较饼图

根据生命美学主题图书及论文的统计数据，在各类研究成果中，中国传统生命美学研究始终保持着最稳定的上升趋势。这些从生命的角度对中国传统美学资源进行发掘、研究阐释的成果——无论其作者是否为中国现代生命美学理论的同情者，在客观上都显示了中国传统美学资源与中国现代生命美学理论建构之间的丰富可能。而就学界通常将西方生命哲学美学视为中国现代生命美学启蒙资源的意义上看,西方生命哲学美学研究成果在数量上的薄弱现象是发人深思的。就相关研究文献来看,视西方现代哲学美学为中国现代生命美学主要启蒙资源的评价往往多现于将中国现代生命美学纳入后实践美学(即广义的“生命美学”)的眼光与愿景。事实上,在对西方现代哲学美学理论资源的阐发与应用方面,后实践美学中杨春时的“超越美学”、张弘的“生存论美学”是更为直接的。因此,在“后实践美学”语境逐渐淡出中国学界的当下,这组数据也许提示我们,作为独立理论生命体的中国现代生命美学,其现代性价值是值得重新审视与继续发掘的。

“三重生命”学说:人本哲学研究的一次创新

——读《生命之思》

方英敏

恩斯特·卡西尔说:“认识自我乃是哲学研究的最高目标——这看来是众所公认的。在各种不同哲学流派之间的一切争论中,这个目标始终未被改变和动摇过:它已被证明是阿基米德点,是一切思想的牢固而不可动摇的中心。”❶但“人是什么”,在人类数千年文化史中许多思想和科学结论其实早已有之,其中还有诸多富于个性的创见。在这种背景下,关于“人是什么”还能言说些什么,恐怕仍然是众多学者思考的问题。封孝伦教授的这部《生命之思》(商务印书馆2014年版)则可以在人本哲学研究推陈出新方面给我们以很大的启发。作者在这部三十余万字的论著中建构起来的“三重生命”学说,是人本哲学研究的一次创新,可助学界对人的本质的深入认识。之所以下这样的结论,理由归纳起来,有如下四点:

首先,“三重生命”学说不是关于生命的偶感,而是一个逻辑整合的生命哲学体系。黑格尔说过:“哲学若没有体系,就不能成为科学。没有体系的哲学理论,只能表示个人主观的特殊心情,它的内容必定是带偶然性的。哲学的内容,只有作为全体中的有机环节,才能得到正确的证明,否则便只能是无根据的假设或个人主观的确信而已。”❷什么是体系呢? 康德解释为:“我所谓的体系,是指许许多多的知识种类在一个理念之下的统一性。”❸这意味着现代学科、学术意义上的体系,当不是许多概念、范畴、命题的机械拼贴与类编,而是建诸恰当的逻辑起点、核心命题之上而建构起来的各部分内容之间具有内在逻辑联系的严密整体。然而“生命”是不易言说的,要建构起一个生命哲学体系更难。一方面,每一人都可以基于自己的生命体验而谈论一番感受;而另一方面,“有话可说”并不意味着能够说得好、说得

---

❶ [德]恩斯特·卡西尔. 人论[M]. 甘阳,译. 上海:上海译文出版社,1985:3.

❷ [德]黑格尔. 小逻辑[M]. 贺麟,译. 北京:商务印书馆,2004:56.

❸ [德]康德. 纯粹理性批判[M]. 韦卓民,译. 武汉:华中师范大学出版社,2000:686.

透。不然,每一个人都可以成为思想史意义上的生命哲学家。但,这怎么可能呢?在此,需要学者有充分自觉的学术意识,区分关于生命的日常言说与学术言说。前者是零星、局部的个人感悟,其思想表达的广度、深度及理论所必需的普遍性均无法得到保证;后者则是理性、系统的类思考,它首先必须以一些内涵、外延均较准确的核心概念、范畴、判断、命题为支撑。否则,关于生命的谈论,仅仅依托一些大而无当的概念或文学性很强的语句表达是始终立不起来的,无法给人留下清晰印象,而这也正是关于生命的日常言说易犯的通病。在对生命的日常言说与学术言说之区分上,作者是十分自觉的。“人类生命是一个现象,从这个现象提出一些零星、局部的认识还是不够的。从现象的关注到规律性的揭示需要更为深入、系统的研究和求证。必须把对生命现象的体验和描述上升到揭示规律性并形成人生观、世界观的哲学,才能真正使得对人类生命的认识具有哲学的意义和文明、文化建设的基础价值。”[1]为了实现对生命的学术言说,《生命之思》建立起一套内涵、外延均非常明晰的概念、范畴、判断、命题,其中有一以贯之全文的核心概念“生物生命”“精神生命”“社会生命”,核心判断“人的本质是生命”,核心命题“人是三重生命——生物生命、精神生命和社会生命的统一体”。作者对之都进行了严谨的论析。《生命之思》全书辟为十章。作者在第一章中首先提出思想的元起点“人的本质是生命”,是为总论;第二章、第三章、第四章将人类生命存在的三重形态——生物生命、精神生命和社会生命三个层次予以分论;第五章再总述、细致地讨论三重生命之间的关系。从第一章到第五章,在逻辑上构成“正—反—合”的关系。以此为基础,作者提出了自己的核心命题——“人是三重生命的统一体”。然后,从第六章到第十章他将这一命题贯彻运用到对“人与人的生命关系”“生命的意义”“人类生命与政治”“人类生命与真、善、美”“生命与自由”等子题的认识,对人类生命活动的基本面相与现象,均一以贯之地用其“三重生命”学说予以解释。如此一来,《生命之思》一书就构建起了一个以人的本质是生命为思想的元起点,以三重生命互相支撑解说人类生命要素与意义的哲学体系。这是一幅关于人类生命哲学认知的枝枝相覆盖、叶叶相交通的严整理论模型。放眼学术史,大凡具有“体系”的学术思想都让人萦怀。譬如,黑格尔哲学之所以至今让人念念不忘,一个重要原因在于其包举宇内、纵览古今的巨型叙述能力,令人惊叹。《生命之思》同样展示了作者娴熟的理论推演和体系建构能力。作为一个“体系”的生命哲学——“三重生命”学说在人类生命哲学史中相信同样会令人印象深刻。

其次,“三重生命”学说认为“人是生物生命、精神生命和社会生命的‘三重生

---

[1] 封孝伦. 生命之思[M]. 北京:商务印书馆,2014. 4

命’的统一体”，这一人本论富于辩证精神、哲学理性。人有三重生命——生物生命、精神生命和社会生命，这不是作者的新识，思想史上论人的生物性、精神性和社会性的相似思想成果可谓多矣。但与既往的人本论相比，“三重生命”学说的最大理论创见是它认为人不是某一重生命的单一存在而是三重生命的统一体。这一理论发现可解决曾经囿于一面的生命观所带来的理论难题和现实问题。从理论上看，从生物性、精神性或社会性的单一角度论人，或具深刻，却失之片面，未若以三重生命相互支持解说人生、社会的逻辑周延和贴近事实，因为在经验和事实上讲人不可能是某一重生命的单一存在。从现实看，遮蔽人的任何一重生命都有可能导致人们在生命追求过程中的偏执，以及社会对人的关怀落入片面，如作者所言，“比如，生物生命被遮蔽，往往就会忽视人的生理需要，出现反人性，反人道的偏颇。往往为了某一种社会理念，做出不人道的决定。精神生命被遮蔽，使我们对人的精神家园的需要，对人类的精神生活的需要，存在固执的偏见和狭隘的抵制，看不到人的精神生命需要对人的生命活动乃至对社会发展的重大决定作用和强烈影响。社会生命被遮蔽，使我们不明白，人们何以要自觉地为社会做贡献，要在社会上创造影响，为什么权力是一种资源，公平地分配这种资源对人类有何重要意义？”[1]因此，相比较而言，“人是三重生命的统一体”这一人本论对生命的理解更为全面、科学，并有现实意义。

读者可能会质疑，“人是三重生命的统一体”，这个理论发现也不过是平凡得不能再平凡的常识。因为每一个人只要反躬自省自己的日常生活体验，有谁会认为人只是生物生命、精神生命或社会生命的单一存在呢？然而，当代学术的悲剧有时恰在于有意无意地背离常识，而非产生不了标新立异的理论。静心想来，真理常常就隐藏在常识之中，甚至简单得令人难以置信。马克思的唯物主义历史观，弗洛伊德的性本能理论，哪一种有深远影响的理论发现不是对人类生命常识的回顾与尊重呢？从这样的理论立场看，“人是三重生命的统一体”的人本论同样是表达了一个真实而平常的人性事实。这一辩证生命观，看似中庸，实则高明，它或许正是当代社会发展和大众生活所需要的哲学理性。譬如，依“人是三重生命的统一体”理论，人只有当他(她)的生物生命、精神生命和社会生命都得到同时展开和实现时，人生幸福与社会和谐才有望达成。这就足以警醒并促使当代大众生命追求，以及社会对人的生命关怀回归人性的实地，并臻于全面。从这个角度说，哲学家们并不故作高论的中正平实的理论见解和立场，正是人类之智，时代之福。

再次，在研究范式上“三重生命”学说为人本哲学研究由认识论而价值论的转

---

[1] 封孝伦.生命之思[M].北京：商务印书馆，2014.325.

换作了一次很好的学术示范。对当代人类而言，人们日常生活所面临的挑战、困惑也许并非对自身生命之无知，如生命如何新陈代谢、遗传变异之类，而是面对复杂的现实和匆忙的人生无所适从，因而迷茫、焦虑。也因此，社会大众日常生活更需要的也许并非对生命的异见新识，而是一种对每个人的现实人生有较大覆盖面、有更多针对性和说服力的人生观。这要求人本哲学研究既要可信，也要可爱，在研究范式上要超越认识论的思维路线而注入价值论的理论立场。在认识论上，人的本质是什么，对多数人而言，即便告之一些客观知识，如人是动物进化来的、在构造上与哺乳动物有着相似的模式等，并将之重复千遍，离他们所关怀的人生意义问题都尚遥远，仍然是抽象的。但在价值论上，人是什么转换来的，需要什么和干些什么，一个现实个体只要直观地感受一下，自己来世界一遭，需要什么，追求什么，回避什么，也就可以大致不差地理解人的本质的内涵。这正是“三重生命”学说遵循的思维路线，它以“人的本质是生命”论人，准确地讲，是以人的现实生命需求论人。人的现实生命需求是自明的，而人类一切现实文化行为都以人的现实生命需求与功能为依据，因而抓住了人的生命需要、追求，也就抓住了解开人生之谜及理解人类一切文化行为的根。“三重生命”学说正是立足这一点，使之在归纳和分析人类面临的真、善、美问题，以及其他种种问题时既纵横捭阖，又得心应手。举凡生命的意义是什么？如何看待人与人之间的生命关系？真、善、美与假、丑、恶的界限何在？如何构建一种良性、开明政治？等大众日常的人生之问，“三重生命”学说都能做出了令人信从的解释。众所周知，马斯洛的“需要层次理论”也是抓住人的生命需要来认识人的动机和行为，已被学术界广泛认同，而“三重生命”学说再次坐实了这一论人的价值论立场，这于人本哲学研究或是深度启示。

最后，在个别论断上“三重生命”学说亦有创新之处，这集中体现在作者对于生命与自由的关系认识上。在思想史上，“自由”是个被诗意描述过的概念，一直被视为人类生存的基本价值乃至最高目标，19世纪匈牙利诗人裴多菲的诗：“生命诚可贵，爱情价更高；若为自由故，两者皆可抛”，被广泛地用来证明自由的存在和无上价值。而作者认为，人的生命不自由，因为生命是一个被规定的存在，无论是生物生命、精神生命还是社会生命及其需求的生成与实现都受到诸多条件和因素的决定和限制。这一不同于习见的结论，也为我们深识人的生命存在本相增设了新的思想之维。

值得一说的是，封孝伦教授原本是生命美学家，一生都在生命美学的学术田野中精耕细作而心无旁骛，曾出版过《人类生命系统中的美学》《二十世纪中国美学》等著作，在学术界产生了影响和认同；但《生命之思》的出版则表明，封教授的学术研究视野还不以美学为限，而是自觉地越美学而入哲学之域。从中西美学史看，那些有影响的美学家往往同时也是哲学家，如黑格尔、李泽厚等。从这个角度说，封孝伦教授在出版了《人类生命系统中的美学》之后，又继之以《生命之思》，在学术视野上是对黑格尔式美学家的自觉认同和学习，即据于哲学、游于美学。

封教授关于人本质的思考始于20世纪80年代。在1989年完成的硕士学位论文《艺术是人类生命意识的表达》中，作者认为人的本质就是生命，并把人的生命分为物质生命和精神生命两种类型，是他对人本质的初步看法。在20世纪80年代中国思想界仍习惯以人猿之别论人，羞于谈论、极力洗刷人的物质生命的整体氛围中，这一理论明确人的物质生命是现实人性的基础，这在当时无疑是有思想启蒙价值的。至1995年，封孝伦教授关于人本质的思考又深入一步，他刊文指出："人的生命与动物的生命有很大不同，动物只有生物生命，而人不但有生物生命，还有精神生命和社会生命。人是三重生命的统一体。"[1]这一观点在原来以物质生命、精神生命二分法论人的基础上，认为人还有"社会生命"，对作者本人而言，这是一个重要的理论突破。如果说以物质生命、精神生命二分法论人还只是就人之灵、肉二元结构的内部认识，那么加入"社会生命"这一层后，封孝伦人本论对人作为一种现实生命形态的社会性、群体性就有了解释力，其理论张力大为增强。"三重生命"学说雏形于此已然显现。在1999年出版的《人类生命系统中的美学》一书中，作者首次相对集中地阐释了自己的"三重生命"学说，设置专节对人的生物生命、精神生命和社会生命的内涵特征进行论述，阐释三重生命之间的关系，得出核心命题"人是三重生命的统一体"。但囿于《人类生命系统中的美学》的主题是美学而非哲学，"三重生命"学说未能充分展开。在出版《人类生命系统中的美学》之后，封孝伦教授便将主要精力集中到人本哲学的体系性建构，经过近十余年的精心酿构，便有了眼前这本煌煌大作《生命之思》——集中、系统地表达了"三重生命"学说，它是封孝伦人本哲学的一份实在的理论收获。如果从1989年作者首次发表关于人本质的哲学思考算起，至2014年出版《生命之思》，已是25年。25年中，封孝伦教授始终坚信自己关于人本质的哲学思考的学术价值，不断深思、完善自己的人本哲学。"三重生命"学说由模糊、稚嫩走向清晰、成熟，充分展示了一位学者的学术执着。笔者相信，作者在继承融会以往学术史上人本哲学研究成果的基础上而创构出的"三重生命"学说，这于人本哲学研究是一次既述且作、作而合道的成功尝试。

---

[1] 封孝伦. 从自由、和谐走向生命——中国当代美本质核心内涵的嬗变[J]. 贵州社会科学，1995(5)：44－49.

中国现代性困境的突围与救赎

——兼评《生命之思》

黄桂娥

现代性是发源于西方并被西方所主导的，“西方文化通过以西方的先进—文明—科学—理性去扩张、征服、占领落后—野蛮—迷信—愚昧的广大非西方地域，而主导走向统一世界史的图景。”[1]在这一现代化过程中，带来的矛盾和问题日益显著，才使现代性有了一种真正的全球眼光，有了全球统一的人类感受和人类思考。也就是说，非西方的现代性具有各具特色的被动性特征，中国的现代性就是其中一例：“中国现代性不是出自中国社会自身发展的自然要求”，“它是‘外发型’的”，“它是在西方列强压迫下提出来的(外迫性)；它不是来自中国本土文化传统，而是来自西方(外源性)。”[2]中国现代性的发展历程是艰难曲折、漫长迂回的，原因是：“中国现代性展开在两个充满矛盾的维度中。一是中国传统，它既在观念和心理上给中国文化要保持辉煌的永久性激励，又以社会形态上完全不同于现代的实存，不断地阻挠着向现代化的迈进。二是世界主流文化，中国真切地学习世界史的最高级，但什么是世界的最高级，又因世界史的演变而不断变化，这就造成了中国现代性目标设定上的不断改变和前进中的反复曲折。”[3]学者们曾一度热衷于探讨现代性与中国现代性问题，他们一致的看法是中国现代性是有缺失的现代性，中国深受这种畸形片面现代性的困扰，需要走出这一困境。他们都解析了中国现代性困境的特性、历程和缘由等，并指出了走出这一困境的方向或道路。但是时至如今，我们是否已经突围了现代性的困境呢?

学者杨春时指出：现代性有感性层面、理性层面和超越性层面。现代性的感性层面是人的感性欲望的解放，它是现代性的比较原始的动力，体现为一种消费性的

---

[1] 张法.文艺与中国现代性[M].武汉:湖北教育出版社,2002:13－14.

[2] 杨春时.中国现代性与现代民族国家的错位和复位[J].粤海风,2000:(3).

[3] 张法.文艺与中国现代性[M].武汉:湖北教育出版社,2002:4－5.

大众文化。……人的欲望的解放必然体现到理性层面上来，被理性所肯定，现代性也就体现为一种理性精神。……理性精神体现为现代理性文化，科学和意识形态是它的两个方面。”[1]感性和理性现代性构成了世俗现代性，世俗现代性集中体现了平民精神，现代性的超越性层面体现为贵族精神。杨春时总结中国现代性的发展历程，得出一个结论：超越性层面在中国现代性历程中一直处于缺失的状态。

改革开放至当前，是现代性的感性层面疯狂肆虐的时期。改革开放和社会主义的市场经济的实践活动，把中国人从对狭隘群体的习惯性依附和抽象的价值观念的盲从中解放出来，人们在挣脱着受“抽象”统治的自我意识的同时又卷入世俗化的生活之中。传统文化中伦理性的终极关怀在对物的逐求和依赖中受到消解，而曾有过的意识形态化的信仰误区则使人们厌倦和远离了“崇高”。而标志着中国现代性精神困境确切到来又有如下几点：“首先，计划经济体制下的集体理性生存被打破，人们走向个体生存。其次，在商品关系下，人的异化发生，有可能发生人与人关系的疏远，这意味着进步与沦落同步进行。最后，理性主义与非理性主义发生冲突，理性信仰开始瓦解，精神困扰突出，生存意义问题被尖锐地提出来。即精神世界的冲突取代了社会冲突而成为中心问题。”[2]直至如今，人们仍在信仰和道德双重失落的泥沼里挣扎，从而产生了超越的冲动。

学者张法认为：“现代性首先与世界历史的演进相关。……现代性，首先就是与分散世界史中的传统文化相对的导向统一世界史的现代文化的特性。”[3]中国现代性就是中国从分散世界史中的古代中国走向统一世界史的特性。他认为中国从传统向现代的历程中有三个节点：“第一，面向统一世界史；第二，承认、寻找、获得它的‘发展规律’；第三，在统一世界史‘发展规律’中获得新的辉煌。”[4]中国传统文化有中心化情结，这一情结给中国现代性的历程带来了很大的影响。1840—1894年是中心化情结遭受不断打击和痛苦的时期。之后，“中心化情结以另一种方式开始运行，这就是在世界中国图景中力图‘重返’中心的赶超心态”。[5]在赶超心态的驱使之下，中国现代性走过的历程可分为五个时期：技术主导期、政体主导期、科学主导期、主权主导期、文化主导期。[6]

这五个时期运动轨迹是这样的：被西方大炮惊醒的中国开始紧张地反省失落中心的原因。林则徐、魏源、曾国藩、李鸿章和张之洞等从鸦片战争失败的惨痛教

---

[1] 杨春时. 贵族精神与现代性批判[J]. 厦门大学学报(哲学社会科学版)，2005：(3).
[2] 杨春时，林朝霞. 实践美学与后实践美学论争的意义[J]. 学习与探索，2006：(5).
[3] 张法. 文艺与中国现代性[M]. 武汉：湖北教育出版社，2002：13－14.
[4] 张法. 文艺与中国现代性[M]. 武汉：湖北教育出版社，2002：12－13.
[5] 张法. 文艺与中国现代性[M]. 武汉：湖北教育出版社，2002：18.
[6] 张颐武. 现代性中国[M]. 郑州：河南大学出版社，2005：46－53.

训中推断出,中国的衰败在于技术的落后,开始积极学习西方技术,技术主导期由此形成。很快人们发现技术运用只能解决枝节问题,只有彻底的政体变革,才是中国重返中心的必由之路。于是政体的变革成为重返中心的新的主导思想。但孙中山等政体中心论的规范同样是出于西方"他者"的馈赠。"五四"精神的核心是科学"启蒙",然而这不过是一种科学救国幻觉。单纯依仗科学而遗忘文化的其他方面,是不可能实现中心重建的宏图的。日本全面侵略中国之后,国土被瓜分、国民遭蹂躏的深重灾难,迫使人们转而把捍卫国家主权当作中国重返中心的关键。于是,从20世纪30年代到"文化大革命"近半个世纪,主权问题一直成为中国现代性的主导性问题。但以主权为主导,不仅没能确保中国重归中心,反而导致国家滑向毁灭的边缘。"文革"结束之后,中国进行了改革开放,中国人惊异于西方方及周边亚洲国家的飞速发展,对比之下则是自身与中心的差距反而越拉越大了。这种中西文化比较带来的结果是:西方被确认为高级文化、中心文化,中国则是低级文化、边缘文化。于是西方元话语被当作"东方的复兴"的基本规范。"这样,以文化为主导,就意味着中国在变革自我时实际上陷入全面'他者化'境遇,即以西方的道路为中国重返中心之路。"[1]但两个事件宣布这一期的结束:一件事是1989年2月在中国美术馆举行的"中国现代艺术展"。这个展览"将整个80年代艺术送上了断头台"。另一件事是海子的死,"使新时期文化话语的许多关键性的原则受到了震撼和质疑"。这两件事"不仅仅意味着80年代'新时期'文化的终结,也意味着'现代性'伟大寻求的幻灭"。[2] 经过了20世纪90年代的社会市场化、审美泛俗化和文化价值多元化的冲刷之后,世纪末的中国发生了巨变,新的知识型正在酝酿。他们由此提出一个新的话语框架——中华性。"中华性并不试图放弃和否定现代性中有价值的目标和追求。相反,中华性既是对古典性和现代性的双重继承,同时又是对古典性和现代性的双重超越。"[3]

学者钱永祥指出现代性有双重意义,分别是文化现代性与社会现代性。中国现代性几乎等同于"社会现代性",而缺乏"文化现代性":"由于近代中国历史的曲折遭遇,无论是在'启蒙'或者'救广'的论述取向里,现代性几乎都等同于社会的现代性,也就是说'现代性'每每悄然无声地变成了'现代化'"。[1] 中国现代性的历史发展以民族国家的现代化为主要关怀,它兼具现代和前现代两种元素。"它的现代形式在于提供普遍而平等的成员身份(国民、公民、人民),将个人由传统、自然

---

[1] 张颐武.现代性中国[M].郑州:河南大学出版社,2005:52.
[2] 张颐武.现代性中国[M].郑州:河南大学出版社,2005:53-54.
[3] 张颐武.现代性中国[M].郑州:河南大学出版社,2005:60.
[1] 贺照田.后发展国家的现代性问题[M].长春:吉林人民出版社,2002:7.

的关系中解放出来，代之以政治性的身份界定；它的前现代实质在民族主义的论述，莫不企图提供某种自然的、文化的或者历史哲学式的超越建构，作为民族的集体身份所寄。”❶这种由国家担任现代化推动者的社会现代性，很容易就窒息了文化现代性。而这种现代性最容易暴露缺口的地方是“社会整合的基础”。“所谓整合的基础，是指社会成员关于价值性的信念与认定是否有共识。社会成员关于身处的社会、关于自己、关于自我的利益与目的和社会的利益与目的之间的关系，都需要一套说法，一套意义性的叙事。这套叙事的一个重要功能，在于为社会的共同性——由原本个别的个人来进行社会合作——找到一个根基。”❷在前现代的社会里，就有这样一套整合基础，它的元素包括血统纽带、历史传承、文化认同、利益的一致、价值观的统一等。它们具有先天的正当性，乃是先于个人意志的，有独立的正当性根据，并不依赖于个人的认可。可是随着现代性的扩展，这一套整合基础逐渐丧失地位，无法将杂众熔铸成整体。无论是构建整合基础还是一整套意义叙事，都需要靠文化现代性来完成，它是现代性的批判层面，它“必须设法提供一套对于‘现代情境’里人的道德生活的诠释。这套诠释，需要能够落实‘自行营造、证立、修改引导性的价值理想’这项现代的需求。”❸他指出文化现代性之所以具有这种批判性格，在于“自由主义的基本立场”。❹ 所谓的自由主义，就是维持一个开放、多元的文化价值和身份、价值、生活方式多元选项的理想空间：它要求社会给个人提供实质的平等和选择机会。他认为：“自由主义其实是现代性的承载者；不面对现代性的严肃考验，不会感受到自由主义的真正意义。”❺

学者们对中国现代性的困境有各种各样的解释，解决的办法也各种各样。但无论是“超越性文化层面的建构”，还是“依赖中华本土文化重回中心的诉求”，还是“自由主义价值理想的维护”，都只是学理层面推理的结果，从学理推理的逻辑去看，这些结论真是再自然不过了。然而实际上中国现代性的问题并没有完结，困境也没有解除。当代中国似乎呈现出非常矛盾的现象，一方面经过30多年的改革开放，我们取得了巨大的成绩和进步，但同时也出现了错综复杂的社会矛盾，“导致了一系列的价值争论与文化冲突，在社会发展困境中又面临着明显不同于西方国家的现代性难题”。❻ 从目前的社会问题来看，单一指出一个方向和一条道路都显得很无力，我们需要的是一套能于个体和整体双向互动层面起作用的系统原理。

---

❶ 贺照田. 后发展国家的现代性问题[M]. 长春：吉林人民出版社，2002：8.
❷ 贺照田. 后发展国家的现代性问题[M]. 长春：吉林人民出版社，2002：8－9.
❸ 贺照田. 后发展国家的现代性问题[M]. 长春：吉林人民出版社，2002：10.
❹ 贺照田. 后发展国家的现代性问题[M]. 长春：吉林人民出版社，2002：14.
❺ 贺照田. 后发展国家的现代性问题[M]. 长春：吉林人民出版社，2002：14.
❻ 王祥. 论马克思现代性批判与当代中国现代性构建[J]. 求是，2014：(3).

从这个意义上来看,封孝伦教授的新著《生命之思》可以说是应运而生。它确实为我们提供了一套可用以对个体自我乃至人类生命真相进行反思的独特、简约而又严整的理论模型。以之为镜鉴,人们可以更深入、明晰地认识个体;又能以个体的真切生命经验为镜鉴,推演并确证出人类万千生命整体的普遍逻辑。

《生命之思》以"人的生命"作为逻辑建构的起点,这实际上是对中国现代性一个最为根本症结的把握,也是上述三位学者的中国现代性问题解析中共同流露出的征候。在一百多年的现代化历程中,人自身问题的探讨被忽略了,特别是个体的生命、个体的位置、个体的价值问题被遮蔽了。因此,我们才看到了这个过程中的一个怪现象:社会的进步并不等于人的价值和尊严的提高,也不等于人的幸福感的增强。有学者指出:中国现代性只有民族国家现代性,而没有微观层面的个人现代性是很中肯的。❶ 并且,中国缺乏直面关于个体的人、人性、人的生命真相的历史是很漫长的。如梁漱溟所言:缺失个体的人是中国文化的最大积弊。中国传统的个人观极为强调个体对群体的依附与从属关系,个人只有从其对家族或天下所承担的责任和义务中找到自己的位置,即只能从个人对群体的特定功能的角度来定义个人,不承认独立的、自主的个人的价值。中国现代化的历史发展中,个体继续受到压抑:"民族国家的现代性追求总是优先于个人的现代性追求,为实现民族国家的独立与强大而倾向于压抑个人的需求,……中国现代社会的个人观虽然肯定独立个人的自由、价值和权利,但更强调将个人从封建家族(家庭)中解放出来,使其成为现代民族国家的国民,即把个人从家族中解放出来最终是为了将其组织到现代民族国家中去。"❷作为现代性重要层面的对个体生命、生活世界、情感心灵、感性审美的新表现一直处于被压抑的状态。这期间,李泽厚的实践哲学通过讴歌人的实践而满足了那个时代的需要。它在20世纪50年代萌芽、80年代达到鼎盛,90年代遭受质疑。但实践哲学的逻辑起点是把从属于人的"实践"定义为人的"本质"或"本体",注定了其要进行不停地修补和解构的命运。

而封孝伦教授的《生命之思》是在充分掌握了实践哲学的漏洞之后的一种转向,它以人的生命为第一逻辑起点,这使它成为最切近人的生命存在的系统学说。它竭力抛弃传统哲学在群体的、社会的、统一的、超个人的精神、意志、超感性的集体理性实践的基础上谈论哲学问题。它给人的个体存在、自由及其生命价值以理论关注。按照《生命之思》中的观点,人其实是生物生命、社会生命、精神生命这三重生命构成的复杂系统,他的生命哲学强调:"单一从生物生命不能、单一从精神生

---

❶ 周丽娜.被压抑的个人现代性——中国现代小说货币叙事研究[M].北京:中国书籍出版社,2013:7.

❷ 周丽娜.被压抑的个人现代性——中国现代小说货币叙事研究[M].北京:中国书籍出版社,2013:7.

命不能、单一从社会生命也不能全面合理解释人的生命行为。只有从人有三重生命这个客观事实的基础上，才能合理地认识人的所有生命体验和生命行为。”[1]追求三重生命的满足是生命的基本行为。而且人的三重生命的追求必须实现协调发展，任何一重生命追求的严重缺失都将会给个体带来疯狂和毁灭的结果。一个人的三重生命需要协调发展，一个社会整体的三重生命也必须得到协调发展。一个人有三重生命追求，一个社会整体也必然有三重生命的追求。因为社会是由无数个个人组成的，无数个个人的三重生命追求必然投射、交织，进而上升成为一个整体的三重生命追求形态。一个社会整体的三重生命追求也必须得到均衡发展，这样才可以实现社会的和谐，否则会导致不同的社会乱象的产生。满足一个人的生命追求是善，满足全体人类的生命追求是至善。

这样的生命观念，带给我们一种崭新的去看待中国现代性曲折历程的视角："五四"时期生物生命受压抑，又打倒了传统宗教和意识形态等体系，而传统文化艺术中形而上的超越层面与宗教等意识是纠缠在一起的，打倒了传统宗教，中国人的重要精神食粮也跟着沦陷。在现代民族国家建构的重压之下，缺乏精神食粮的中国人变得片面化，最后丧失了对意识形态的反思、批判能力，导致意识形态的绝对统治；此后缺乏精神食粮的情况一直未改变，到"文革"时期反而更加严重了。在严重缺乏精神食粮的情况下，又丧失了对人的生物生命的一些基本追求的尊重。这最终将中国人引向意识形态狂热，导致了更大的社会动乱。这表明："如果生物生命欲望偏强，经济高速发展，如果精神生命追求偏强，宗教和艺术繁荣，如果社会生命追求偏强，社会运动风起云涌。如果其中某一重生命受到突出强调，而另外两重生命迷失——被忘却，或者被严重忽视，这时的社会就会出现混乱。"[2]改革开放以来，则是生物生命被强调，而精神生命和社会生命被遮蔽的时代："纵观历史，生物生命被强调，精神生命和社会生命被遮蔽或迷失的时候，物质财富可以增长，但人欲横流，金钱成为唯一标准，为了金钱可以不顾一切，有了金钱就仿佛有了一切。这样的社会必然道德水平下降，甚至全面沦丧。被马克思所批评的西方资本主义初期就是这样。因为人们已经忘记了精神世界的善和社会历史的善的存在。"[3]所以，要解决目前的社会问题，应该停止讴歌人的生物生命的无止境的追求，而是引导人们更多走向精神生命和社会生命的追求。《生命之思》告诉我们，切实地认识人的生命真相、社会整体的生命真相、人类整体的生命真相有助于人的和谐和社会的进步，这甚至也是认识历史和文明的前提。

---

[1] 封孝伦. 生命之思[M]. 北京：商务印书馆，2014：330.
[2] 封孝伦. 生命之思[M]. 北京：商务印书馆，2014：293.
[3] 封孝伦. 生命之思[M]. 北京：商务印书馆，2014：293.

当前，寻求和重建普遍真理与信仰，满足人们对和谐秩序的追求，成为中国思想文化建设的重大课题，哲学应是攻克这一课题的核心环节。哲学作为一种根植于人的生存方式，它必须解答人类生存面临的根本问题。而如何帮助人们走过这个混乱转型的时代，正是封孝伦教授生命哲学的使命。《生命之思》始终对现代人的生存保持警惕和反思态度，能够在现代工业文明的统治中，维护人的真正地盘，守护人的精神家园。由此，它能够给现代人提供一条精神救赎之路："三重生命论在物欲横流的年代能引导人重视精神生活和精神境界、引导人努力为社会进步做贡献。因而有利于社会的稳定和社会的进步。"[1]

这里就有一个它的精神救赎何以可能的问题。可从以下方面对这一问题进行解答。首先，他提出对个体人的生命追求的满足是一种善，"对全体人的生命需求的满足乃为至善。"[2]强调真正的美和善应当是每一个生命的三重生命追求的满足得到最大程度的平衡和稳固。存在意义之思意味着回答人自身的呼唤从而拯救自身。无疑，人的生命构成了人类生存状态的唯一稳固的内在支撑力量，存在意义的追问就应关注人类的生命追求，生命追求构成了唯一内在地联合人类并让每一个体升华自身的途径。确立生命追求的满足是生命的本质，生命追求的无形的、精神的满足成为人的终极追求目标，它使人们达到个体生命的和谐的同时又有益于他人生命世界的和谐。每个人的生命追求都值得尊重和爱护，每个生命都创造了自己的意义世界，这个意义世界是最独特的，每个人都有自己的创造和发现，人的世界的丰富性都在全人类生命大舞台上得到了充分的展现。每一个人在仰慕着更自由、美好的世界中得到心境的安宁，使人们寻求到生存的根本意义。认识到每个生命都是三重生命的结合体，人没有高低贵贱之分，只有生命力大小的区分，主体与主体间并不是不能共存的，这样就抑制个人主体性的极端发展。

其次，提出人是动物，应该正确认识和尊重人的合理的生物生命的追求。同时又指出，由于人的生物生命的满足需要不停消耗自然资源，而大多数自然资源是有限的，应该尊重自然和爱护自然，这对于引导人们走向生态环保的生存理念和投身生态文明建设具有积极意义。《生命之思》将人的"自由"梦想拿掉了，认为人的生物生命是不自由的，人的社会生命是不自由的，人的精神生命也是不自由的。但在谈到人与自然的关系时，又把"自由"放回来了："当人类的生存空间受到挤占或受到驱赶的时候，这几样东西（空气、阳光、空间）对于生命的价值和意义才会凸显。正是在这样的时候，人类极度地渴望阳光，渴望自由地呼吸和自由地享受空间。如

---

[1] 封孝伦. 生命之思[M]. 北京：商务印书馆，2014：330－331.

[2] 封孝伦. 生命之思[M]. 北京：商务印书馆，2014：114.

果这种稀缺持续较长时间,‘自由’就会被抽象为一种生命需要和终极目标,成为人生奋斗的一种信仰,成为人类文明进程中的一面旗帜。”❶当人向往空气、阳光、空间等同于向往“自由”的时候,是可怕的,这说明人对自然环境的占有和破坏程度已经非常严重。而《生命之思》更是冷漠地宣示:地球终将毁灭,人类若找不到其他适合居住又能够迁入的星球时,人类必将全部毁灭,这使我们活得更清醒,并认真思考人与自然生态的关系。

再次,提出精神生命追求必须得到满足,精神生活不可剥夺,精神食粮需要大量生产;强调作为人类精神生命的两大源泉——宗教和艺术具有永恒存在的价值。《生命之思》指出:人类在漫长的文明进程中,创造了两个影响广泛而且越来越昌盛发达的成果:艺术和宗教。艺术作为人类精神食粮的历史非常久远,艺术对于人的精神生命的需要和满足具有普适性,值得培育和推广。除了艺术,人类不能离开宗教:“如果说艺术主要是满足精神生命当下的需要的话,宗教的出现,则把这种需要的满足推向了无限广远的未来。如果说艺术是满足人在精神时空中日常生活的需要的话,宗教则还要在精神时空中提供肉体生命死后灵魂的栖息地。”❷无论物质世界多么舒适和丰富,人是不能失去终极意义的,特别是在科学片面发展导致宗教失落的情况下。关于这一点,巴雷特说得好:宗教是一种涵养和抱慰人类生命的结构,给人类提供一整套可以让他表达精神整合向度的形象和象征。《生命之思》强调艺术与宗教具有人类学的意义,艺术不能被无限制地剥离丰富的含义和饱满的形式,宗教不能被科学无限制地解构。只有在那样的艺术和宗教的境界里,人才能不仅突破感性生命形态的束缚,还能超脱时空的诸多限制,实现主体心灵的无限与宇宙的无限豁然贯通、契合,获得一种精神解放和自我实现。

最后,提出每个人的社会生命值得关怀和尊重,是指引人世实现和谐的最现实有效的途径。《生命之思》中是这样界定社会生命的:人的社会生命就是“社会对个人的记忆”。❸ 有了他人的记忆,个体的社会生命才能获得永恒。而社会生命的永恒又能够带来其生物生命和精神生命的永恒。人不仅是在现实世界中生活,还期望在宇宙无限中寻找通往永恒生命归依的途径。因此,每一个人都有追求永恒生命的动向。“人人都会自觉或不自觉地追求自己社会生命的存在与强化,都希望在自己的生物生命结束之后,在社会的记忆系统中留下一个美好的印迹,从而使自己的曾经存在变为永远的存在。”❹人的社会生命是与生俱来的,也是不断成长和

---

❶ 封孝伦.生命之思[M].北京:商务印书馆,2014:82.

❷ 封孝伦.生命之思[M].北京:商务印书馆,2014:127.

❸ 封孝伦.生命之思[M].北京:商务印书馆,2014:151.

❹ 封孝伦.生命之思[M].北京:商务印书馆,2014:157-158.

需要培育的。人的社会生命若是萎缩了,就会“只为了自己的生物需要蝇营狗苟”。人若是正常的社会生命愿望得不到满足,则可能会走向反面,通过制造破坏和灾难来引起社会对他的记忆。因此,封孝伦教授的生命哲学鼓励每一个生命个体追求社会生命。鼓励个体追求社会生命,其实是鼓励个体为人类的生存做出贡献、鼓励个人积极投身于思考和解决人类生存的重大问题的活动中去。于是,追求社会生命就是追求善,就是追求人类的最大利益。它不仅重视在人类生存与发展中做出突出贡献的英雄,也同样重视为他人的幸福无私奉献的小人物。这些极大地增强了社会的凝聚力和向心力。如果说人的生物生命的载体是肉体,人的精神生命的载体主要是艺术和宗教,那么人的社会生命也有载体,它“是人类创造的文化符号”。“人类文明史可以说是人的社会生命的产物,没有对于前人活动的记忆与思考的符号文字,不会产生历史。历史也可以说是人的社会生命的载体,没有人类对于人类历史进程的寻找和记录,也就没有历史中那些人物鲜活的社会生命。”[1]原来,历史和文明的奥秘还隐藏在人的社会生命之中。

人的“社会生命”理论主张的现实意义还在于:强调一个人在尊重自己的社会生命的同时,也要尊重他人的社会生命。毁坏别人的社会生命,自己的社会生命也有同时被毁的可能。因此在争取自己的社会生命的同时,不能践踏和陷害他人的社会生命。三重生命哲学强调既然人类是一个共同体,人与人就应该互相关怀,前后照应。人类不能够只顾眼前不考虑子孙后代,不能只顾自己不顾及他人。而应该“己欲立而立人,己欲达而达人”,“己所不欲,勿施于人。”(孔子语)人的社会生命通过服务和帮助他人的活着而变得高尚,从而使社会生命变得强大和延长,社会生命的意义就是帮助别人好好活着。而实际上,这正是削减人类异化(人与人之间冷漠、残酷)的一种有效方式。当每个人的社会生命受到尊重,人们才会不再对其他个人的生命存在不适应,不再为了追求个体的最大化社会利益,互相侵犯对方的社会生命。若不深入触及人的社会生命层面的深刻内涵,企图越过这一层面去建构所谓的人与人之间的和谐共融,无疑是在做一个虚无缥缈的美梦。

《生命之思》中关于人的社会生命的理论,还对女性的解放和女性权利的获取具有意义。该书指出:中国历史上绝大部分女性被剥夺了社会生命,只有极少数几个女人拥有和男人一样的社会生命,所以中国传统社会中的女人群体是生存得极其畸形、极其痛苦的群体。清末民初,妇女的解放始终是被看作增强国人、抵御外侮的一种战略步骤。而“现代史上的中国女性所组织的团体,起因几乎均属于维护

[1] 封孝伦.生命之思[M].北京:商务印书馆,2014:176 .

和争取民族国家的强大和完整，根本性地缺乏争取女性群体自身利益的愿望"。[1]现在我们用《生命之思》中关于人的社会生命原理去看待妇女问题，则找到了解决这一问题的根本：女人和男人一样都是人，都拥有社会生命追求的欲望，她们也渴望在这方面获得一定的满足，现代社会应该正视女人的社会生命追求。因历史和生理的原因剥夺、轻视、侮辱女性的社会生命追求和满足是荒谬的。总之，将人的社会生命的追求与善结合起来，这为精神困境中的现代人获取生存意义提供了一种具体而又有效的方式。

[1] 张颐武. 现代性中国[M]. 郑州：河南大学出版社，2005：227.

生命美学视野下的身体美学

方英敏

身体美学是当代美学研究中十分活跃的新兴分支学科之一。美国实用主义美学家理查德·舒斯特曼关于"身体美学"的学科提议,作为一个标志性事件,首先意味着西方学界长久以来为身体进行美学正名的学术努力从幕后走向了前台。新世纪初,身体美学被引入我国后,同样迅速地成为一个热门话题。

不过,与西方学者身体美学研究的理路略显不同[1],从目前的情形看,中国学者的身体美学研究虽然不说全然抛弃了本土美学资源,但至少遗忘了现代以来自身的美学传统。在我们的身体美学研究中,没有鲁迅、李泽厚甚至张竞生等这些在中国现代美学史上留下过影响的美学家的思想影子,相反现代西方学者如福柯、布尔迪厄、费瑟斯通、鲍德里亚、拉康等人的理论命题却频繁露面。这种宁可远采"西学"而不近取"中学"的不对称情形,是基于近代西学东渐以来"中学"对"西学"亦步亦趋的学徒心理所致抑或其他原因?这里暂且不予讨论,也没有必要因此而重弹中西学术孰优孰劣之论争的老调。但是,在身体美学研究中当我们对西学资源与理论命题念兹在兹,乃至惶恐漏掉了其中哪一派、哪一人的某个理论时,扭过头来参看一下自家美学研究的理论成果,或许能从多一个角度深化对身体美学基本问题的认识,甚至为身体美学找到一个有本土理论特色的思想谱系。本文所努力者正意欲为此作一尝试。

---

[1] 例如,舒斯特曼虽然多次提到他的身体美学研究受到中国文化和哲学的影响,也有意汲取中国学者的相关研究成果,但其研究首先还是立足自身的文化与学术传统。《身体意识与身体美学》(理查德·舒斯特曼.身体意识与身体美学[M].程相占,译.北京:商务印书馆,2011.)这本书便是舒斯特曼自言积数十年之功,专门爬梳自身所处文化、学术传统中一些大哲学家有关身体思想的一个研究成果。在这本书中,他以一人一章的篇幅仔细讨论了福柯、梅洛-庞蒂、西蒙娜·波伏瓦、维特根斯坦、威廉·詹姆斯、约翰·杜威的身体之思,在勘比他人和尊重他人成果的过程中自我树立,努力从每一位哲学家的理论中引申出有益于自己的身体美学理论建构的思想资源。舒斯特曼的这种研究理路在继承与开新的平实对话中,既彰显了其在此研究领域深厚的学术涵养,又为我们勾勒了其身体美学研究独特的思想谱系,承续了自身所处美学传统的文脉。但截至目前,就笔者所掌握的材料看,在我们的身体美学研究中类似于《身体意识与身体美学》研究理路的成果,尚付阙如。

如果我们不以理论探索的深浅而废言,那么身体美学也是一个可以从中国本土美学思想谱系中引申出来的话题。其最切近的理论资源之一就是20世纪90年代以来形成的以潘知常、封孝伦为代表的生命美学。被誉为“二十世纪中国美学的制高点”❶的生命美学是中国当代美学中卓有成就的一家。身体美学与生命美学存有学理关联。逻辑上即便没有西方学界身体美学研究在先,不受西学开悟,身体美学也可以在生命美学的思想胎盘中孵化出来,且在生命美学的理论视野下能够深识身体美学在人类美学史中的历史位置。

一、“三重生命论”与身体美学的出场

生命美学是20世纪90年代以来在中国大陆兴起的一种美学理论。1991年潘知常出版的《生命美学》一书是生命美学最早的理论成果,对生命美学有首倡之功。1999年封孝伦出版的专著《人类生命系统中的美学》则是生命美学的又一理论创获。尤其是封著,对生命美学理论的创构有着奠基性意义。本文即以封孝伦的生命美学研究成果为理论视角考察身体美学。在封孝伦的理论架构中,生命美学是以一种生命哲学,即“三重生命论”为理论基石的。它认为:“人是三重生命——生物生命、精神生命和社会生命的统一体”❷,这三重生命次第展开、相互交织,共同构成人类生命需求结构、生命形态的基本格局。

“三重生命论”尤为重视人的生物生命在人类生命需求结构、文化行为中的意义。封孝伦在《人类生命系统中的美学》一书中充分阐释了这一理论立场,并在该书的结语部分非常精当地表达了他的观点:“生物生命是三重生命的根本和基础,它使得人的一切文化行为的发生成为可能。没有生物生命,人的一切行为和努力都将变得毫无意义和不可解释。”❸[2] 这一识见,是生命美学的理论贡献之一。它把人们曾经羞于谈论、尽力洗刷的人的生物生命重新拾回到人类生命需求结构的整体格局之中,赋予人的生物生命存在以极其重要的地位。

生命美学认为,长久以来人们习惯于以人猿之别论人性、谈生命,拒不承认或者有意回避人的生物性,把现实地存在于人的生命需求结构中的生物性规避了而偏举人的精神性、社会性,从而使生命变成一个没有根基的抽象物,这是一种对人性、生命的善意误读,也是整个古典人性论的理论误区。因此,合乎实际的结论应当是,人有“生物生命、精神生命和社会生命”,但“三重生命的起点是人的生物生

---

❶ 薛富兴. 生命美学:二十世纪中国美学的制高点——<人类生命系统中的美学>读后[J]. 山西师大学报(社会科学版),2001(4):63.

❷ 封孝伦. 人类生命系统中的美学[M]. 合肥:安徽教育出版社,1999:89.

❸ 封孝伦. 人类生命系统中的美学[M]. 合肥:安徽教育出版社,1999:413.

命，没有生物生命大脑的发达，绝不会产生精神生命，同时也不会产生人类独有的语言符号系统和人类文明的历史，进而不会产生社会生命”❶，“把人的精神生命和精神需要看成是一种迥异于生物生命内涵的东西是一种错觉或误导。精神生命不过是人类的生物生命的变式和补充”❷。生命美学的上述质问与反思看似近乎常识，但容易被遗忘。它为人的生物生命在人类生命需求结构和文化行为中的基础地位作辩护，这实则是重温马克思主义的思想发现。老年恩格斯在马克思的墓前曾深刻总结道：“正像达尔文发现有机界的发展规律一样，马克思发现了人类历史的发展规律，即历来为繁芜丛杂的意识形态所掩盖着的一个简单事实：人们首先必须吃、喝、住、穿，然后才能从事政治、科学、艺术、宗教等；所以，直接的物质生活资料的生产，达到一个民族或一个时代的一定的经济发展阶段，便构成为基础，人们对国家设施法律的观点、艺术以至宗教观念，就是从这个基础上发展起来的，因而，也必须由这个基础来解释，而不是像过去那样做得相反。”❸仔细理解这段话，不难发现生物性、物质性的生命需要对于人类社会一切文化行为的决定意义。

在“三重生命——生物生命、精神生命和社会生命”的生命需求结构中，生命美学不仅把人的生物生命放置到与精神生命、社会生命同等重要的位置，而且强调它的基础地位。这弥补了古典人性论的理论缺憾，为身体美学的出场准备了哲学前提。什么是身体美学中的身体？在英文中已有一些指称身体的词汇：如 body，指物质性的身体；如 soma，偏重强调身体作为身心合一的生命整体的有机性；如 flesh，偏重强调身体的欲望属性。身体美学一般翻译为“somaesthetics”，这种翻译意图很明显，即“身体”指身心合一的生命整体。美学界之所以一般把身体美学译为“somaesthetics”而非“bodyaesthetics”，在我看来主要是基于身体美学研究中难以绕开的身心关系命题之考虑。从积极意义上看，舒斯特曼最初命名身体美学时，用了人们非常陌生的古希腊词语“soma”，而非大家熟知的“body”，其用意也大概在于此。不过，舒斯特曼后来在其《身体意识与身体美学》一书中就身体美学的进一步申述与正名，则似乎为其身体美学研究预设了并不开阔的理论前景。他告诉我们，身体美学的“真义”乃指通过诸如亚历山大技法、费尔登斯疗法等身体感性训练方法提高身体意识和致力于身心和谐，而流俗所理解的身体审美实践形式，如化妆美容、健身美体之类的行为只是身体美学可有可无的边角料。因此，在舒斯特曼那里，所谓身体美学主要落实为一种有益于身心和谐的美学体验与实践。这不仅与常识所理解的身体美学相左，也与当代大众文化中身体审美实践形式的主旋律

---

❶ 封孝伦. 人类生命系统中的美学[M]. 合肥：安徽教育出版社，1999：141.

❷ 封孝伦. 人类生命系统中的美学[M]. 合肥：安徽教育出版社，1999：101.

❸ 马克思恩格斯选集（第三卷）[M]. 北京：人民出版社，1995：776.

不甚吻合。为何舒氏的“身体美学”的意义形态偏于狭隘？从舒氏美学研究的整体思路与关怀来看，这自然是由他的哲学美学研究一直致力于建构现代人之身心和谐关系的特定的实用主义立场所设定的。问题是，舒氏这种狭义取舍后的身体美学是一种完整形态的身体美学理论体系吗？似乎又不是。致力于培养敏锐的身体意识与建构和谐的身心关系固然是身体美学最重要甚至为最核心的议题之一，但远不是身体的全部含义。事实上，若不为舒氏实用主义美学关怀所限，而是立足生命美学的理论视野，更易于厘定、廓清身体美学的概念与内涵。

从生命美学的“三重生命论”看，所谓身体美学就是一种从人的生物生命出发的美学，其首要任务是发现人的生物生命需要在人类审美活动中的意义。这一对身体美学的界定包含着三个方面的内涵与意义：第一，身体美学中之“身体”的第一性含义当指人的生物生命，因为人的生物生命的现实载具形式正是可以为人所直观的身体，在英文翻译上使用“body”一词来指称要较“soma”为恰当。这解决了目前身体美学研究中对“身体”一词的内涵始终闪烁其词、模糊不清的问题。第二，凡是人的生物生命及其需要之发生、展开的美学实践形式皆为身体美学的基本内容，在这一基本内容中当然也涉及如何美学地处理身心关系的问题。这就避免了舒斯特曼的身体美学表述的偏狭与缺憾。且如此看来，身体美学实际上贯穿于人类美学史的全过程，只不过在某些历史阶段上受特定文化主题的规定与影响，有时候身体美学之主题显得非常醒目，如人类的史前时代和现代化时期，有时候则隐而不彰，如人类古代、近代时期，这一点后文还将论及。第三，紧扣人的生物生命的美学实践来界说身体美学，则身体美学研究的内涵与外延更易于明确。存在始于鉴别，逻辑上看，对任何一个研究对象首先要在其与他者的区别中确定了它的内涵与个性后，才能再谈这个研究对象与他者的联系。对身体美学之内涵与个性的界定同样应走分析之路，即首先要放置在人的生物生命的美学实践与人的精神生命、社会生命的美学实践（其美学形态即为精神美学）的区别中进行。也就是说，先讲清楚身体美学之学术个性是身体美学研究的第一性话题，至于身体美学与精神美学之关系，以及人的生物生命与精神生命、社会生命的关系或曰身心关系则是身体美学研究中的第二性话题。只有如此，学界郑重其事地另立身体美学之名号才是有意义的；否则，它易于模糊身体美学研究的主旨，抑或使身体美学研究在身心统一论的思辨惯性中滑回到以人类生命的精神性、社会性统摄、掩藏生物性或曰以心统身的精神美学的老路上去。

因此，建诸生命美学关于“三重生命——生物生命、精神生命和社会生命”的生命需求结构论，则身体美学的概念与内涵判然明晰：如果不纠缠于概念的诡辩和时髦表述，所谓身体美学研究所要解决者，质言之就是人的生物生命的美学意义问题。而这一问题在过往的美学研究中虽有吉光片羽的零星和局部研究,但整体而言并未得到足够的重视和系统的解决,理论掘进的广度和深度仍然不够。其中原因在于人们对于人的生物生命在人的生命结构和人类文化行为中的内涵与意义没有给予充分认识,或者虽对此有认识,但尚未能在美学研究的案头工作中将这一认识自觉、有效、系统地化为美学理论的学科化建构。因而,从中国现代以来的美学史看,相较于其他美学流派而言,当生命美学旗帜鲜明地推重人的生物生命的文化意义时,其学术意义便不可小觑,它至少在逻辑上为身体美学的出场及其研究做出了铺垫性的理论工作。正是在这意义上,生命美学可以构成身体美学的理论基盘。

二、身体审美:人类最早的审美形态

按照"三重生命论":"人先有生物生命,这是人的历史起点也是逻辑起点"[1],依此而推论:身体审美是人类审美活动的历史起点也是逻辑起点。换言之,身体审美是人类最早的审美形态。这是从生命美学理论视野出发关于身体审美在人类审美史中所处历史位置的基本推想之一。

人类审美活动从哪里开始?是自然审美、身体审美、工艺审美还是艺术审美?这是每一种严肃的美学理论、每一位严肃的美学史家应当面对的一个基础性问题。李泽厚先生似乎认为人类审美活动从工艺审美开始,他的《美的历程》开篇就从新、旧石器时代石器工具、装饰性实物的制作行为谈论人类审美意识的起源。也有学者认为[2],自然审美是人类最早的审美形态。各种看法,似乎都有理据。从审美发生学角度看,世界万千事物,到底哪些最先进入到人类审美意识中?依据生命美学的理论立场,当属那些与人类自身现实生命需求最为紧密相关的对象。

生命美学认为:"美是人的生命追求的精神实现。"[3]这一美本质论揭橥了人类审美意识发生、发展的内在动力:人的生命追求、生命需要。审美活动固然属于人类精神生活,但人类精神生活不会凭空诞生,而是根植于人的现实生命需要。同时,生命美学理论还进一步指出,人的三重生命需求是不平衡的。[4] 在人类社会历史进程中,处于不同历史阶段人的生命需求形态具有差异性。"从三重生命的角度说,原始时代的人,生物生命是主要的,精神生命处于萌生期,社会生命十分微弱。"[5]合观生命美学的上述观点,这意味着最先纳入到原始人类审美意识中的事

[1] 封孝伦. 人类生命系统中的美学[M]. 合肥:安徽教育出版社,1999:131.
[2] 薛富兴. 自然审美的意义[J]. 陕西师范大学学报(哲学社会科学版),2002(6):12.
[3] 封孝伦. 人类生命系统中的美学[M]. 合肥:安徽教育出版社,1999:413.
[4] 封孝伦. 人类生命系统中的美学[M]. 合肥:安徽教育出版社,1999:134.
[5] 封孝伦. 人类生命系统中的美学[M]. 合肥:安徽教育出版社,1999:318.

物当与他们现实、直接的生物生命需求，即主要与“食与色”的本能欲求相关，并进而与维系这两种基本生命需求的“两种生产”表里相依：“根据唯物主义观点，历史中的决定性因素，归根结底是直接生活的生产和再生产。但是，生产本身又有两种。一方面是生活资料即食物、衣服、住房以及所必需的工具的生产；另一方面是人类自身的生产，即种的繁衍。”[1]审美意识的起源根本地受制于“两种生产”的历史规定与影响。无论对生活资料生产（如丰收）的期望，还是对人类自身繁衍方面的多产祈求，原始人类在对这“两种生产”的实践与朦胧认识中萌生了最为初始的审美意识。

在原始社会中，由于生产力水平异常低下，“两种生产”都直接地建诸、依赖于人的身体。从生活资料生产方面看，原始人类求生存第一位的工具就是自身的身体，直接地利用血肉之躯与物相搏斗来获取生活资料。从人类自身繁衍方面看，在当时谈不上有外在医学、物质条件作为辅助的情形下，更需要女性本身有利于生育的身体条件作为支撑。身体的重要性在那个特定历史阶段中不言而喻。这是由人类社会初期现实生存状况决定的。古代文献从某些侧面描述了原始人类生存的艰难性：“上古之世，人民少而禽兽众，人民不胜禽兽虫蛇”（《韩非子・五蠹》），“万物群生，连属其乡，禽兽成群，草木遂长……日与禽兽居，族与万物并”（《庄子・马蹄》），“野居穴处，未有室屋，则与禽兽同域”（《新语・道基》），“兽处群居，以力相征”（《管子・君臣下》）。可以想象，在与禽兽共舞的恶劣生存环境中，那些原始的狩猎、卫群工具显然不是原始人类在抗敌群禽、猛兽过程中以一当十、威力极大的有效武器。客观上只有借助人多力大的聚集优势，他们甚或才能以一战一摊血迹的牺牲为代价，一步一个脚印地开辟自己的生存空间和收获生活资料。这意味着，当时社会生产力的核心要素恐怕只能是人自身的身体及身体之力。所谓“兽处群居，以力相征”，从一个方面较为真实、准确地描述了原始人类的现实生存状况。为了“生产”的需要，男女都得有健康、硕壮的身体，才有利于男性从事生活资料生产，女性进行种的繁衍。

依据前述生命美学的理论立场，与满足原始人类“生物生命需要”及此“两种生产”成功实现休戚攸关的“身体”便是他们最早的审美对象。这种推论可以得到史料的证实。当我们纵览原始人类的艺术创作时便会发现，人类在他创作的第一批艺术品中所表现对象的荦荦大宗就是人自身。[2] 世界考古学界发现了大量旧石器时代、新石器时代遗存在崖壁、陶器上的人体裸像，其中既有“丰乳、隆腹、肥臀”

---

[1] 马克思恩格斯选集（第四卷）[M]. 北京：人民出版社，1995：2.

[2] 陈醉. 裸体艺术论[M]. 北京：文化艺术出版社，2001：6.

的女性形象，也有充满着“力”感的男性形象。这些稚拙、直露的人体裸像，生动地反映了原始人类崇拜某种特定身体形态的历史景观，颇具美学上的形式美意味。这种对于人自身审美标准的出现，是原始人类“两种生产”的产物。在“两种生产”过程中，魁伟、勇健的男性在与物相搏斗、获取生活资料方面具有极大优势，它意味着生存的强势，所以在人体裸像中男性的“力”征被炫耀，成为男性阳刚之美的象征；同样，“丰乳肥臀”的女性有着生育、哺育方面的生理优势，被视为具有旺盛的生殖能力，因而最能体现女性性别体征的乳房、臀部、腹部在人体裸像中被刻意夸张与大胆裸裎，成为女性之美的象征。原始人类在生产、生活中直接体会到充满力量的男性身体与丰乳肥臀的女性身体所具有的生存强势、繁衍种族的神灵及它们所带来的快适，进而成为孵化人类审美意识的精神摇篮。

原始人类以极大的热情通过“艺术”的方式（集中表现为人体裸像）表现人自身，归根结底是他们生物生命需求的精神实现。为了生物生命的保存与延续，原始人类在现实生活中渴望有足够多果腹蔽体的物质生活资料，渴求部族人多势众，而这一切都必须依赖于以身体为第一生产力的“两种生产”顺利进行。原始人类在现实中祈求健康、硕壮的身体，于是在艺术中也就去表现它。在那个茹毛饮血、穴居野处、刀耕火种的历史时期，人类物质生产和自身生产的现实、紧迫的功利需要使人自身的身体而非其他对象，首当其冲地成为原始人类审美关注和艺术表现的中心对象。也就是在史前文明时代，身体实际上成为人类审美意识的重要策源地，而身体美学也迎来了它在人类美学史上的第一次辉煌。

三、身体美学：生命美学的现代主旋律

但吊诡的是，跨入文明时代的门槛后身体美学反而隐退了。我们惊奇地发现，在人类古代乃至近代时期，身体美学总体上处在一种隐而不彰的状态，且时间是那么的漫长。尽管在这一历史阶段的某些片段上，如中国的先秦、魏晋、明代中后期，溢出了这一传统，但这并没有改写身体美学的总体历史状态。而在如此长久的历史阶段中当身体美学处于一种黯然状态时，与之相对的精神美学却成为美学史的主潮。这种美学主潮的更迭是饶有意味的，而其中的原因与规律仍然可从生命美学理论得到解释。

如前所论，根据“三重生命论”，人的三重生命需求具有不平衡性。原始时代的人以生物生命的需求与满足为主，而精神生命、社会生命需求相对微弱。但进入文明时代后，人类开始构筑人猿有别的独特命运历程与人文秩序；于是，人的精神生命、社会生命的意义必须得以凸显出来，才能把人与动物单一的生物生命维度区别开来，走出一条属人的道路。这就是人类古代社会的基本文化主题，并延续到近

代社会。从生命美学的理论逻辑看,在“三重生命——生物生命、精神生命和社会生命”的生命需求结构中,当人类生命追求的主导形态不尽相同,它的美学形式也呈殊态。大致说来,精神美学与身体美学分别是人的精神生命、社会生命追求与生物生命追求的美学呈现形式。与身体美学不同,精神美学把人类审美活动解释为一种纯粹的精神意识现象。如黑格尔美学便是西方精神美学的精致代表。它将解释人类审美现象的一切权力都交给万能的“精神”。在黑格尔那里,所谓美学实乃高度精神化为艺术哲学的别名。精神美学就其实质而言正是人类古代、近代时期以精神生命、社会生命为主导形态的生命需求结构的美学表征。也正是在这一人类古代、近代的漫长时期,由于精神美学的强光烛照,身体美学就一直处在精神美学为它编织的晦暗地带反复低徊,直到现代社会来临之初。

反者道之动。步入现代社会后,人类美学主潮的情势似乎又倒了个儿。精神美学黯然退潮,而身体美学在经历了古代、近代的相对沉寂与被贬抑之后东山再起,并强势复苏,重现了其在史前文明时代的那种炫目状态。何以如此?这其中隐秘的原因仍然需要从人的三重生命需求的不平衡性说起。如前所述,人类的古代、近代社会是一个人的精神生命、社会生命的意义被不断放大,同时生物生命的意义遭到放逐的历史时期。这固然是人类构筑自身独特的人文本质之所必需,但与此同时它却导致了一个问题,即人类对自身生命存在的认知出现了愈演愈烈的唯心主义、精神中心主义的理性倾向。虽然理性精神的觉醒与张扬,是人有别于动物的主体性彰显,但它同时也是人的本真之失态,因为没有生物生命欲求灌注的生命存在无疑形似一具枯槁的木乃伊。物极必反。当人的精神生命、社会生命需求极度膨胀时,这必然会引起人的生物生命需求对它的反动。从西方历史看,步入现代社会后,人的生物生命的视界在蛰伏了漫长的古代、近代时期后,又重新浮现在思想史的地平线上。尼采的“超人哲学”便是西方现代以来思想界申诉人的生物生命的意义这一思想洪流中最为振聋发聩的声音。“上帝死了”,这一出自尼采之口的断语是西方社会步入现代的悲壮宣言。上帝是西方传统社会宗教思想、精神至上观念、道德观念最高价值标准的象征。“上帝死了”,既意味着西方古代、近代文化长久以来缔造的传统形而上学之终结,同时又开启了生命存在从精神中心主义的重压下突围的闸门。在上帝远去以及人的精神生命和社会生命的意义遭到怀疑的情形下,唯有发现生物生命的意义,直接、当下地活在来自生物生命欲望满足与不得的悲喜感受中,也就是在身体之中重建起可以暂时确定、依偎的自我认同感,才能既弥补上帝空场后的精神空虚感,同时又缓解精神中心主义的价值论给人的生命所带来的重压感与窒息感,从而使人之存在再度焕发活泼泼的生命情态。诚如克里斯·希林指出❶,在进入现代化时期以来的西方世界里,宗教"原本建构并维护了寓于个体之外的那些生存确定性和本体确定性",但是随着宗教框架的逐渐衰微和人们对宗教权威之信仰的丧失,身体便取代了宗教这一超人身的意义结构而成为现代世界中的人们重建自我认同感的替代物。

正是在这一现代化时期的文化、思想背景下,身体美学再一次浓墨重彩地登场了。它是人类"三重生命——生物生命、精神生命和社会生命"的生命需求结构中,生物生命的意义再次被上扬的美学结果。如前所述,在长期沉醉于渲染人的精神生命、社会生命意义的价值指向之后,人们重新发现了生物生命对于人类生命存在难以替代的实在价值。这一发现对于美学的意义就在于,它又扭转了人们关于美学的致思方向:从身体的视点出发重新思考美学。相对于精神美学的思维焦点始终在精神的围城内外转悠而言,这是一项新的美学工程。伊格尔顿曾一针见血地概要指出:"现代化时期的三个最伟大的'美学家'——马克思、尼采和弗洛伊德——所大胆开始的正是这样一项工程:马克思通过劳动的身体,尼采通过作为权力的身体,弗洛伊德通过欲望的身体来从事这项工程。"❷因此,当时至20世纪90年代舒斯特曼提议创立一个名号为"身体美学"的学科时,马克思、尼采、弗洛伊德从身体视点重构美学的理论工作都构成了它的思想滥觞。新近以来身体美学的引人注目绝非一个偶然、孤立的当下事件。从生命美学视野看,自舒斯特曼的学科提议以来颇受美学界瞩目的身体美学实为生命美学的现代主旋律,其直接、晚近的思想源头可以追溯到现代社会之初,是现代以来人们共同提振人的生物生命在人类文化价值目表中之位置的美学结果。

四、余论

通过上面反复的论述看到,从生命美学视野考察身体美学,不仅其概念的内涵与外延相对明晰,更看清了其在人类美学史上的消涨态势。这一特定考察视角之所以呈现出如此的学术优势在于,生命美学的独特逻辑起点:"生命"。"生命"是个宏大的概念,是对人类存在的整体描述。人类所有行为归根结底都是一种生命追求的行为,都是这种追求的独特表现形式。任何一种理论都会以人类生命存在为研究起点与最终归宿。从这意义上说,生命美学以"生命"作为言说人类审美现象的逻辑起点,不仅在根本方向上是正确的,对于揭开人类审美现象的奥秘有直抵命门、追根究底之效,同时也预示着它具有深广的理论包容性。

---

❶ [英]克里斯·希林. 身体与社会理论[M]. 李康,译. 北京:北京大学出版社,2010:3.

❷ [英]特里·伊格尔顿. 美学意识形态[M]. 王杰等,译. 桂林:广西师范大学出版社,1997:189.

因为既然“生命”是一个囊括人类存在万有的整体概念，那么没有一种美学会与人的生命无关。这意味着：生命美学实为美学研究的“共名”；“生命美学”之名号必然为一种致力描述人类审美实践活动的宏大叙事模式，是一种终极意义上的美学建构，是一桩需要所有美学人员参加才能完成的集体事业，如此它才能名副其实地堪配这一美学理论所秉持的独特逻辑起点“生命”所具有的理论广度和深度。封孝伦《人类生命系统中的美学》正是初步展示出了这样的学术努力。它首先从哲学层面气势开张的提出“三重生命”学说，将人类生命分为生物生命、精神生命和社会生命三种存在形态，并较为细致地讨论了三重生命之间的关系；然后以此为基础，提出一个核心的美学命题——美是人类生命追求的精神实现；进而，将这一命题具体贯彻到审美对象、审美范畴和艺术美各个环节，人类审美活动的各基本要素和现象均用“三重生命”学说予以解释；如此一来，便初步形成一个阐释人类审美活动、现象的总体性方案。

有了生命美学关于描述人类审美活动、现象的全景图和总体方案，身体美学便易于从中获得一种纲举目张、对号入座式的清晰判分与定位。在生命美学旗帜下，身体美学甚至包括其他的“某某美学”都是它的子系统，都不过是在从某一种视野、某一个角度探寻人类生命审美追求活动的秘密。在“三重生命——生物生命、精神生命和社会生命”的生命需求结构中，例如，精神美学的主旨在于人的精神生命、社会生命的美学意义，实践美学是关于人的生物生命转化、升华为精神生命、社会生命之文化行为的美学呈现与理论总结，而身体美学研究所要着力解决者，则是人的生物生命对于人类审美活动的意义。因而对于新近流行的身体美学研究来说，它实际上是以一种以专题、实证研究形式参与生命美学研究的集体事业。

哲学人类学视域中的生命美学

——三重生命之美浅析

申扶民

从哲学的高度对人进行研究，既是哲学人类学的根本任务，也是它区别于其他人类学的鲜明特征。远在古希腊时期，苏格拉底就以德尔斐神庙的神谕“认识你自己”，将哲学从天上拉回了人间，人由此而成为哲学研究的重要对象。但作为专门研究人的哲学分支学科，哲学人类学则直至近代方奠定其基础。康德以人为本位的主体性哲学，明确划定了哲学的研究领域，“哲学领域提出了下列问题：①我能知道什么？②我应当做什么？③我可以期待什么？④人是什么？形而上学回答第一个问题，伦理学回答第二个问题，宗教回答第三个问题，人类学回答第四个问题。但是从根本上说来，可以把这一切都归结为人类学，因为前三个问题都与最后一个问题有关系。”因此，哲学研究的终极鹄是人，即对“人是什么？”的追问。

以此视域来观照美学，不难发现美学研究与人的问题存在千丝万缕的关联。其中，生命美学在存在论的本源意义上直面人本身，对人给予了最切近的关注，以美学的方式回应了“人是什么？”的哲学人类学诘问。作为中国生命美学的代表人物之一，封孝伦教授的思想富于原创性。封孝伦教授生命美学的基点建立在人的本质是生命这个核心命题之上，生命由生物生命、精神生命，以及社会生命三重奏共同谱成。从美学角度来看，“审美并不绝对是精神的。由于人有三重生命，所以人的审美有三个向度。”（封孝伦：《生命之思》书稿，第180页）也就是说，人的生命之美呈现为生物生命之美、精神生命之美，以及社会生命之美。本文试图按图索骥，补充一些粗浅的想法。

一、生物生命之美：生理与本能之美

对于人的生物生命，封孝伦教授有一个界定：“我们也可以把人的生物学意义上的生命称为生物生命。”（《生命之思》，第24页）生物生命是人存在的根基和原

初形态,舍此,精神生命和社会生命就不可能存在。从生物学的角度来说,物质性(肉身)和本能性(欲望)是生物生命的基本特征,在此意义上,人与动物之间并不存在实质性的区别,而只存在形貌和生理功能方面的差异。因此,如果说存在生物生命之美的话,所有生物都具有生物生命之美,而非人所独有。在生物生命之美的意义上,人类审美中心主义是不成立的,只有"生命全美"的生物美学是成立的。赫拉克利特宣称:"最美丽的猴子与人类比起来也会是丑陋的"。实际上是以人的审美尺度僭越了普遍性的生物审美尺度。比较起来,叔本华的审美观更符合生物生命之美的普遍性,"既然一方面任何既存事物都可以被纯客观地、在一切关系之外观察;既然在另一方面意志又在每一事物中显现于其客体性的任一级别上,从而该事物就是一个理念的表现,那就也可以说任何一事物都是美的"。在叔本华看来,世界万事万物作为生命意志的外化,都是不可遏制的盲目冲动和永无止境的欲求,在根本上都受到非理性的本能支配,在此层面上人无异于其他事物,任何事物都是美的也就理所当然了。达尔文更是从一位自然科学家的角度提供了动物生命之美的佐证,他观察到这样一个现象:雄性动物求偶之际,都会向雌性动物展现和炫耀自己的形体和色泽之美,而后者都会选择生命之美方面的优胜者。这实际上体现了物竞天择、美者胜出的生物生命美学机制。

人的存在具有理性和本能双重性,是康德所谓的有限理性存在物,本能正是有限理性的补充和参照,通过人的生物生命活动显现出来。因此,人的生物生命之美本质上也是生理性的和本能性的。尽管康德将生理本能方面的快感排除在审美快感之外,但就生物生命之美的角度而言,美感就是满足人的生理需要的快感。"食色,性也。"一语道破了人的生物生命的本性,满足人的食欲和性欲不仅是人的生物生命的基本需求,同样也是人的生物生命之美的主要表现形式。人们往往持有这样的观点,即人类虽然追求色香味俱全的美食而有别于茹毛饮血的动物,但在满足口腹之欲的生理需求方面却与动物并无实质性的不同;可是在性的需求方面,人们却羞于同动物为伍,认为动物的性行为完全出于本能冲动,而人类的性行为却有高尚纯洁的爱情作为前奏和铺垫(强迫性性行为除外),因而前者被视为兽性发作的兽行,而后者则被赞美为美妙神圣的性爱。可能是基于人的食色所包含的精神成分,封孝伦教授将之纳入人的精神生命的领域与精神生活的主要内容(《生命之思》,第 51 页)。其实,人类对于美食和美色的喜好,归根结底还是为了满足生理本能的需要,与动物相比并无根本区别,应该属于人的生物生命的领域和本能活动的基本内容。"羊大为美",美的字源义即表明了人的生物生命对于美的果腹性本能需求。人的美色之爱,固然不能排除情感因素,但在根本上却是为了性欲的宣泄和满足,所谓的爱情遮羞布并不能掩盖它的实质。"汉皇重色思倾国",九五之尊的唐玄宗垂涎的不就是杨玉环的丰腴肉身之美吗,即便是儿媳也敢横刀夺爱。“冲冠一怒为红颜”,位极人臣的吴三桂所痴迷的难道不是陈圆圆的婀娜曼妙之躯吗,即便后者不过风尘女子。如此论断,并非道德评判,而是人性直陈。难怪尼采毫无忌讳地断言,人身上被诱发起来的“动物性的快感和欲望”就是审美状态,“‘全部美学的基础’是这个‘一般原理’:审美价值立足于生物学价值,审美满足即生物学的满足。”尽管尼采将人的审美需要等同于生物学需要的观点失之偏颇,但如果只是立足于人的生物生命向度的美,却是颇富洞见的。而宗教的素食、戒色禁欲主义则从反面印证了食色的生物本能性,即便它们不乏美的因素。因此,人的生物生命向度的美,应当属于生物学意义上的生理本能之美。

二、精神生命之美:艺术与人格之美

何谓人的精神生命?它“是人自己想象中的生命,是有着生命体、生命冲动、生命追求、生命过程、生命体验的精神世界中的自己。”(《生命之思》,第38页)人的精神生命虽然不能脱离人的生物生命的肉身基础,却是在此基础上的“肉身成道”,是相对于“物质世界”的“精神世界”中的人。人的精神生命的感性显现即精神生活的产品和内容,就是卡西尔所说的符号所创造的人类文化,包括语言、宗教、艺术、哲学等诸多精神产物。人以此既与动物产生了根本的分野,也同人的生物生命有了质的区别,人因此而成为“符号的动物”(animal symbolicum)。

人的精神生命之美的典型形态,从狭义的审美层面来说,就是人的精神生命寓于其中的艺术。套用黑格尔“美是理念的感性显现”的经典定义,我们不妨将艺术界定为:艺术是人的精神生命的感性显现。并且,这个界定也比较符合黑格尔对艺术美的看法。在与自然美的比较当中,黑格尔突出了艺术美的精神生命特征。在黑格尔看来,“有生命的自然事物之所以美,既不是为它本身,也不是由它本身为着要显现美而创造出来的。自然美只是为其他对象而美,这就是说,为我们,为审美的意识而美。”黑格尔这种“美不自美,因人而彰”的自然审美观,固然是人类审美中心主义的体现,然而同时也说明了人的精神生命之美高于生物生命之美的原因所在,“自然美的顶峰是动物的生命,但是动物的生命尽管已经表现出生气灌注,却还是很有局限的,受一些完全固定的性质束缚着的。它的存在范围是窄狭的,而它的兴趣是受食欲色欲之类的自然需要统治着的。”相较于自然生命的缺陷,作为人的精神生命感性显现的艺术就是完美的,“艺术美高于自然。因为艺术美是由心灵(笔者注:Geist,朱光潜先生译作心灵,也可译作精神,笔者倾向于后者)。产生和再生的美,心灵和它的产品比自然和它的现象高多少,艺术美也就比自然美高多少。”艺术美集中体现了人的精神生命的自由,它既根本不同于自然生命受自然需要束缚的美，也判然有别于人的生物生命受本能支配的美。

作为黑格尔哲学的批判继承人，马克思对动物的生物生命与人的精神生命进行了深入分析，认为动物生命的本能性与人的生命的创造性是二者彼此区分的根本标识。作为生命存在的一个重要维度，在生产方面，“动物只生产它自己或它的幼仔所直接需要的东西；动物的生产是片面的，而人的生产是全面的；动物只是在直接的肉体需要的支配下生产，而人甚至不受肉体需要的影响也进行生产，并且只有不受这种需要影响才进行真正的生产；……动物的产品直接属于它的肉体，而人则自由地面对自己的产品。动物只是按照它所属的那个种的尺度和需要来构造，而人懂得按照任何一个种的尺度来进行生产，并且懂得处处都把内在的尺度运用于对象；因此，人也按照美的规律来构造。”动物的生产完全是一种本能的行为且受本能需要支配，因而不可能存在能体现精神生命的精神生产，反之，人按照美的规律所从事的不受肉体需要影响的精神生产，则正是体现精神生命的一个显著特征。马克思以蜜蜂建造蜂房为例，来说明人与动物之间的本质区别。“蜜蜂建造蜂房的本领使人间的许多建筑师感到羞愧，但是，最蹩脚的建筑师从一开始就比最灵巧的蜜蜂高明的地方，是他在用蜂蜡建造蜂房以前，已经在自己的头脑中把它建成了，劳动过程结束时得到的结果，在这个过程开始时就已经在劳动者的表象中存在着，即已经观念地存在着。”一方面，蜂房结构上的完美精巧使人觉得不可思议，自愧弗如，因为即使是人的建筑物要达到此等水平都绝非易事，需要反复的学习和实践，而蜜蜂却是天生的“建筑师”。然而，另一方面，无论蜜蜂所建造的蜂房多么巧夺天工，却都只是出自本能活动的产物。反之，人作为有理性的精神生命，其实践活动的结果实际上早已在人的精神蓝图中预先“完成”了，前者不过是后者的外化而已。因此，艺术作为人的精神生命活动的产物，只能为人而非动物所有。诚如郑板桥对于艺术创作的形象说明，从眼中之竹到胸中之竹再到笔中之竹，正是艺术家精神生命外化的过程。

精神生命的美还表现为道德人格的崇高，它从根本上将人超越于本能的生物生命之上，使人在直面外在的威逼利诱、狂暴力量、甚至死亡威胁时，能毅然决然地战胜出自本能的趋利避害、贪生畏死，从而由有限的肉身形象化为大象无形的精神形象。为了追求人生的不朽和精神生命的永恒，中国的古圣先贤信奉“三不朽”的人生信条，即“太上有立德，其次有立功，其次有立言，虽久不废，此之谓三不朽。”（《左传·襄公二十四年》）其中，“立德”于人最为重要。要想成为独立不羁的“大丈夫”，必须做到“富贵不能淫，贫贱不能移，威武不能屈”。（《孟子·滕文公下》）“杀身成仁”“舍生取义”一直是中国传统社会士大夫所尊崇的道统。践行这一道统的文天祥，不仅在《正气歌》中如是写道：“天地有正气，杂然赋流形。

下则为河岳，上则为日星。于人曰浩然，沛乎塞苍冥。”而且面对死亡之际大义凛然，慷慨陈词，掷地有声：“人生自古谁无死，留取丹心照汗青。”作为生命的匆匆过客，人都是向死而生的，文天祥却因其浩然正气而永垂史册，成为精神生命之美的标杆。

因此，无论是外化为艺术之美，还是显现为道德人格之美，人的精神生命之美是超越于生物生命之美且为人所独有的。

三、社会生命之美：平等与兼爱之美

人与动物的区别，不仅在于人具有精神生命，还在于人具有社会生命，“人是一种社会性动物。”人作为聚群而居的社会性存在物，其生命的本质并非“社会对个人的记忆”（《生命之思》，第55页），而是个体之间的相互社会纽带关系，人类社会生命共同体是由处于不同社会生态位的无数个体所形成的错综复杂的关系网络。社会对个人的记忆，只是反映了个人生命的一种保存和延续方式，却并不能从根本上说明何为人的社会生命。在共时层面，人兼有生物生命、精神生命和社会生命等三重生命。对此，封孝伦教授认为，人的三重生命的产生相继表现为生物生命、精神生命，以及社会生命。在此生命演进的进程中，精神生命是对生物生命的第一次否定，而社会生命则是对生物生命和精神生命双重生命的再否定（《生命之思》，第66页、第67页）。尽管封孝伦教授承认共时层面的三重生命的并存统一且相互不能替代，但他所说的三重生命的产生顺序方面却存在一个问题。毫无疑问，生物生命是人的最初生命形态，在此基础上才形成了人的精神生命和社会生命。然而，精神生命和社会生命究竟孰先孰后？无论是从人类生命的演进，还是从个体生命的成长来考察，人的精神生命都不可能直接产生于生物生命之上（尽管它是物质基础），只有置身于社会环境当中，禀有了社会生命之后，才可能形成精神生命。原始人类社会的形成，最初可能如同动物一样，是一种本能的聚集，但在漫长的劳动合作过程中，由于交流的需要，产生了语言，尔后又出现了图腾、原始宗教、艺术等各种精神生命的表征形式，人类因此而区别于动物以及自身的生物生命。人类文明社会一旦形成，世世代代相继出生的个体都被裹挟在一定的社会环境中，既定的社会环境赋予每个个体社会生命，每个个体的精神生命又在社会生命的影响下形成。如此就不难理解，为何脱离社会环境、失去社会生命的“狼孩”，其精神生命几乎是一片空白。因此，人的三重生命的产生顺序应当依次为生物生命、社会生命、精神生命。

人的社会生命是如何，以及应该如何形成，这是一个非常重要的问题，直接关系到如何理解人的社会生命，以及社会生命之美。人生活于一定的社会环境之中，人际之间的社会关系形塑了人的社会生命。康德认为,人性具有一种非社会的社会性特征,“人具有一种要使自己社会化的倾向;因为他要在这样的一种状态里才会感到自己不止是人而已,也就是说才感到他的自然禀赋得到了发展。然而他也有一种强大的、要求自己单独化(孤立化)的倾向;因为他同时也发觉自己有着非社会的本性,想要一味按照自己的意思来摆布一切,并且因此之故就会处处都遇到阻力,……可是,正是这种阻力才唤起了人类的全部能力,……于是就出现了由野蛮进入文化的真正一步,而文化本来就是人类的社会价值之所在;……从而把那种病态地被迫组成了社会的一致性终于转化为一个道德的整体。”人的这种非社会的社会性禀赋,造就了相互竞争而又相互依存的社会关系,这一社会关系最终形成的并非“物竞天择,适者生存”的弱肉强食式的“丛林社会”,而是一个道德整体的社会生命共同体。康德进而认为:“唯有在社会里,并且唯有在一个具有最高度的自由,因之它的成员之间也就具有彻底的抵抗性,但同时这种自由的界限却又具有最精确的规定和保证,从而这一自由便可以与别人的自由共存共处的社会里;——唯有在这样的一个社会里,大自然的最高目标,亦即她那全部禀赋的发展,才能在人类的身上实现。”自由的社会才可能存在自由的竞争,人与人之间并不因为相互竞争而互相倾轧,反而能够共存共处。在这样一个社会里,个人的社会生命价值就可以得到最大程度的实现和尊重,人类社会因而“便处于所有有理性的生物一律平等,而不问他们的品级如何;也就是说,就其本身就是目的的这一要求而言,他就应该作为这样的一个人而为每一个别人所尊重,而绝不能单纯是达到其他目的的手段而被任何别人加以使用。”每一个人都是目的而非纯粹手段的人类宣言,是检验任何人类社会的试金石。

唯有将每一个人的社会生命都视为目的,而非只是将名人、伟人、圣人等奉为社会生命的优等目的,社会生命之美才具有芸芸众生的普遍性和普适性。因此,社会生命美在起点上应该是一种伦理上的人格平等之美。唯有人格上人人平等,才可能形成不同个体之间“兼相爱”的社会生命之美,才可能推己及人,产生“人不独亲其亲、不独子其子”“老吾老以及人之老,幼吾幼以及人之幼”的生命博爱之美。社会生命的平等之美,还表现为对他人的人格尊重,即孔子所说的“己所不欲,勿施于人。”社会生命之美的平等、兼爱、尊重,意味着社会生命之美的多元性和包容性,在此基础上就能形成一个和谐共生的社会生命共同体。对此,作为人类学家和社会学家的费孝通先生有一个非常美学化的表述,“各美其美,美人之美,美美与共,天下大同。”每个个体社会生命美汇聚而成的社会美,就是中国古圣先贤心目中的天下大同社会,就是康德所设想的世界公民社会,就是马克思所追求的自由人的联合体。

四、结语

生命之树常青，生命之美长存，封孝伦教授几十年如一日的生命之思，不仅表明了理论并非一定是灰色的，而且为我们开启了思考生命的新视域，尽管“人是什么?”是一个永恒的斯芬克斯之谜。

生态的逻辑

走向美生学

袁鼎生

从超大时空的尺度，研究美学生态，可厘清美生学的历史机理和逻辑根由，展示其系统生成的大势与规律。美生学是当代美学高地，可从每个坡面，形成通向它的路径，充分地显现其多元共生的依据和机制。这两类美学生态的研究，一者侧重纵向的结晶，另一者侧重环向的集结，均可发现美生学在当代涌现的可能性与必要性。各种可能性与必要性的汇聚，可形成必然性，创立美生学，可谓水到渠成。

一、从和谐论美学到美生学

从审美生态观特别是审美仿生观的角度，把人类美学看成是审美生态学，把人类美学的运动看成是审美生态的运动，可清晰地见出从和谐论美学到美生学的美生足迹，可以见出各种美学形态逐级向美生学演化的规程。

可以说，美生学之前的各种美学形态，在生态视域中呈现出由依生经由竞生与共生，抵达整生和同趋美生的本质发展轨迹。一部美学史，也就成了美生学的潜生暗长史。美生学，似乎成了美学生发的目的。

(一)和谐论美学的自然美生性

在历史时空中，美学因本原本位、本质本体和制式范型的位移，发生形态的演替与转换。这种进化，大致可以描述为：从古代自然和谐论美学始，经由近代主体自由论美学、现代整体生态论美学，进入当代整生论美学，进而系统生发出美生学。

自然和谐论美学作为人类美学的第一种生态，以自然为美的本原，认为美的本根是自然，美的本质是自然的本性，美的本体与制式在自然的运动中构成与发展。自然，在中西方古代，可以分别表述为天和神。美的本质是天和神生发的和谐，美学成了研究和谐生发规律的学说。和谐，主要是在自然与人类的关系中生发的。中国古代美学，是一种研究天人和谐的学说，它主要经历了天的人化、人的天化、天人同一这三个主要的历史阶段。这三个历史阶段，也同时为三个逻辑环节，也就说明了中国古代的和谐美学，是在历史的发展中，逻辑地生成的。在中国古代的学术语境中,天与道有一种互文性。老子的道家和谐说,于中国和谐美学的生发,具有原型的意义。他预设了和谐美学的三个环节。“道生一,一生二,二生三,三生万物”❶,是第一个环节。它揭示了和谐的本原是道,和谐的根由是道,这就在元生态统一衍生态的过程中,形成了天人和谐美学的第一个理论层次。“人法地,地法天,天法道”❷,是人的道化或曰人的天化的环节。魏晋时期的知识分子,如“竹林七贤”等,放浪形骸,纵情诗酒,回归天态,践行了一种道态的生存,天态的生存,是对本源的皈依。陶渊明“久在牢笼里,复得返自然”,脱离官场,回归田园,在耕读诗酒中,演绎生命的天化与道化的乐章,写照天人和谐美学的第二个理论层次。“道法自然”❸,可以看作是第三个环节。道化之人与道一起,回归自然之本元,走向自然之同一。宋明理学和程朱心学,主张心的天化和心的道化,在心外无物和心生万物中,实现人天一体,人道一体,总结了中国天人合一的和谐美学。

西方的古代美学,是研究神人和谐理论的学说,也形成了三个历史阶段,相应地构成了三个理论环节。第一个阶段,是在古希腊时期,形成了神的人化。这是本根本原性的神,向人与万物的生成,即神衍生出世界,衍生出万物,衍生出人,在造物主与所造之物的统一中,构成了和谐的第一个形态。毕达哥拉斯的数、赫拉克利特的活火,柏拉图的理式,亚里士多德的纯形式,均是世界的本原,生发出了万物与人,达成了本原体与生发体的和谐,构成了古代和谐理论的第一个层次。像老子构建了中国古代和谐美学的理论原型一样,柏拉图也草创了西方古代和谐理论的原型。他在论述理式本原之后,提出了人回归理式的三条途径。第一条路径是诗人因神灵附体,陷入迷狂,获得灵感,而表达出理式;第二条路径是人通过逐级审美而抵达理式的神境;第三条是哲人通过回忆,而重温神境。这三条路径均标识了人的神化,表述了神人和谐理论的第二个层次。他还通过哲人仿照理式建造理想国,实现理式与理想国的同一,以表述神人同一的理念,形成了神人和谐理论的第三个层次。

按照柏拉图的草图,他的学生亚里士多德通过彼岸的纯形式化入此岸的形式,完善了彼岸世界的此岸化,使神的人化具体化,终结了古希腊的和谐美学。古罗马则完善了人的神化的建构。诗人说,古罗马人是爱神的后代,古罗马的昌盛是神的旨意,这就标识了古罗马的神本神根性,为古罗马实现人的神化奠定了基础。在现实的世界里,古罗马的皇帝举手投足模仿神,一副似神的样子;甚至宣布自己是神,把自己的皇后封为天后——赫拉;这就完成了从根于神到似神再到神这一人的神

❶ 《老子·42章》,饶尚宽,译注.北京:中华书局,2006:105.

❷ 《老子·25章》,饶尚宽,译注.北京:中华书局,2006:63.

❸ 《老子·25章》,饶尚宽,译注.北京:中华书局,2006:63.

化的全部规程。在理论上,普罗丁提出太一说,认为人的灵魂超越肉体,回归精神,超越精神,回归理式,超越下界,回归太一。正是这三大超越,构成了对太一的回归,具体地展示了人的神化的程式,从而完善了西方古代和谐美学的第二个理论层次。

中世纪完善了神人同一的西方和谐美学层次。神的人化与人的神化的对生,促成了双方的同一,构成了神人和谐的最高形态与理想境界:神人同一。天堂,是中世纪神学家与宗教美学家描述的神人合一的场所;神人同处天堂,是神人同一的形态。圣三位一体,通过上帝宇宙化与宇宙上帝化,抵达上帝和宇宙的天堂化,神人同一的量与质度走向了极致,总结了西方的和谐美学。

人与自然的和谐,构成了人类古代美学的理论形态。不管是西方神人和谐的美学,还是中国古代天人和谐的美学,均由一位圣哲草创基本构架,形成理论原型,然后由不同时期的杰出理论家逐步完善相应的理论层次,合力打造出整个时代的美学体系。在时代美学体系的生发中,每个时期均会有伟大的美学家对理论原型进行创新,推动时代美学体系的发展。像普罗丁,承接了柏拉图的和谐理论原型,对三个理论层次都做出了创造性的拓展,形成了更为完整的流溢—回归模式。流溢有三个层次:太一流溢出精神,再而流溢出灵魂,最后流溢出物质;回归的三个超越,显示了循序渐进的步骤,也很具体。这与柏拉图的理式—模仿模式相比,在神的人化和人的神化方面,都更明确清晰具体,特别在神人同一方面,理想国与理式是等而有差的,同一度不及灵魂与太一在神界相对。圣奥古斯丁和圣托马斯·阿奎那完善了圣三位一体,其创世—救赎模式,在神的人化、人的神化和神人同一方面,较之前两个模式,不仅更为具体化,也更为普世化。特别是神人同一,在柏拉图那里,主要是一种模拟,即理想国对理式的仿造;在普罗丁那里,也仅有少数哲人能够回归太一神境,就连普罗丁本人,一生之中,也仅有几次面对太一;在圣三位一体中,耶稣带领上帝的创造物,与上帝欢聚天堂。正是有了众多大师对时代美学原型的局部性与整体性的持续创新,时代的美学才可能系统地生成。

人类的和谐论美学,在中西古代均由不同的原型,历史地、逻辑地生发出了理论系统,对应地形成了完整的逻辑结构。体系完整的古代和谐论美学,形成了自然性美生的指向,在美学历史的起点上,预示了美生学的旨归。人类古代的和谐美学,是研究生态和谐的学说,它探求了人类与自然的生态和谐的规律。在这一整体框架下,中西方的古代和谐美学,分别探求了人与天、人与神的生态和谐规律,分别探求了这两种生态和谐的生发本原、生发规程、生发模型、生发机理、生发机制,其目的是指向和谐双方的美生。

人类根于自然,和于自然,同于自然,形成、发展、提升了与自然的生态和谐,形成了自然性美生的规律。对这些自然性美生规律的揭示,当是古代和谐论美学的深层意义,它说明了人类美学的起始形态,就有了美生的价值功能与目的,就有了美生学的规定。和谐论美学成了美生学的理论源头,有了理论原型的价值。

基于这一源头与原型,美生学有了自然美生的出发点,有了自然美生的超循环理论规程。

(二)自由论美学的主体性美生

人类美学的第二种形态是主体自由论美学,它在近代兴起后,倡导人类的生态自由,形成了主体自由性美生的规律与规范。它与古代美学的自然和谐性美生形成了对应,为现代美生机理的辩证生发,做出了历史性的准备。

主体自由论美学的基因,在自然和谐论美学中孕生。在圣三位一体的创世—救赎模式中,上帝的创造物是分等级的,人具有代替上帝管理万物的职能,有着更多的生态自由,也为他日后撇开上帝,独立支配万物,形成更大的生态自由,埋下了伏笔。在但丁的《神曲》中,主人公凭借人类自身德行、智慧、情感等本质力量登上天堂,生发了神人同一的主动性和主导性,萌发了生态自由。

如果说,生态和谐是古代之美的本质,是古代美生的形式,那生态自由则形成了近代美的本质,成为近代美生的形式。这里的生态自由,主要指的是人类的生态自由。在古代生态和谐的审美结构中,生态和谐是自然生发的,人是在依从、依存、依同自然中,生长与提升生态和谐,形成生态自由的。随着人类生产力的发展,科学技术的昌盛,本质力量的提升,他已不再安从于自然的生态和谐的审美结构,力求在统治自然中形成生态自由的审美结构。随着生态和谐向生态自由的转型,人从附属生态位,变为主体生态位,主导天人生态系统由自然化的状态转换为人化的状态。在这种人化的生态系统里,人的本质力量走向完备的对象化,生态自由有了充分的释放,人的美生相应实现。

近代形成了主体美生观:美是自由,美是人的本质力量的对象化,美是人的生命力的灌注;选择即创造,表现即创造;审美即移情,审美即自我欣赏,审美即欣赏别一个自己。凡此种种,从不同的侧面,建构了一个人化的审美结构,形成了近代的自由论美学,显现了主体美生的诉求。在古代的和谐论美学里,自然化、和谐、美生是关联性形成的,是成正比增长的,自然化主导着相互间的正比性生发;在近代自由论美学中,人化、自由、美生也是相生互发的,成正比共进的,人化主导着相互间的正比性生发。这就说明,不管是古代还是近代,美生均是内在于审美结构中的,是美学的固有属性与价值取向性。

主体自由论美学也是系统生成的,显现出历史环节的序进性。文艺复兴时期,是人自身的人化时期,是人的主体性的自我确立时期,是人的整体自由的觉醒时期。在这个时期，人被自身确立为美和审美的本原，人的感性与理性，均被自身确立为主体性，人的理性自由和感性自由均在摆脱宗教的束缚，走向自然的实现，人形成了通体解放与通体自由的美生诉求。这就形成了自由论美学的第一个层次：主体本原自由论美学。主体本原自由论美学是对人的歌唱，是对人的本质的歌唱，是对人的自由的歌唱，是完完全全的人曲，而不再是神曲。莎士比亚说："人是宇宙的精华，万物的灵长"，达·芬奇笔下的蒙娜丽莎，那一丝微笑，透出的是理性的自信与感性的自然，显现了人类摆脱桎梏身心自由的美生追求。

人自身的人化，形成了自由论美学的审美本原，人对自然的人化，是审美本原的衍化，是人的本质力量的对象化，形成了自由论美学的审美本质，形成了自由论美学的第二个理论层次：理性自由论美学。人类凭借理性，发展科学技术，实现对自然的控制、驾驭、征服、改造，使之合乎自身的规律性与目的性，形成为人性和属人性。自然在人类理性的作用下，实现了人化，成就了人的理性，确证了人的理性自由，显现了人类理性自由实现的美生。

人对自然的人化，从理性走向感性，在人态审美本原的进一步衍化中，形成了感性审美本位。人对自然的感性人化，使原本不能自由运行的自然，即在人类理性的干预下，不再自在自为运行的自然，进一步走向违背自身的规律与目的的运行。因理性人化而扭曲变形的生态系统，进一步走向了颠倒错乱，人类生态和自然生态同步地走向了非规律非目的运转，人类走向了意志化自由，出现了随心所欲的感性化美生。

在近代自由论美学的框架里，人类通过改变与自然的生态关系，成为生态本原、生态主体，进而理性地、感性地人化自然，形成了人化的审美生态本体结构，全面地实现了本质与本质力量，形成了完全的生态自由，系统地生发了人类美生的企求，构成了自由论美学的本质规定性。然而自由论美学的历史并没有终结，其原因在于人对生态的自由，从本体本然的追求，走向了个体的超然的追求，洞开了一个新的理论境界。人觉得处在生态结构中，虽然取得了本原与主体的地位，虽然理性地感性地实现了本质力量，但所实现的生态自由总是不彻底的，是受到生态结构的各种关系规约的，是受到自然的力量反制的。人要彻底地自由，无拘无束地美生，必须超脱生态系统，解除生态关系，成为独立存在的无关联的个体。这就形成了个体自由论美学，形成了超然自由的个体美生。

个体自由论美学的形成，不仅仅是人彻底地自由美生的理想所致，还有现实的生态缘由。理性人化的实现，造成了人与自然生态关系的对立，造成了自然的失序，造成了生态系统的震荡，造成了生态结构的扭曲变形与失衡失稳。感性人化的实施，人与自然的生态关系走向拉锯式的对抗，生态系统在震荡中颠倒错乱，趋向离散。个体自由的实现,成为压倒骆驼的那根稻草,支离破碎的生态结构解体了,所有的一切成为碎片,人从解构的自然关系中逸出,从解构的社会关系中逸出,成为孤零零的个体。这样的个体,不再是生态结构性的存在,不再是生态系统性的存在,失去了历史的现实的各种规定,完全地自在自为,也就有了彻底的生态自由,有了相应的超然之自由的美生。但这种自由与美生,已经走向了虚幻,成为无规律、无目的、无价值、无意义的存在,失去了人的本质规定性,背离了真正的自由与美生。

个体自由论美学,走向生态自由的极端,也就走向了生态自由的反面,从而促使自由论美学在反思中趋向中和,形成间性自由论美学。间性自由论美学,扬弃了个体自由论美学,综合了以往的自由论美学,成为自由论美学的终结形态。间性自由论美学,实际上是一种新型的和谐自由论美学。它主张人类个体之间,在互为主体中,各自保持独立性,达成生态平衡,并在相互尊重中,相互兼容,相互关联,形成共通性与共趋性,从而形成了和谐自由的整体主体,保障了所有的个体主体特别是整体主体的生态自由。这是人的再一次自我觉醒,再一次自我觉识,再一次自我解放,再一次自身的人化。这是人自身的整体性和结构性的人化,它螺旋地回归了文艺复兴时期人的本质力量觉醒与解放的人化,张扬了和谐的整体主体的自由,形成了和谐的整体主体的美生。

近代的主体自由论美学,其人化、自由、美生的耦合并进,走了一段非线性发展的历程,最终形成了间性的和谐自由论美学,达成了人化、自由、美生的高端统一。这一活态演进的理论系统,既创造性地吸纳了古代和谐论美学的成果,又进一步展开了与自然互为主体的生态关系,开启了现代和当代的整体生态论美学。

(三)整体生态论美学的系统性美生

整体美学的生态化,形成了整体生态论美学。整体生态论美学,成为生态美学的直接生境。它有多种进路,成万山聚峰之势。在生态文明的背景下,整体化往往与生态化结合,整体论美学也就自然与生态论美学形成了互文性,自然而然地成了整体生态论美学。环境美学,在生态整体主义的背景下,追求自然全美,是偏重客体的整体生态论美学,可以看成是西方整体生态论美学的重要形态;新实践美学,作为中国的整体主体论美学,在生态实践中,追求自然的人化与人的自然化统一,是偏重主体的整体生态论美学,是中国整体生态论美学的重要形态,是中国生态美学的重要来源;间性主体哲学,还主张人类与自然互为主体,为生态批评提供了天人衡生的理论构架,可以看成是一种系统整体的生态论美学,是另一种西方整体生态论美学。与此相应,中国的生态文艺学追求生态系统的和谐,也是一种系统整体的生态论美学。可以说,中西方系统整体的生态论美学,与生态美学的血缘最近。

在古代自然和谐论美学与近代主体自由论美学的当下发展中，特别是在它们的历史中和里，形成的各类整体美学，特别是天人整体论美学，在生态文明中发生了蜕变，已经成为整体生态论美学的系列形态。正是这系列形态的整体生态论美学，在相互作用中联动，共成了生态美学。

1. 环境美学与新实践美学

分形理论、谱系理论与遗传理论，都有自相似性的理论意义，即现实与历史的自相似性，整体中各局部的自相似性，各局部与整体的自相似性。整体生态论美学是人类美学的一个部分，一个发展阶段，它的生发，似乎重复了整体的生发，似乎复制了整体的生发，与整体的生发，形成了自相似性。从生态的视角看人类美学，其古代的自然和谐论美学，在人类同于自然中，成为依生论美学；其近代的主体自由论美学，在人类同化自然中，形成了竞生论美学；其现代的各种整体生态论美学，在人类与自然的衡生中，形成了共生质生态美学，成为生态美学的初级形态；其当代的整生论美学，是人类与自然整生的美学，是生态美学的发展形态，是整生质生态美学。整体生态论美学特别是生态美学，作为人类美学的发展环节，似乎在遗传中获得了整体的生发规程，呈现出从依生美学经竞生美学与共生美学，至整生美学，趋美生学的图景。这种历史生态与逻辑生态方面的自相似性，确证了整体生态论美学特别是生态美学，在谱系性的遗传中获得了人类美学系统生发的成果，有了共成美生学的潜质。

（1）环境美学。生态论美学框架里的环境美学，与生态视域中的竞生论美学，除了自相似性以外，还有自相异性。这种自相异性，就是一种进化与发展。环境美学在生态论美学系统中，是一种潜含依生论美学暗趋共生论美学的竞生论美学，包含了复杂的生态审美属性。本来，环境美学是一个主体意味很浓的范畴，有学者说：环境一词是人类中心主义的最后形态。约·色帕玛说，"'环境'这个俗语都暗示了人类的观点：人类在中心，其他所有事物都围绕着他"[1]。阿诺德·伯林特说：审美者在"知觉融合"中，"为环境赋予秩序和结构，从而为环境体验增加意义"[2]。这些看法，突出了人在环境中的主体与主导地位，确立了环境美学的人类竞生论美学的基本性质。然而由于各种生态关系的制约，特别是整体生态观的影响，它在本质上已经脱离了主体美学的框架，实现了向自然美学的螺旋性复归，有了新型的依生论美学的特性。从审美本质看，在生态文明的背景下，环境不再是人化的对象，不再是人的本质力量的一种确证，而是恢复了自然审美的本原、本体与本位的地

---

[1] ［芬］约·色帕玛. 环境之美［M］. 长沙：湖南科技出版社，2006：151.

[2] ［美］阿诺德·伯林特著，程相占译. 都市生活美学［M］//曾繁仁，阿诺德·柏林特. 全球视野中的生态美学与环境美学. 长春：长春出版社，2011：17.

位。再从审美关系看,不再持续人类同化环境的对象性关系,而是形成人类走进景观、融入环境的依生性关系。阿诺德·伯林特在他的《环境美学》中,提出了著名的"参与美学"的观点。[1] 他的一部环境美学著作,书名就叫《生活在景观中》(湖南科技出版社,2005 年版),这就说明,环境美学是一种既依生且竞生的美学,是一种在依生中竞生的美学,是一种以依生论美学为基础的竞生论美学。环境美学还是一种有着共生论美学潜质甚或整生论美学旨归的人类竞生论美学,阿诺德·伯林特就说过:"我们同环境结为一体,构成其发展中不可或缺的一部分。"[2]环境美学的这种丰富的生态论美学意义,与人类美学的各种形态,产生了序列化的自相似性。正是这些自相似性的中和,形成了环境美学与此前美学的不相似性,即自相异性。在自相似性和自相异性的统一里,环境美学形成了自己独特的本质规定性:生态人本主义美学。

生态人本主义的特质,使环境美学形成了在自然美生规律中实现人类美生目的之策略,形成了人类美生目的与自然美生规律协同发展的效应。正是这种自然规律性与人类目的性的统一,使环境美学形成了在依生与竞生的统一中趋向共生的复杂性生态论美学特质。或者说,在合目的方面,它是竞生论美学;在和规律方面,它是共生论美学;在总体方面,它是不断增长共生潜质的生态论美学。

(2)生态实践论美学。在生态文明的背景下,新实践美学也形成了生态论美学的维度,构成了生态实践论美学的一支。生态实践论美学,也是一种有着依生论美学来源与共生论美学、整生论美学向性的竞生论美学,是一种生态人文主义美学。

新实践美学的大家,认可生态实践论美学的维度。张玉能教授主张:"以实践唯物主义为基础,建立起实践美学的生态美学,或者叫做实践论生态美学。"[3]季芳在"自然的人化"和"人的自然化"的统一中,"人本中心"与"生态中心"的中和里,经由"主客体生态审美实践"的"共同'自然化'",生发了生态实践论美学[4]。显而易见,季芳已经走出了主体论美学的对象化框架,形成了生态实践论美学的中和化策略,通过人本中心与生态中心的结合,自然的人化与人的自然化的协同,在生态文明化的实践中,构建生态人文主义的新实践美学。在生态实践论美学里,主客双方共同的自然化,有着共生论美学与整生论美学的意味,它们服务于生态人文主义的实践,使生态人文主义的新实践美学,有了审美共生与审美整生的属性,有着走

---

[1] [美]阿诺德·伯林特.环境美学[M].张敏,周雨,译.长沙:湖南科学技术出版社,2006:11.
[2] [美]阿诺德·伯林特.环境美学[M].张敏等,译.长沙:湖南科技出版社,2006:12.
[3] 张玉能.关于生态美学的思考[M]//中国美学年鉴·2004.郑州:河南人民出版社,2007:17.
[4] 季芳.从生态实践到生态审美——实践美学的生态维度研究[M].北京:人民出版社,2011:188.

向实践共生论美学与实践整生论美学的可能。

生态人文主义的新实践美学，或曰生态实践论美学，经由人的自然化与自然的人化耦合的途径，在自然美生的恢复与再造中，发展人与自然的生态人文化美生。

西方的生态人本主义美学与中国的生态人文主义美学，是一种亦依生亦共生的竞生论美学，在合规律方面，它含依生、竞生、共生乃至某些整生的机理，在合目的方面，它追求生态人本的和生态人文的价值宗旨，有着生态主体论美学的合规律竞生特质。这种情形，显示了中西生态论美学的对应发展性，显示了它们耦合地走向共生论美学的趋势。

2. 生态批评与生态文艺学

审美生态化是全球性的浪潮，也是形形色色的生态论美学生发的背景。西方生态论美学的进路，是整体主体或曰间性主体的生态化。间性主体美学，是主体自由论美学的终结形态。它在自身的再度人化中[1]，形成间性主体的审美本原后，没有像此前的感性自由论美学、理性自由论美学那样，展开对象化的环节，形成对自然的人化，生发人化的审美生态系统，而是改对象化为对生化，形成了主客衡生的审美结构。仅仅是对象化与对生化的一字之差，使生态批评与生态文艺学分别成为中西共生论美学的重要形态。

首起于西方的生态批评，强调人与自然之间、人类性别之间、人类种族之间形成对称的生态，对等的和谐；倡导 “绿色阅读”[2]，建构“生态诗学”[3]，努力实现生态与审美的统一；形成了浓郁的共生论美学趣味。中国学者首创的生态文艺学与生态美学，在生态绿性与审美诗性的中和里，显现了共生论美学的本质规定性。鲁枢元教授探索了“自然的法则、人的法则、艺术的法则三位一体”的生态文艺学原理[4]，徐恒醇教授明确指出：生态美是“人与自然生态关系和谐的产物”，“是人与大自然的生命和弦，而并非自然的独奏曲”[5]。中西美学家共同倡导了人与自然的和谐统一，强调了绿与美的相生共发，显示了共生论美学的时代性与国际性意义，显示了共生论美学走向整生论美学的理论前景。

互为主体性，是人与自然由过去时代的对象化关系，发展为对生化关系的理论前提。在自然和谐论美学与主体自由论美学的时代，人与自然的关系均是一种对

---

[1] 人自身的人化，形成主体本原性，是主体自由论美学生发的前提。人自身的第一次人化，是人在觉醒与解放中，确立了自身的主体性。之后，一次次人自身的人化，相继地确立了人的理性主体性、感性主体性、个体主体性、间性主体性，牵引了主体自由论美学的发展。

[2] 王诺. 欧美生态批评[M]. 上海：学林出版社，2008：18.

[3] 王诺. 欧美生态批评[M]. 上海：学林出版社，2008：12.

[4] 鲁枢元. 生态文艺学[M]. 西安：陕西人民教育出版社，2000：73.

[5] 徐恒醇. 生态美学[M]. 西安：陕西人民教育出版社，2000：119.

象化关系。自然和谐论美学,是自然向人生成,是自然本质的对象化,达成了人的自然化,即道化或神化,形成了自然和谐化的美生,人在自然化的过程中,融进了自然本体的美生。主体自由论美学,是人向自然生成,是人的本质的对象化,相应地实现了自然的人化,努力地追求了人的自由化美生。在整体生态论美学中,人与自然实现了审美共生,达成了双方乃至整体的中和态美生。这种审美共生和中和美生,关键在于人与自然形成了对生性关系。对生性关系的前提是生态平等,当人与自然形成了互为主体的地位,也就形成了各自的独立性与自主性,继而发生的对生性关系,也就成了一种对称性互生与平等性共生,从而形成了各自的相互的整体的衡生,实现了共同性美生,达成了对此前美生的包含与超越。

西方生态批评与中国生态文艺学的平等交流与对应发展,拓展与深化了审美共生的规律与目的,与其他的整体生态论美学一起,系统成就了相应的生态美学。这也说明,生态美学是在整体生态论美学的发展中脱颖而出的。

从两个维度看生态论美学,可以形成相应的视域。一是从审美生态观的维度,观察人类美学,可以形成源远流长的生态论美学谱系:古代的自然和谐论美学,是依生论美学;近代主体自由论美学,是竞生论美学;现代的天人整体论美学,是共生论美学;当代形成整生论美学,其后可生发天生论美学和美生学。二是从生态审美文明的维度,观察现当代美学及其趋向,可发现生态美学的生发系列:整体生态论美学;对生化的共生质生态美学;超循环的整生质生态美学;宇宙化的天生质生态美学;自然化的美生学。这两个维度的美学生态在现代走向重合,同步地形成了共生质的生态美学,生态论美学也就进入了生态美学的发展时期,美生质趋向集约与升华,美生学的问世自当水到渠成。

(四)生态美学与美生学

不同时代与时期的生态论美学,有着各自的美生目的,有着各自的美生区域,形成了错位发展,共成了美生质全方位整合的可能。也就是说,一切形态的生态论美学,潜含了美生学不同的侧面质,协同地潜生了美生学的系统质。随着生态论美学向共生质生态美学转换,向整生质生态美学提升,美生学也将由潜在形态向实在形态转变,成为一门表征美学生态历史运动成果的学科。

整生质生态美学集结融合了所有生态论美学与共生质生态美学的美生质,成为美生学的直接前提。也就是说,生态论美学依次从依生论美学、竞生论美学,走向整体生态论美学即共生论美学,生成了共生质生态美学,发展出整生质生态美学,历史地形成了系统的美生质,催生了美生学。

1. 共生质生态美学

从生态论美学到生态美学,是以共生论美学为契机的。当代涌现的各种整体生态论美学,形成了多侧面的审美共生质,凝聚出共生质美学。共生质美学,或曰共生质生态美学,是生态美学的初级形态,是生态论美学走向中和发展阶段的产物。生态论美学,大致可以划分出几个阶段:一是审美生态对象化阶段,形成了客体依生论美学与主体竞生论美学;二是审美生态对生化阶段,形成了整体共生论美学;三是审美生态系统化阶段,形成了系统整生论美学;四是审美生态自然化阶段,可形成天生论美学与美生学。生态论美学最终的发展目标是美生学。共生论美学作为生态美学的生成形态,是生态论美学走向美生学的重要节点。

徐恒醇指出了生态美学生发的生态文明背景:"一种新的生态文明的曙光已经呈现,这便是人与自然和谐共生的生态文明时代。"[1]他 2010 年出版的《生态美学》,是中国第一部生态美学著作,是表征生态美学在中国形成的著作。这本著作从人的生命、人的活动的生态化方面,探寻了人与自然和谐共生的规律。他说:生态美学"以各种生命系统的相互关联和运动为出发点"[2]。生态美是"人与自然生态关系和谐的产物","是人与大自然的生命和弦,而并非自然的独奏曲"[3]。这就奠定了生态美学学科的审美生态中和化的理论基座,显现了这一学科起始形态的天人共生特质,或曰人与自然和谐共生的本质规定性。正是这种规定性,标识了中国初起的生态美学,是共生质美学,是共生质生态美学。

2. 整生质生态美学

整生论美学,或曰整生质生态美学,是人类美学历史发展的必然。现代人与自然和谐共生的美学,即共生质生态美学,历史地中和了古代依生论美学与近代竞生论美学,实现了生态论美学向生态美学的生成。共生质生态美学作为生态美学的初级形态,有着明确的审美整生向性,从中发展出当代的整生质生态美学,生发生态美学的高级形态,当是顺理成章的事情。

共生质生态美学走进审美文化,融和生态文明,质域覆盖世界,生长为整生质生态美学。整生质生态美学是研究美生场的生发与美生文明圈运转的科学。美生场是美活生态、愉生氛围、整生范式对生环长的美生文明圈。美生文明圈的运转从世界整生始,经由绿色阅读、生态批评、美生研究、生态写作,走向自然美生,旋回至整生世界的上方。美生文明圈在以自然美生为向性的超循环中,恢复世界的整生,发展世界的绿色美生,推进世界的绿色艺术化美生,直至形成地球和宇宙的自然美生,内含了四个递进的理论平台。凭此,整生质生态美学形成了审美生态本体论、价值论、目的论特质,包含和超越了生态审美方式论,成为生态美学的高端形态,并

[1] 徐恒醇. 生态美学[M]. 西安:陕西人民教育出版社,2000:7.
[2] 徐恒醇. 生态美学[M]. 西安:陕西人民教育出版社,2000:14.
[3] 徐恒醇. 生态美学[M]. 西安:陕西人民教育出版社,2000:119.

有了基础美学的规定。[1]

整生质生态美学的审美生态本体论、价值论、目的论,均可归结为美生论,或者说,审美生态本体、价值、目的,均为美生,这就形成了"驱万途而归一"的美生学意义。以往、当下、未来的美学形态,分别以和谐、自由、共生、整生、天生为元范畴,美生是上述元范畴的运动所形成的集约化价值功能,是上述元范畴递进生发的深层价值本质,凭此,一切美学包括未来的美学,有了美生学的本质属性,有了美生学的本质通性,有了美生学的发展向性。整生质生态美学出现后,整生与美生等值,整生的元范畴携带着整生质,携带着与自身同一的美生质,分生于逻辑运动的所有环节,分形为理论结构的所有局部,实现了理论本体、价值功能、学科宗旨的三位一体。由此可见,作为以往美学之结晶的当代整生质生态美学,直接孕生了美生学。

3. **美生学**

从整生质生态美学的本质规定和逻辑生态可以看出:整生成就美生,整生形成美生,整生等于美生,整生质生态美学转换为美生学,更是水到渠成。美生学整合与升华人类美学特别是生态美学的美生规律,成为生态美学与一般美学的同一形态。或者说,美生学通过对人类美学与生态美学的对应性集约,将人类美学的规律与生态美学的规律加以中和与升华,形成美生规律系统,影响生态系统的美生化进程,实现自然美生的终极目的。

美生规律系统的第一个层次是生态审美化,它揭示了宇宙美生的规律。这个规律,来自对宇宙生发与美的生发同步这一统观事实的抽象。宇宙在自身的整生中形成了自身的美生,显示了整生与美生的同行,显示了生态审美化的宇宙美生规律。这一规律告诉我们:生态系统的生发既合生态规律与生态目的,也合审美规律与审美目的,正是这两种规律与目的的一致,形成了生态审美化,构成了美生的规律与目的;生态系统是整生的,这种整生,是最高的生态规律与目的和最高的审美规律与目的所达成的同一,形成了最高的生态审美化,形成了最高的美生规律;依生、竞生、共生的有机联系,形成整生,它们在构建与组织整生时,形成了丰富多彩的生态审美化,形成了相应多样的美生规律。这些规律都归属于在宇宙整生中形成的宇宙美生规律,不同程度地分有了生态审美化的美生规定。这样,在宇宙整生的系统里,也就有了万物美生构成宇宙美生的奇观。

美生规律系统的第二个层次是审美生态化,它揭示了模仿宇宙美生的规律所形成的人类美生规律。人类最初的美生,是在生态审美化中形成的,是归属于宇宙整生所成就的宇宙美生的。它在审美生态化中形成的美生,体现了两方面的美生

---

[1] 袁鼎生. 整生论美学[M]. 北京:商务印书馆,2013.

意义与美生规律。一是人类特定时期的行为,干扰与破坏了生态系统的整生性,降低与损害了自然和自身的美生性,遵循生态审美化的规律,经由审美生态化的策略,在恢复与发展生态系统的稳定性、平衡性、有序性、完整性、整生性中,再度实现和提高生态性与审美性的同一,使自身的美生按自然的美生发展,同自然的美生提升。二是人类早期的艺术审美是与生产和文化结合的,遵循了审美生态化的规律,在较多较大的生态时空里实现了美生。当艺术走向独立之后,提高了人类的美生质,但收缩了美生的时域。人类再度遵循审美生态化的美生规律,使艺术的审美再度与各种生态活动结合,在质与量方面,恢复与发展了整生化的美生。

美生规律系统的第三个层次是生态绿诗化。生态审美化与审美生态化的同步实施,使人类与世界均实现生态绿性与审美诗性的耦合,双方对应地走向绿色艺术性的美生,使美生的绿性质与量、诗性质与量平衡发展,使生态规律与目的、审美规律与目的走向了高质高量的同一。这就在整生的绿诗化中,相应地提升了美生。

美生规律的第四个层次是整生自然化。这是美生绿诗化的再度提升。它的前提是自然化整生。美生在整生中生成、发展、提升,这是美生的定律。自然化整生,是质与量最高的整生,是自发整生与自觉整生走向同一的形态,是绿态整生与诗态整生同一的最高形态,从而成就了极致的美生。整生自然化成了美生规律的最高形态,实现了对自发的宇宙美生的螺旋回归,实现了对生态审美化这一基础性美生规律的提升。

从整生自然化的美生规律,可以发现美生的发展规律:整生旋升化。整生的旋升,是生态系统的运转大势,也是宇宙生发的大法,还是万物运动的常态,能从美生的发展规律升华为美生的普遍规律。

从整生论美学出发的美生学,探寻了相互关联的美生规律,形成了自然美生的规律结构,形成了学科的本质规定性,显示了生态美学的平台式发展。

二、从艺术美学到美生学

人类美学的生发,主要遵循两条非线性路径延展,一条是上述以自然和谐美学为起点的哲学美学的路线,再一条是下面论说的以古典诗学为起点的艺术美学的路线,它们耦合并进,共同汇入美生学。美生学凭此成了人类一切美学本质属性和价值功能的集中概括。

如果说,前一条路线,贯通生态审美化的规律,在生态系统的绿诗化中,第次地演化美生;那后一条路线,则遵循审美生态化的规律,在艺术系统的绿色化中,成就与发展美生;两者可谓殊途同归。凭此,美生学的出现,也就有了更为充分的历史必然性与系统生成性。

（一）艺术美学的诗学传统

在美学史上，文艺美学承接古代的诗学传统，一度成为美学的核心形态，甚或全部形态。中西美学的诗学传统，像哲学美学传统一样深厚凝重。这两种传统，在交合与耦合中并进，共同成为美生学的理论来源。

古希腊的柏拉图，以理式的影像化学说和艺术模仿说，同时开辟了哲学美学与诗学美学的先河。他认为一般的艺术，通过模仿现实世界来模仿理式世界，和真理隔了三层，因而是不真实的；诗人因神灵附体，进入迷狂，代神说话，获得理式的真实。这就奠基了西方的模仿诗学，并使之有着浓郁的神学基因。他的学生亚里士多德，以纯形式的形式化，即彼岸世界的此岸化，发展了哲学美学；以诗凭借可然律与必然律，可以比历史更真实，可以抵达彼岸的纯形式，发展了诗学美学。他说："诗人的职责不在描述已发生的事，而在描述可能发生的事，即按照可然律或必然律是可能的事。""诗比历史是更哲学的，更严肃的：因为诗所说的多半带有普遍性，而历史所说的则是个别的事。"[1]亚里士多德要求诗按照事物应当有的样子去模仿，提升普适性，从而创新了模仿诗学，深化了模仿诗学的神性，深植了模仿诗学的神根，并与自然和谐的哲学美学形成了对应性发展。这种神化的模仿诗学，在古罗马有了多方面的展开。西塞罗提出高贵说，认为模仿神才高贵；贺拉斯提出合式说，主张似神才合式；郎吉纳斯倡导崇高，认为似神的声音才是崇高的；这和同时期人的神化的哲学美学形成了呼应之势。此后，模仿的诗学美学与和谐的哲学美学相比肩，经由中世纪的登峰造极，一直延续下来，成为美生学的源头活水之一。

中国艺术美学的诗学传统，也与哲学美学耦合生发，关联流转，只不过文论、乐论、诗论、画论、戏剧理论、小说理论的系列性发展，更为充分，意境诗学的传统更为凸显、艺术生态化的基座更为厚实罢了。中国古代自然和谐的哲学美学，有着天本天根与道本道根性，与此相关的意境诗学，也形成了相应的特性。中国的意境诗学，经历了物境说、情境说、神韵说三个阶段，道性与天性一气贯通其中。魏晋之前，重物境，"立像以尽意"，像中之意，是客观规律，当成物境。"诗言志"，所言是政治伦理规范，所成意境，也主要是物境。书法美学初起时，也较重形似，所谓"书者如也"（许慎《说文解字》），所谓"为书之体，须入其形。……纵横有可像者，方可谓之书"（蔡邕《笔论》），就属当时书法审美意识的典范性描述。东晋书法家卫夫人的"意在笔先"说，开写客体之神之先河，所谓横"如千里阵云"，点"如高峰坠石"，竖"如万岁枯藤"，已不是单独对客体形状的摹拟，而主要是对客体气势、意象、神韵等"意"的传达，所创造的也主要是一种客体精神的物境。这就深化了物

[1] 亚里士多德，《诗学》，第九章。

境说。宗炳"畅神说"的提出,推动了中国意境论诗学由物境说向情境说的转换。颜真卿在安史之乱中书写的《东方朔画像赞碑》,走笔铮铮,骨格铁竖,间架山立,一派力挽狂澜的国家干城气度,满纸耿耿君子的情性,情境的意兴盎然。特别是中唐以后,主体情韵,成为意境的内核。元代倪瓒说:"余之竹聊以写胸中之逸气耳,岂复较其似与非,叶之繁与疏,枝之斜与直哉。"(倪瓒《清秘阁全集》卷十,《答张藻仲书》)王夫之"神韵说"的提出,统合了主客体的精神与气性,形成了道化的整体神韵,当是对物境说于情境说的中和。石涛的《画语录》主张物我为一:"山川使予代山川而言也,山川脱胎于予也,予脱胎于山川也","山川与予神遇而迹化也"[1]。在独具神韵的书画作品里,我们看到的是物境与情境同一的天境,即荒漠、空灵、旷古、虚淡的道境,这就螺旋地回到了物境——自然之境,实现了对意境论诗学的总结,显示了道态与天态美生的理想。

中国的意境诗学与西方的模仿诗学,在漫漫时空中对应发展,整体地揭示了艺术美学的规律,耦合地凝聚了艺术人生的理想,形成诗学美学的道统,成为美生学的清纯之源。

(二)艺术哲学的美生基点

承接厚重的诗学美学传统,近代以来的一些大师级的美学家,诸如黑格尔等,视艺术哲学为美学,提升了此前的诗学美学。他说:美学的"对象就是广大的美的领域,说得更精确一点,它的范围就是艺术,或则毋宁说,就是美的艺术"[2]。鲍姆嘉通认为:"美学……是美的艺术的理想","对于各种艺术有如北斗星"[3]。车尔尼雪夫斯基这样发问与回答:"美学到底是什么呢?可不就是一般艺术,特别是诗的原则的体系吗?"[4]中国美学界也有类似的看法,马奇说:"我认为美学就是艺术观,是关于艺术的一般理论。"[5]将美学限定在艺术的哲学研究和艺术的诗学研究范围,使美学走向了集约与精纯,使其规范与指导的艺术人生,相应地走向了精湛,从而提升了美生质。

周来祥先生以唯物辩证法为指导,建构了历史与逻辑统一的文艺美学体系。他说:"《文艺美学》的方法论与其理论体系是一个硬币的两面,它运用以辩证思维为统帅的多元综合一体化的方法,构筑了一个纵横结合的网络式圆圈形的逻辑框架。《文艺美学》以马克思、黑格尔的辩证逻辑思维为根基,以抽象上升到具体、历

---

[1] 石涛著,周远斌点校、纂注.苦瓜和尚画语录[M].济南:山东书报出版社,2007:33.
[2] 黑格尔.美学(第1卷)[M].北京:商务印书馆,1979:3.
[3] 朱光潜.西方美学史(上卷)[M].北京:人民文学出版社,1979:297、300.
[4] 车尔尼雪夫斯基.车尔尼雪夫斯基美学论文选[M].上海:上海译文出版社,1998:125.
[5] 马奇.关于美学对象问题——兼与洪毅然等同志商榷[J].新建设,1964(2-3).

史与逻辑相统一为主线,展开了一个从艺术的萌芽(亦即其本质的抽象规定)开始,经古代美的古典主义、近代对立崇高的浪漫主义与现实主义、丑的现代主义,荒诞的后现代主义,向现代新型辩证和谐美的社会主义艺术发展的历史画卷。”[1]周先生建构了一个由抽象往具体生长的、历史与逻辑并进的活态艺术美学体系,有着鲜明突出的审美整生性,有着浓郁的人类艺术化美生的意味。这就为美生学的生发,提供了艺术美学的机理。

与艺术的独立对应,美学成为艺术美学,于美生的发展,有高起点的意义。绿性与诗性结合的生存,称作美生,而且是一种高品质的美生。艺术美学探寻了艺术的审美本质、审美原理、审美规律,奠定了艺术生态化的基础。艺术生态化,是艺术化美生的规律,是艺术人生从艺术的领域走向生态领域,形成全程全域化艺术美生的规律。

(三)生活美学与艺术化美生的展开

艺术既来自生活,又回归生活,显示了超循环的规程。生活美学在艺术美学之后生发,与这一规程相关。生活美学是在艺术回归生活的历史规程中生发的。车尔尼雪夫斯基是艺术美学与生活美学的连接者。他一边主张美学是诗学,是艺术的原则,一边又认为美是生活,形成生活美学的先声。他从两个方面对美是生活做了具体的界定:“任何事物,凡是我们在那里面看得见依照我们的理解应当如此的生活,那就是美的;任何东西,凡是显示出生活或使我们想起生活的,那就是美的。”[2]应该如此的生活,指的是理想的生活;想起生活的生活,指的是艺术所描写的生活。从这两个界定里面,可以看出艺术美学和生活美学的内在联系。

车尔尼雪夫斯基美是生活的观点,是以艺术为前提的。在他看来,并不是所有的生活都是美的,只有那些艺术态的生活特别是艺术理想态的生活才是美的。他坚持了黑格尔美学是艺术哲学的观点,但又沿着生活艺术化的路径,拓展了美生的领域,使得一部分有着艺术规定性的生活,也进入了美生的范畴。作为一个严谨的美学家,他的命题不是有些生活是美的,而是直截了当地提出美是生活,这应当包含了生活艺术化的美生理想。这一理想,成为美是生活的潜在之意。否则,美是生活就不是一个具有普适性的美的本质观,就不是一个潜含理论体系的元范畴。

车尔尼雪夫斯基的贡献,在于从艺术出发,走向了生活,又潜在地从生活趋向艺术,显现了艺术生活化与生活艺术化的超循环美生规范。这是一个美生的质与量交错上升的超循环规范。艺术生活化,是美生量的拓展;生活艺术化,是美生质

---

[1] 周来祥.和谐论〈文艺美学〉的理论特征和逻辑构架[J].文史哲,2004(3).

[2] 车尔尼雪夫斯基.车尔尼雪夫斯基选集(上卷)[M].北京:生活·读书·新知三联书店,1958.

的提升;两者在交替中环回,美生也就实现了生活化与艺术化的同一;这就深化了美生的规律,深化了美生的本质规定性。

(四)大众文化的艺术与生活双向对生

大众文化既主张日常生活审美化,也要求审美日常生活化,在人类生态的部分疆域,达成生活与艺术的一致,符合生态美学的本质要求,成为局部形态的生态美学,或曰日常生活领域的生态美学。大众文化在学科渊源方面与生活美学甚为深切。可以说,它秉承了生活美学艺术与生活对生的潜在精神,使其更为明晰与确切,实现了它的理论潜能。

在生态审美文化圈中,大致可以分出三种类型。第一类是探求自然全美的学科,诸如环境美学、景观生态学等;第二类是诉求艺术人生的学科,诸如艺术人类学、生命美学等;第三类是统合自然全美与艺术人生的学科,诸如生态美学与大众文化等。生态美学系统地实现自然全美与艺术人生的对生,趋向人类与自然对应的美生。大众文化则局部地趋向自然全美与艺术人生的对生,部分性地实现人类与世界耦合的美生。

大众文化带着艺术与生态耦合的成果,进入生态审美文化圈,促进人类与自然耦合并进的美生,成为美生学的生发机制之一。

(五)生态存在论美学的绿色诗意美生

与大众文化相比,生态存在论美学是一种更为完备的生态美学。这种完备性,从质与量的对应发展表现出来。生态存在论美学承接了大众文化艺术与生存对生的精粹,克服了它在三个方面的不足。一是生态绿性的不足,大众文化受消费主义影响,造就如阿诺德·豪泽尔所说的“夸示性消费”[1],不符合低碳的绿色生活准则。生态存在论美学,首先强调的是生态的存在,即生态规律化与生态目的化存在,使美生有了生态绿性的规约;二是审美诗性的不足。大众文化是工业复制的产品,是文化快餐,缺乏独创性、独特性与含蓄蕴藉的厚重性。生态存在论美学,强调生态存在与诗意栖居的结合,提出了生态绿性与审美诗性对应发展的要求,有绿化与诗化中和美生的意味;三是美生时空的不足。大众文化仅在日常生活领域,达成平面化的美生,未能在所有的生态时空,达成整生化与中和化的美生。生态存在论美学指向的美生,当是生态存在全域的绿色诗性美生,突破了时空局限,实现了美生的充分自由。再有,他那绿色诗性的生态存在,是此在、它在、已在、将在的统一,是一个整生态的美生时空。海德格尔曾以梵高的《农鞋》为例,阐释审美整生:“从鞋具磨损的内部那黑洞洞的敞口中,凝聚着劳动步履的艰辛。这硬邦邦、沉甸甸的

[1] 阿诺德·豪泽尔. 艺术社会学[M]. 上海:学林出版社,1987:211.

破旧农鞋里,聚积着那寒风陡峭中迈动在一望无际的永远单调的田垄上的步履的坚韧和滞缓。鞋皮上沾着湿润而肥沃的泥土。暮色降临,这双鞋底在田野小径上踽踽而行。在这鞋具里,回响着大地无声的召唤,显示着大地对成熟的谷物的宁静的馈赠,表征着大地在冬闲的荒芜田野里朦胧的冬冥。这器具浸透着对面包的稳靠性的无怨无艾的焦虑,以及那战胜了贫困的无言的喜悦,隐含着分娩阵痛时的哆嗦,死亡逼近时的战栗。"❶农鞋的具体之在,关联了无限之在,显示了生态与诗意的普遍联系性与整体存在性。

海德格尔提出了存在论哲学,倡导了"诗意栖居",显示了诗意生存的整体思想,有浓郁的生态整体主义意味。曾繁仁教授在此基础上,明确地提出了生态存在论美学,含有生态绿性与审美诗性统一的生态美学的本质规定性,显示了生态整体主义与诗意栖居融会的美生机理,当可形成高平台的绿色诗性的美生。

从诗学经由艺术哲学走来的美学,通过生态存在论美学这一整体主义的生态美学,生发出美生学。它凭借艺术生态化的绵长来路,在审美诗性与生态绿性的整生化方面,形成了连绵不绝的空间,与从整生论美学而出的美生学,有了匹配性,可在系统美生质的对应发展中,中和为一,使美生学的本质规定更为整一。

三、美生学的生发

美生学是生态美学的总结形态,是此前人类美学特别是生态美学的发展结晶,是人类美学特别是生态美学美生精神的集大成。如果硬要为其安置生态位的话,它初成于整生质生态美学之后,大成于天生质生态美学特别是永生质生态美学的逻辑极点,可以定其位格为生态美学的极点环节。这个极点环节是动态的,历史发展的,生态美学发展到哪一步,它都处其前端,有着极而不终的特性。

美生,是人类各个时期各种形态美学的共同目标,更是生态美学的核心本质与理想的本质。人类美学越发展,特别是生态美学越发展,美生性愈发凸显与提升。至整生论美学,形成了美生场的元范畴,形成了美生文明圈自然化运转的向性,美生学也就呼之欲出了。美生学以整生论美学的逻辑极点为逻辑起点,展开了自然美生圈的历史与逻辑规程,呈现了生生不息的格局,生发了生态美学"苟日新,日日新,又日新"的美生理论境界。

(一)美生文化圈的自然化旋升

在《整生论美学》一书中,我说过:共生论美学走进审美文化,走向审美文明,形成了审美整生性,生发了整生论美学。整生论美学形成后,与之同生共运的生态

❶ 孙周兴.海德格尔选集[M].上海:上海三联书店,1996:254.

审美文化圈,在双向对生旋进中,走向了审美整生化,也就相应地实现了美生化运行。

在生态审美文化圈中,整生论美学处在环形结构的上端,生发系统美生的总力;其左端是环境美学、大地艺术、园林、景观生态学,它们形成了世界美生的合力;其右端是新实践美学、生命美学、审美人类学、艺术人类学,它们生发了人类美生的合力,其下端是大众文化,产生人类与世界对应美生的张力。生态审美文化圈,以上端为运进的起点和旋回点,形成双向超循环的美生化运动。久而久之,生态审美文化圈也就自然而然地成了美生文化圈了。

美生文化圈双向旋升的运转,形成了阶段性与极点性统一的目标。第一个阶段是绿态美生的目标,第二个阶段是绿态与诗态耦合美生的目标,第三个阶段是自然美生的目标。美生文化圈就是这样一个目标接一个目标地持续旋进,以期抵达自然美生的极点性目标。

正是在趋向自然美生的极点性目标的过程中,美生学在其中潜生暗长了。美生文化圈的自然化旋升,构成了美生学的活态生境;不断趋向自然美生的整生论美学,成了美生学的母体。

生态美学形成的历史较短,它生发的历史阶段,虽然可以粗略地划分出来,但一时不会出现后者取代前者的情形。相当长的一段时间内,会存在生态美学的各种形态相生共长的格局。这种“多代同堂”的情形,特别利于美生学的生长。这是因为天生论美学为它提供了发展的方向,永生论美学给了它不老的青春,共生论美学与整生论美学为它提供了成长的养分和永寿的基因。任何阶段的美生学,都是总结升华性的生态美学,都是生态美学动态的极点环节。

(二)美生学四大子学科的自然化生发

从时空局限的艺术美生,到时空自由的生态美生,车尔尼雪夫斯基的生活美学是一个中介。经由这一中介,艺术哲学走向探求人类美生与世界美生的各种学科,既凝聚了美生学的内涵,又形成了美生学的基本外延。探求人类美生的学科,我们称之为美生人类学,探求世界美生的学科,我们称之为景观生态学。美生人类学,是人类学、生态学、生命美学、审美人类学的融合,成为探求人类美生化存在与发展的科学。景观生态学,是地理学、生态学、环境美学、自然美学、大地艺术、园林等众多学科的结合,成为探索世界美生化存在与发展的科学。

这两门学科是在美学的大分化与大综合的统一中生发的,伴随着艺术生态化和审美生态化的运动,艺术与审美走向生活与生态的方方面面,在大交叉中实现了大分化。在这种大分化中,美学力图与一切学科结合,力求向生态的一切领域渗透,以拓展美学的生态足迹,以扩大美学的地盘,以丰富美学的内涵,以展开美生的要素与时空。伴随着生态审美化和生态艺术化的运动,走向大分化的美学,走向了大综合。经由这种综合,在生态审美化与艺术审美化中形成的各种审美生态,走向了绿色诗化,各种艺态、真态、善态、益态、宜态的美生,走向了绿化与诗化统一的美生,这就使美生人类学和景观生态学,形成了完备的高级的美生本质规定性,成为美生学的基本子学科。

生态批评学和生态美育学,是在文学批评学与美育学的生态化中形成的,可以归入美学的大分化与大综合的范畴,只不过生态向性更明确更具体罢了。生态批评学和生态美育学,属于生态美学的范围,是生态美学的子学科。随着生态美学本质规定性的美生化发展,这两门学科也逐渐生发了美生的最高宗旨与终极目标。生态批评学是研究文学与自然关系的科学。它起初的宗旨,是从文学的角度,探寻生态环境恶化的文化机理,倡导生态恢复的文学担当。继而生发既绿且美的生态文学理想,也就必然形成人类与自然协同美生的价值取向,提升了生态批评的价值目的。生态美育学承接与发展了美育学的功能,形成了提升人类生态审美趣味与生态审美能力的本质规定性。它通过艺术美育的专门化、学科化、生存化展开,即培育了人类的绿色诗性的美生,也培育了世界的绿色艺术化美生,更培育了绿色诗化的美生场,从而成为美生学生发的深刻机理。

从学科发展规律的角度看,客体美学与主体美学的中和化,形成整体美学;整体美学的生态化,形成了生态美学;生态美学的整生化,发展出整生论美学;整生论美学的美生化,结晶与升华出了美生学。整生论美学的主干子学科:美生人类学、景观生态学、生态批评学、生态美育学的美生化,既具体地全面协同地推进了整生论美学向美生学的转换,又同步地转换为美生学的四大子学科。这四大子学科进入美生学的框架后,分别承担起不同的美生职责,共同地发挥了推进美生圈自然化运升的系统功能。美生人类学与景观生态学,在各自发展和相互促进人类与世界的美生时,对应地协同地发展了自然美生圈,形成了美生学的逻辑构架。生态批评学在行使规约生态复绿与复美的职能后,导引与调控人与世界耦合地走向规律化与目的化美生,导引与调控自然美生圈自由自觉地本然超然地运进。生态美育学在完成培养生态审美者、生态艺术家、生态批评家、生态美学家的初步职责后,还承担起培育人类美生、世界美生、自然美生圈基本条件与发展机制的重任。围绕着自然美生圈,美生人类学与景观生态学主要承担起自组织自生发的功能,生态批评学主要承担起自控制自调节的功能,生态美育学主要承担起自培育自促进的功能。

生态美学问世的时间不长,但也可以划分出三个时期。在整体美学的生态化中,形成的共生论美学,是生态美学起点不凡的阶段;在共生论美学的整生化中,形成的整生论美学,是生态美学的升级阶段;在整生论美学的美生化中,形成的美生学，是生态美学的旋进阶段。也就是说，生态美学发展到美生学的阶段，实现了与一切美学的同一。旋进的极点与转型的起点是同一的，从美生学的天生化中，从自然美生圈的宇宙化旋进中，将形成生态美学的第四个时期：天生论美学。天生论美学是宇宙美生学，是人类超越地球美生的质域和宇宙生命共成的超大系统美生圈，所形成的生态美学。这说明：美生学的出现与发展，是美学生态的必然，更是生态美学逐级生发的必然。

（三）美生学的逻辑构架

美生学是探求美生圈自然化生发的科学。人类审美生态与世界审美生态的耦合生发，形成自然美生圈，实现自然美生圈与世界生态圈的同一，推进自然美生圈的超循环生发，以形成美生学的逻辑构架。

美生学出自整生论美学，以整生论美学或曰整生质生态美学逻辑运动的极点为起点。整生论美学的逻辑构架由元范畴美生场框定，由美生文明圈的自然化运转展开，趋向自然美生的逻辑极点。美生学承接了整生论美学的顶端成果，以自然美生圈为元范畴，在元范畴分形与聚形的超循环运动，以及从自发到自觉的超循环运动中，显现逻辑节点，生成逻辑结构。

美生学的理论形态，首起是前言：生态美学内涵发展的四个时期，即共生论美学、整生论美学、天生论美学、美生学时期。主体由三个部分组成。第一部分是美生学的生成。在审美生态观的视域中，人类美学向美生学生发，实现生态美学的高端形态与当下美学（一般美学与分支美学）的趋向形态同一，分成审美生态观、美学生态、美生圈的自然化三章。第二部分为自然美生圈由自发到自觉的超循环生发，由宇宙美生、人类的自然化审美仿生、人类的自然化美生、天人自然美生等章构成。第三部分是美生学与子学科对生，形成本质规定性的超循环生发。含美生人类与景观生态的对生、生态批评与生态美育的对生、美生学与子学科双向对生旋进等章。最后是结语：人类与地外智慧物种的美生学——天生论美学和永生论美学生发的美生学。

美生学形成后，在多重系统结构中发展。美生文化的环长，构成了美生学的生境圈；表征生态美学发展阶段的多种生态美学形态，在“多代同堂”中，构成了美生学的谱系圈。美生学与四大子学科的圈进旋升，形成了自身的生命圈。正是有了这么多活态的圈构，美生学才会生生不息。

四、美生学的特性

在与美学特别是生态美学的联系中，美生学形成了美生的根本特性。与众不同的是，美生学的特性是与整体和他者的同一中生发的，主要不是一种差异性的显示。

(1)美生是人类美学衍生的通质通性。

美生,是一切美学的共同宗旨,共同目标。人类历史上出现过的美学,均有着美生的共同性、共通性和共趋性。

美生,有如基因植入人类初始美学的深处,成为美学历时态发展的普遍规定性。

(2)美生是生态美学与生命美学共生的高质高性。

(3)美生是生态美学与一般美学同生的整质整性。

天地有灵犀，自然可美生

——读袁鼎生教授《整生论美学》

龚丽娟

先生的书，向来是引领我们从渺茫现实徐徐攀升至思想高处的阶梯，一级一级，有序旋升。一脚踏上去，总能见到意料之外的理论风景，深邃宽广，徐徐生动。书里是那样一个一个生生灵动的世界，充满无尽的哲思，弥漫着超然的想象，深沉缤纷，却又出奇地井然。一则体现出作者思维触角的深远与绵长，二则体现了其理论体系的系统与完满。

2013 年 12 月，商务印书馆出版了先生的新著《整生论美学》。在这本书里，我们可以清晰地感受到，人类最细微的思想悸动与精神之风，如何穿越覆盖辽阔大地与苍茫天宇，人类与世界在整生范式的规约下，如何走向自然美生的理想生存之境。诗人们只管深情咏歌自然宇宙的神奇瑰丽，逻辑学家、哲学家、科学家却要探索其中的无尽奥秘与规律。自然有大美，天地有灵犀，宇宙有深邃的法则，《整生论美学》向我们展示的美生世界，最大限度地体现了人的独特属性，却又最大限度地超越了人的物种局限，走向大自然美生的超然之境。

一、生态视域之下理论与方法的前瞻探索

自然科学致力于论证自然与宇宙是什么的问题，其研究目的多侧重于科学化的定律实验与确证。生态美学作为当下生态文明形态之下最重要的人文学科之一，对自然、社会、生态系统的构成及运行规律的哲学化研究与预测性探索，潜含着想象性与前瞻性等学科规定性。先生在其生态美学研究的数年间，学术目光高蹈，有着本源性的生态视域与理论基元，其审美生态观是生态美学研究最基本的方法论。十多年前，《审美生态学》问世，所秉持的正是其后来生态美学系统理论的基始性审美生态观，而彼时国内的生态美学、生态文艺学、生态哲学等生态人文学科研究，主要集中在自然生态及人与自然关系的层面，偏于应用研究形态，及对研究

对象的主体性认知与对策性探索。显然,对解决当下日益突出的自然、社会及人的生态问题的急切与焦虑,局限了学者们对生态美学真正内涵、本质与规律的把握。

黑格尔认为:“自为存在包含着理想性的范畴。”❶对于这样的由整生范式生发出来、进而走向美生的生态系统,我们时刻身处其中,受其规约、引领于无形。在此层面上,先生的理论,既是一种隐藏于客观物象之下的真理、规律的明示,亦是一种内在于世界运行模式与人类生存轨迹之中的理想图式的呈现。对已被人类发现、总结、认识并掌握的基本原理,属于存在与概念统一的认知与实践范畴,对隐态的、倾向于终极规律、真理与理想的探究与揭示,却是需要对实在性的理论超越与本质透视。

我们在《整生论美学》中可以感受到,这种理想性的理论指向与现实目标,处处渗透,无所不在。从地球到天宇,恢宏扩大,浩渺深邃,如同约翰·施特劳斯《蓝色多瑙河》里奇幻的色彩与旋律,从个体的审美人生到人类的整体美生,细致微妙,充满人类生命特有的诗一般的意境与韵律。绿色是生命的底色,深绿色是人与世界艺术化的审美色调,而蓝色,契合的是人类目光投向自身世界之外的天宇的颜色,深邃宁静。人类从蓝色而浩渺的宇宙、世界、星球走来,一边回首,一边前望。而不断走向未来世界的人类,终究需要将目光投向越来越遥远的时空。作者的整生论美学,或曰美生学,正是这样一种在有限之物真理性的探索中,将目光投向无限之领域,并且洞察其中玄机的典范。在自然美生的基础上,他又提出了终极形态的天生论美学,是一切美的质、量在审美时空的高度合目的、合规律的存在。正因如此,在先生充满前瞻思辨的书里,我们总是能感受到来自遥远时空的奇妙召唤。

二、哲学范式之下理论与方法的系统旋升

致力于建构一个学科完备的理论与方法体系,相信是大多数真正学者的终极学术目标。《整生论美学》这部力作,向我们展示了一个在审美生态观、整生论基础上不断旋升发展的生态美学理论与方法系统。在整生范式规约下,人与世界由非生物生命到生物生命,再到智能生命的美生行进路径,以及在美生文明圈中相互作用、整生发展出的悦生氛围圈、美活生态圈、美生活动圈。美生是整生范式发展的高级形态,是“生命的生态性与审美性的耦合性生成、生存与生长,是一种全程全域地绿态显美、生美、审美、造美的生命与生态。”❷

自然、社会与世界,在其逻辑与历史进程中,实现了整生与美生的耦合共进发

---

❶ 黑格尔. 小逻辑[M]. 王义国,译. 北京:光明日报出版社,2009:216.

❷ 袁鼎生. 整生论美学[M]. 北京:商务印书馆,2013:60.

展,并且经由生态性与艺术性高度统合的美生活动,即在传统审美活动基础上超循环旋升的绿色阅读、生态批评、美生研究、生态写作诸环节,美生文明圈因此而得以超循环发展,“形成了审美本体的生长运动,审美价值的增值运动,审美目的的实现活动”[1],最后使美生场朝着自然美生乃至天生美生的生态审美理想迈进。无疑,在整生范式、美生理想、超循环生态方法的共同作用下,美生场既是生态审美场的高端发展形态,又是更高形态天生审美场生发的逻辑起点,恰显示出生态美学发展为生态文明时代基础美学——整生论美学的学科延展性。同时,作者的生态美学理论与方法体系在元学科、逻辑、历史、比较、应用五维统合的研究机制中,以其高度哲学化的思辨思维,不但厘清了生态美学学科的旋升路径,更是实现了自己生态美学理论与方法的系统旋升,在《整生论美学》中具体表现在以下几点:

(1)世界整生规律的深层渗透。整体论美学的生态化,发展出生态美学,生态美学的整生化,发展出美生学。整生论美学,实际上就是生态美学的整生化发展形态,其核心元范畴为美生场。英国科学思想家霍金将“场”界定为:“某种充满空间和时间的东西,与它相反的是在一个时刻只在一点存在的粒子。”[2]在这个层面上,科学赋予了“场”多维性、包容性、无限性等特定属性。而在美生场这个从属于天态美生文明圈的基元性范畴,其生发同样经历了以万生一、以一生万、万万一生、一一旋升的生态过程,遵循着系统整生的规律。整生渗透在一切的生态系统内部,是美生的机制与前提,“世界整生是非线性发展的,既是美生的背景,也是美生的前程,成为美生的根由与目的。”[3]在此基础上,作者提出美的本质即整生。美生与整生互为目的,整生的美生化整生是条件与基础,美生也为实现整生化美生提供理论支撑。

(2)超循环美生路径的显态实践。袁先生在其生态美学研究中,尤其注重理论与方法的同一性,终生发出融整生范式、超循环范型、生态中和机制的网络生态辩证法。作为网络生态辩证法外化范型的超循环,使生态方法论被内化的路径更为具象与明晰,使得超循环整生不仅成为生态系统的运行法则与基本生态机制,还是规约生态美学学科本身的发展模式,也成为美生理想得以实现的具体实践方法。

在宏阔的审美生态观方法指导下,美生的路径是包含传统范式又超越了传统范式。绿色阅读形成了整生世界与美生世界,生态批评发展了的整生世界与美生世界,美生研究明确了需要研究的整生世界与美生世界,生态写作创造完善了整生世界与美生世界,四者环环相扣,超循环发展,每一轮上升都是朝着自然美生的境

---

[1] 袁鼎生. 整生论美学[M]. 北京:商务印书馆,2013:367.
[2] 史蒂芬·霍金. 时间简史[M]. 徐明贤,吴忠超,译. 长沙:湖南科学技术出版社,1988:241.
[3] 袁鼎生. 整生论美学[M]. 北京:商务印书馆,2013:107.

界提升,美生世界每一节点都对应着整生世界。这一结构区别并超越了艾布拉姆斯的由世界、作家、作品、读者所构成的平面螺旋的文艺结构。世界既是起点,也是回归的终点,但是揭示出了超循环的应有效应,即在阶段性目标之后,不断朝着美生文明圈的整体目标迈进。美生文明圈活动的每个环节都对应整生世界、美生世界,由天态美生文明圈所孕生,遵循世界整生的范式,突破超越了传统意义上的审美活动运行模式。整生化的路径,使美生的理想旨归,在诸位推进、回环更替的美生环节的运行中,整体地呈现出向自然美生上升的趋势。

(3)大自然美生理想的多样呈现:世界由混沌深渊、宇宙参赞化育而来,经由无序到有序,潜含着整生规律与美生理想。整生是一种范式、机制、规律、方法,渗透进生态系统的所有构成部分与侧面。世界由各个部分的整生发展为世界整体生态系统的整生,整生的世界才有可能朝着美生的潜在图式与既定目标迈进。美生,是"审美的本体、意义、作用、价值、目的"[1],是涵盖当下与未来的一种审美理想。自然美生,"是自然化的审美生发"[2],质度最高,量域最广。在超循环整生的机制与方法作用下,世界整生旋升至理想性的自然美生之境,其对象从人的审美活动、实践活动、整体生命活动,拓展至地球生态系统、宇宙生态系统。美生文明圈、世界美生圈、世界整生圈,三圈同运,形成了生命结构的双螺旋,世界整生圈与美生文明圈。世界整生范畴上世界美生的活态运行,超循环、多旋、活态发展的理论体系。超循环的理论目标与终极目标,皆为自然美生。自然美生实现的路径,首先为恢复世界整生,以形成世界美生,然后进一步推进世界绿色整生,发展世界绿色美生,再而发展世界绿色诗态整生,推进世界绿色诗态美生,最终达到自然美生的整生目标与美生目标合一的最佳状态。

(4)活态生态美学理论话语体系的构建。在作者此前已成系统的生态美学理论研究中,以生态审美场为核心范畴,已经创生了一批在学界产生一定影响的学科范畴,比如依生、竞生、整生、美生等,发展了传统的学科范畴超循环等[3],并且逐渐成为目前学界生态美学研究的关键词。在《整生论美学》一书中,作者依然对创生发展学科具有创新的学科范畴抱有极大的热情与责任感,一方面发展自身的生态美学理论,注重理论的本土建构与原创性,将生态美学的理论路径与目标,由世界整生提升至世界美生;另一方面,有效吸纳、借鉴西方生态批评、环境美学、生态美学等学科话语与范畴,如诗意栖居、绿色阅读等,并对其改造、丰富、升华,使之融合

---

[1] 袁鼎生.整生论美学[M].北京:商务印书馆,2013:367.

[2] 袁鼎生.整生论美学[M].北京:商务印书馆,2013:367.

[3] 袁鼎生《生态视域中的比较美学》《生态艺术哲学》《超循环:生态方法论》等著作创生了依生、竞生、整生。

发展，赋予其整生、美生意义，使其极富概括性与独创性的内涵得到更进一步的提炼与升华。“一叶知秋，一个美学概念的变化，一种审美身份的转换，一种审美方式的转变，一种美生文明样式的形成，可以见出主体美学向生态美学的转型，进而向整生论美学的发展。”[1]足见出作者对范畴与理论与时俱进的学术创生的高度自觉，这无疑会拓展这些概念范畴的学科内涵、意义与价值，进而形成具有广泛吸纳性与系统创新性的理论体系。作者由世界整生等基点性范畴，生发出绿色阅读、世界美生等活态运动的生态美学话语范畴，进而生发出活态旋升的理论结构。

综上可见，在整生论美学的理论生发过程中，作者进一步强化了生态美学理论与方法的同一性，使整生方法的内化至理论体系的每一部分。

三、人文情怀之下理论与方法的自由普适

在有限的范围内实现理论的自洽完满是学术研究的初级阶段，使其普适性的价值逐渐显现与确证，才是学术研究的终极目的。人文学科对世界规律的探索，虽无技术层面的直接参与实践，然却触及事物的本质规律，乃至哲学的根本理式，因此，也就具备有了总结、创生、把握世界普适性规律与方法的学科向性。而人生热切深情向往的美生理想，是我们每个人醒着去追寻的梦。在先生此前的系列著作里，以审美生态观为基础，有着不断旋升的理论创新与方法提升。《审美生态学》对审美逻辑结构的生态探索，《生态视域中的比较美学》对人类美学发展范式的历史生态梳理，《生态艺术哲学》对生态审美场生发路径的生态逻辑展开，《超循环：生态方法论》对网络生态辩证法的多维揭示，使我们从多个维度与侧面探知到生态美学所包含的普适规律与价值。

及至《整生论美学》，在以整生范式为根本法则的生态审美场的高端发展形态——美生场的逻辑运动之中，整生论美学生发为生态美学范畴、话语、理论与方法旋进的高级阶段。美生场是对世界生态审美存在与人类生态审美活动的集中显现，其内在的逻辑生发与历史规程更为复杂深刻。整生范式内化为生态审美场运行发展的基本法则与深层规律，生态审美场在整生机制作用下超循环旋升至美生场。至此，整生范式与超循环生态辩证法达成了逻辑横面与历史纵面的双重统合，超越了此前其生态美学理论探索与方法研究的单向度同一。无论是世界整生的规律图式呈现，还是美生场中诸美生环节的环进与圈升，还是自然美生理想在整生范式的规约下的多样化实现，都是人类自由心性的审美化表达，也是世界整生律与美生律的自由普适价值的外化形态。

---

[1] 袁鼎生. 整生论美学[M]. 北京：商务印书馆，2013：181.

袁先生所做的研究，始终保持着一份高度的人文情怀，以哲学之思、自然之心、生态之眼、科学之态度，观照由审美世界延伸出去的一切客观存在、无限时空。他在系统生发的生态美学著作中，将潜含于其中的生态审美本质、规律、价值与目的，审美生态本质、规律、价值与目的，以高度艺术化、理性化与哲化的理论与方法表达方式，使其内在的普适性价值自由显现，并得以有效实践与确证。而这种理论与方法的普适价值与自由实现，在《整生论美学》一书中，达到了一个高峰，实现了多维关系的辩证统一，即审美与生态的统一，对象世界与人的生态性与审美性的统一，生态美学学科理论发展与应用实践的统一，从而使其生态美学理论提下在学科发展的大环境中，凸显其包容性内涵与普适性价值。

四、结语

人类对已然世界与未知世界的探索与渴望，既潜含着世界或隐态或显在的无限性与可能性的客观存在规律，也是人类自身思想发展趋向与求知特性的直接表现。现实世界里生之灵动的气息，足以唤起我们对生之不息，生之虔诚，生之美丽的无限敬意与惊喜。老子曰：为学日进，为道日损。先生数十年潜心于生态美学的研究之中，是对自我研究的日进一日的承继与超越。而世界宇宙之道，在日损日新的减熵行进中，以超循环整生之路，朝着更高形态天态美生场的环进与圈升，其规律、范型、路径，都灼然呈现在先生的书里。《整生论美学》，作者以前瞻性的学术眼光、超然的哲学思维、深情的人文关怀，将自我生命上升至宇宙生命，然后以此种宇宙生命理解、融入、分享宇宙生命，实现人与自然、世界乃至宇宙的一致、契合、耦合与超循环整生。人类与自然、世界、宇宙的交流、沟通，犹如灵犀之在心物两端，一头牵着天地、世界、宇宙的卓然真理，一头牵着人类深深契合于自然的美生理想，神与物游，思与境偕。此种默契，必将引领我们，迈进充满生之秩序、生之意趣、生之灵韵、生之无限的大自然美生的至高之境。

《整生论美学》范畴体系建构的审美经验现象学探析

翟鹏玉

《整生论美学后记》指出："这本整生论美学，以审美生态观的当下形态——审美学术观——为指导，研究美生场的生成与运动，探求美生文明的自然化进程，促进生态美学的升级。"[1]

并且，袁鼎生先生在这部书里要解决三个有关"美和生态美"的相关性问题：一是如何在承接中超越以往自身的观点。二是如何统合美和生态美的本质规定性。因为我有一个追求，使这本书既可归入生态美学，又可视为基础美学。三是如何使这种规定性走向简洁与明确，在理论具体中生发普适性和通约性。[2]

针对这样的学术理想，袁鼎生先生在《整生论美学》生态美学的建构历程中，首先着眼于历史发展的意蕴，并以此为出发点，总结出不同社会形态的对应性范畴——依生、竞生、共生、整生，依生对应于原始社会，竞生对应于封建社会与资本主义社会，共生与整生对应于当今的生态社会。

在这种审美史性的对应境域之中，各种范畴耦合共生生成了生态中和。这是生态美学的逻辑出发点与归宿。而生态中和是历史与逻辑耦合并进的审美形态与境界——生态中和有自己的递进性生发规律。它由衡生性中和，经由对生性中和、并生性中和，走向整生性中和，形成序态提升，达成了历史与逻辑的耦合并进。[3]

这在相当程度上继承了周来祥先生的美的三大历史形态——古典和谐、近代崇高、现代辩证和谐——理论，并熔铸了黄海澄先生的三论美学观，用具有创造性的思维耦合场论、超循环理论，形成了极具自己心得而符合历史经验的个性化的理论表述。

这种对哲学范畴的历史性意韵的抽绎，通过袁鼎生先生将这些范畴置入循环

---

[1] 袁鼎生. 整生论美学[M]. 北京：商务印书馆，2013：419.
[2] 袁鼎生. 整生论美学[M]. 北京：商务印书馆，2013：419.
[3] 袁鼎生. 袁鼎生集[M]. 北京：线装书局，2013：217－218.

的共生态的努力，将美学的建构涵容为审美范式建构、美的鉴赏形态和美的创造神思呈现等诸多领域，这种立体化的生态思维，使得人类学美学成为其美学理论的制高点，容括并超越了比较美学的平行研究与影响研究，超越了审美范畴时间性的线性关系，把生态美学的范畴安置在非线性的时间整一化境域之中；进而，审美理论的逻辑观照上升到了元理论的形成之中，即通过对存在本真的发现、觉悟与澄明，最终将时间之流安放进存在的本真境域，提出了以“超循环”的生态方法论所建构的“美生场”这一元范畴，从而形成了逻辑、历史与元理论的三位一体化，展现出美学领域的新拓展——美生是真善美益宜的超循环呈现与场态综合，达成了生态美学的历史建构。

不仅如此，《整生论美学》在生态美学的自身完备之中，袁鼎生先生没有停留于单一的、现实化的前沿理论建构，而是提出了普通美学的高原共生生态，将生态美学安置进普通美学的建设之流，在吸取与贡献的互动对生领域中来观照与建设生态美学，从而在推动中国的生态美学建设与世界性的美学的发展方面，成绩令人瞩目。

一、生态美学范畴体系：生态的历史化递进观及其意义超越

依照袁鼎生先生对生态美学多年的探索，审美范式系统的规定性，不仅仅是美的存在形态，还包括美的欣赏形态和创造形态。这种审美范式系统的建构思路，基于不同的审美内涵，对应于不同历史时期与社会形态，从而在历史美韵的张扬之中建构起了一种一生万有的审美理想。

依生之美对应于奴隶社会和封建社会，具体表现在西方的人依生于神、中国的道生万物与万物对道的回归形态之中。在此境域中，主体依据柏拉图式的对理式世界的模仿与占有，主体通过逐级审美、灵感、回忆以及建立理想国等机制，趋于、合于、同于彼岸世界的理式世界，划了一个衍生、回生、同生的宇宙大圆圈，完备地展示了依生之美的逻辑与历史统一的活态结构。

依生之美的审美质对应于原始崇高，表现为人与自然对立态中人通过异己的力量，消除对立，实现统一。而这种主客体潜能的对应性实现乃是一种非平衡自由性。于是，在这种具有矛盾结构、组织方式所展现的生态过程之中，客体占据着本体、本源、主导的地位，主客体潜能的对应性自由实现，就抽绎出了客体之美或客体化之美的方式或途径。

竞生范式的逻辑与历史演进的历程，又包括三个阶段：近代崇高、以丑为主格调的悲剧，以及以荒诞为主格调的喜剧。竞生范式仍然依循着主客体的矛盾对立，审美范式范导出了悲剧、喜剧中的以主体为主体、主导的审美结构，并在此悖论结

构中经由震荡、扭曲、解体,超越了主体潜能是客体潜能实现的表征、确证与增值的阈限,使客体成为自我的对象化,成为自身的一部分,于是,在近代社会中,竞生确证了美的本质、本源,人为审美主体。

依据袁鼎生先生的理解,竞生之美在西方最终表现为对主体化结构的实际解构,留下断裂后的碎片,中国则走向对主体化结构的超越,把无序的结构弃置凡尘,预示着对人类无限度地高扬主体性的反讽,从而在合目的性的追求中走向了与和规律性的背离。尽管竞生之美通过美的矛盾结构与组织方式,推动了美的生成、创造的根本性革命,但主客体潜能实现的规定性,始终是整体性的,是主客体双方耦合共生形成的新质。

竞生范式的导出,在审美欣赏领域完成了审美主体对自身对象化世界的自我体验,而美的欣赏与创造就使得属人本体与本源得到了更为全面的揭示。而竞生范式作为主体化的自由理想,即主体本质力量的对象化,在崇高阶段得到了直接的实现,在悲剧的丑、喜剧的荒诞中也显示了主体精神实现的整一性,从而规范了审美理想的整一性。

偏至的审美范式,始终不能完整地展现审美理想。人与自然的本质与潜能整生化地实现,是审美理想的极致。在袁鼎生先生的视野里,整生是达成对片面性潜能实现的超越,正是自由的意义所在。

而整生的基础是共生。

共生是生态和谐的形态与境界,也是生态中和的基础与机制,还是生态中和的初级阶段。生态批评应阐述与阐释共生的生态审美文化,揭示其走向生态中和的趋势与途径,以升华生态文学本体批评的核心价值,以便在现实时空中,合规律合目的地恢复和发展生态中和。[1]

所以,存在意义上的共生,是个体与群体相生相克的衡生与协生,美由主客体潜能所共生。当代的美形成了主客体潜能协生、衡生最终共生新质的矛盾运动与动态组织形式。

这种生态运动具有历史生成品格。它是历史生成和历史生长的,在不同的历史阶段,表现出不同发展位格的审美形态。……这就要求,对生态和谐的研究,要有历史生态性,要体现出审美历史的整生性。

在共生的基础上,整生完成了系统生成、系统生存与系统生长,在整体周流、立体推进的网络化的生态规律与生态美学方法论境域中,生态美学形成了诸种整生图式的统合,全面地反映了生态美学整体发生的逻辑,确立了生态美学的建构途

[1] 袁鼎生. 袁鼎生集[M]. 北京:线装书局,2013:213.

径:系统超循环形成后,其逻辑运动,有聚形、分形、整形、长形四个阶段,形成了以万生一、以一生万、万万一生、一一旋生的环环一化质程,耦合了多维整生性,提升了网络中和性,拓展了大时空旋生性,显示出经纬宇宙和框架天人的聚力与张力,以及生生不息绵绵不绝的盎然活气与沛然活性,增长了网络整生的本质与功能。❶

并且,袁鼎生先生探索了由共生到整生的各种形态:整生图式,主要是就发生学的角度而言的,讲的是整生的位格性构成与环节性生发的全程态图景,探求的是最高规律的形成与形成态势。它对各种生态形式、生态过程、生态路线作结构性组合与发展性定位,形成依次走向整体生发的图式。它是稳定的序列化的生态联系的显示,是深刻而系统的生态规律的凝聚。整生的图式可以概括为:依生—竞生—整生,共生—衡生—整生,共生—范生—整生,共生—环生—整生,对生—环生—整生,对生—网生—整生。条条大路通罗马,种种生态形式通整生。诸种整生图式的统合,全面地反映了生态美学整体生发的逻辑。❷

整生场的整生,其学术理想是要达成整生性中和。整生性中和,是非线性的复杂的生态中和。它把依生、竞生、共生、对生、共生等生态关系,有机地纳入生态结构的关系网中,成为整生关系的组成部分,成为网状生态结构的张力和聚力实现动态平衡和非线性有序的要素。可以说,整生性中和,是对各种生态关系和生态格局实施辩证性中和的结果。它显示了生态系统的整生规律,成了生态批评高位标准的最高层面:生态大和,或曰太和。❸

这种努力,上升到学术范式与方法论意义即为:人类古代客体美学的学术范式,规定美学的内容本于、根于、源于客体,客体向主体生成,形成客体化的整体审美结构。人类近代,形成了主体美学的学术范式。它规定美的本体、本原与内容都是主体,美是人的本质力量的对象化,形成主体化的整体审美结构。当下,生态美学形成了整体本体的学术范式,认为美的本体、本原与内容既不是纯主体,也不是纯客体,而是主客体潜能对应性自由实现,是主客体共生的整体;主客体整生成为整体的审美结构。显然,生态美学代表了新时代的学术范式。它是古代的客体美学范式与近代的主体美学的范式所共生的整体美学的学术范式。❶

这种整体美学范式,目的就是要通过形式美呈现为整生态的复杂性中和,以将时间之流安放入存在的本真之中。整生态的非线性中和的形式美,是对立体环进的生态格局及其所含生态规律、生态目的和相应的形式美多位一体的标举,具备共

---

❶ 袁鼎生.整生论美学[M].北京:商务印书馆,2013:23.
❷ 袁鼎生.袁鼎生集[M].北京:线装书局,2013,41.
❸ 袁鼎生.袁鼎生集[M].北京:线装书局,2013,218.
❶ 袁鼎生.袁鼎生集[M].北京:线装书局,2013:24-25.

时与历时统一的特性，有着四维时空圈行的表征，动感与活性很强。一般形式美，主要是对共时的生态结构的抽象，是对动态结构的静态凝聚与瞬间照取，其时空运动性也就等而下之了。非线性中和的生态形式美，基于结构张力与结构聚力的耦合对生，达到了内外结构以及整体结构鲜明突出的动态中和性，构成了多种要素的共和态、共生态特别是整生态的复杂性中和。❶

这种起步于线性化而完成于非线性化的范畴集群的提炼，是通过对知性的分析而达成的对统觉得先验的统一，并通过对象化而使认识领域获得了客观依据，最终在实践理性境域内实现了对自然的立法。

尤为重要的是，袁鼎生先生依据时间的历史递进，展现出从线性化的时间范畴提升到非线性化的时间范畴，就从审美生态的历史领域：时间的线性化抽绎——依生、竞生、共生、对生、整生，统合入美生，从而进入到了逻辑的系统生成、展开，就达成了元生态美学的理论的建构。

二、审美阈值的拓展与升华

审美理想与新时代美学学科的建构，不能仅仅停留在相对外在的格式塔建构。美学本身的内在价值追求，始终是美学的灵魂所在。而对美的价值体系的揭示，将传统审美阈值进行拓展，始终是袁鼎生先生美学建构的一个重要的思维路径。

传统的美学将美学价值设定为真善美，而袁鼎生认为，生态美学——当代美学的价值体系是五维的：真善美益宜，均是价值，均是构成价值系统的基本要素。❷

生态美则是真善美益宜多位一体、显态统一的。科学求真、文化求善、艺术求美、实践求益、生存求宜的统一，构成了生态价值的整体。在生态价值系统中，还包含着一个生态审美价值体系的内核，即由真状、善状、益状、宜状、艺状生态美形成的整体生态美结构。这一生态美结构良性环行文化的善状生态美、艺术的纯状生态美、实践的益状生态美、生存的宜状生态美，形成整合的生态美价值系统。依此类推，文化的善状生态美、艺术的纯状生态美、实践的益状生态美、生存的宜状生态美，也都在自身的显态生态审美质里，潜含着其他形态的生态审美质，形成了生态审美质的整生。上述五种整生的生态审美质在生态审美系统中有机整合，形成比例适度、整体协同的中和生态美。这一中和状构成的生态美价值系统，既是生态价值系统的内核圈，又是这一价值系统的一个生态位。也就是说，生态美和生态真、生态善、生态益、生态宜一起，构成了良性环行的生态价值圈。生态价值圈的良性

❶ 袁鼎生.袁鼎生集[M].北京：线装书局，2013：117.
❷ 袁鼎生.袁鼎生集[M].北京：线装书局，2013：144.

环生,构成了生态价值结构的动态衡生。正是生态美结构的中和化和生态价值结构的动态衡生,形成了内在的生态中和及其内部机制。❶

而在最新的生态批评领域,真善美益宜的统合,将成为更为完整的共生批评的质构——

生态益和生态宜,也当和生态真、生态善、生态美一起,构成更完整的共生批评的质构。❷

而上述五种价值共同趋向生态和谐,才能完整地形成生态美学的价值体系:

真善美益宜聚焦生态和谐,生成多位一体的价值物,形成生态审美价值系统。❸

而五维价值体系所建构的生态和谐,就成为中和之美的最高范式——

中和之美,是真善美益宜的统一,是真善美益宜诸价值因素的最佳匹配,是系统地具备生态审美特质的形式。❶

袁鼎生先生所关注五维化的生态和谐,目的就是要展现其生态美学理论的统观整生方法论。他认为:诸多整观比较整合后,形成立体网络旋进的逻辑结构或历史结构,自然地发生了统观比较。统观比较构成了网络研究,发生了整生范式,形成了诸如以万生一、以一生万的研究路线。

统观比较是所有形态的比较研究逐次承托与系统生发的,是以往的比较研究平台一层一层支撑起来、拓展开来最宽、最大、最高的平台。它可以容纳得下人类文学由于美学的全景发展与纵横比较。在统观比较中,可以找到已经正式化了的此前所有比较研究的生态范式与模式,整生范式是以往生态范式的结晶。❺

承前所述,整生性和谐是一种形态生成、生存、生长的和谐,是一种呈四维时空展开的生态和谐。❻

这种努力,是在于建构一种自洽的生态美学理论;二是要推动学术本身的前进。美学的统观范畴,是人类美学最高、最大、最全的范畴,人类全部的审美事实提供了这一范畴产生的基础。也就是说,这一范畴必须能够容纳人类美学的所有现象,所有形态,所有活动,所有关系,所有价值,所有规律,必须是人类美学理论总纲的标举和整体理论形态的表征,必须是人类美学同构、同质、同量、同值的反映。如果找不到或者只是不出这种结晶与标识人类美学全部成果的统观范畴,统观比较

---

❶ 袁鼎生. 袁鼎生集[M]. 北京:线装书局,2013:150-151.
❷ 袁鼎生. 袁鼎生集[M]. 北京:线装书局,2013:209.
❸ 袁鼎生. 袁鼎生集[M]. 北京:线装书局,2013:145.
❶ 袁鼎生. 袁鼎生集[M]. 北京:线装书局,2013:145.
❺ 袁鼎生. 袁鼎生集[M]. 北京:线装书局,2013:76.
❻ 袁鼎生. 袁鼎生集[M]. 北京:线装书局,2013:147.

也就失去基座,只是研究也当付诸空谈。[1]

整生范式处在周期性运行的终结点和环生点上,有着继往开来性。[2]

而这种继往开来具体何指?最核心的是,整生走向超循环。整生化生态艺术活动,对应地造就了生态艺术人生和生态艺术生境。这两者耦合,递次回旋地展开生态艺术世界的生成、欣赏、批评、研究、创造,形成了整生化的生态艺术活动,并持续地走向了超循环。[3]

可见,经过袁鼎生先生的努力,他揭示出生态美学的质域的多元化与整生化规程,提炼出了统观范畴视域中表征网络态圈进旋升的诸多结构整生质——

以往的美学,要求审美主体的纯粹性,而生态美学,则倡导审美主体的整生性,要求他们是艺术审美主体、科技审美主体、文化审美主体、实践审美主体、日常生存审美主体的整生性,不仅实现一切生态审美活动审美化,而且使各种具体的生态审美活动,相互包含审美质,具备整体的生态审美活动的意义,形成更高的审美整生性。……能够在实践活动的益态审美审视中,发现它包含、潜含、关联的艺术典范之美、科技的真态美、文化的善态美、日常生活的宜态美,形成整体统合的生态审美感受。

最终形成了生态美学的整生论格局,凸显了生态美学的审美理想——天态中和。与生态主体整生性相对应,生态美学对象是真善美益宜整生的,显态统一的。[4]

完整的生态艺术活动,生成于艺术场域和生态场域的完全复合。它是艺术活动向生态活动的全域拓展,实现艺术活动与各种生态活动结合,达成真善美益宜整生的艺术活动。它是本质完备实现的生态艺术活动。它在艺术活动生态化中初成,在生态活动艺术化中发展,在这两者的耦合并进中完善。如果说,生活艺术活动,形成了生态性与审美性的共生中和,那它则走向了生态性与审美性的整生态中和。[5]

天生艺术活动圈,是艺术活动的生态化和生态活动的艺术化走向极致后的顶端统合,即形成了天态中和。这种中和,在量与质两个方面,都超越了前述生态性与审美性的整生生态中和。或者说,它是这种整生态中和发展到极致的状态。[6]

因此,整生论美学拓宽了美的价值领域,形成真善美益宜的层次的历史生成,表现出生态美学对普通美学意义域的拓展特质。

---

[1] 袁鼎生. 袁鼎生集[M]. 北京:线装书局,2013:77.

[2] 袁鼎生. 袁鼎生集[M]. 北京:线装书局,2013:76.

[3] 袁鼎生. 袁鼎生集[M]. 北京:线装书局,2013:171.

[4] 袁鼎生. 袁鼎生集[M]. 北京:线装书局,2013:38.

[5] 袁鼎生. 袁鼎生集[M]. 北京:线装书局,2013:170.

[6] 袁鼎生. 袁鼎生集[M]. 北京:线装书局,2013:171.

最终,袁鼎生先生相信:整生批评一旦在全球范围内形成,当看规范生态文学在超循环运动中,促进世界持续地真善美益宜中和的绿色诗化。[1]

三、元范畴:场态时间网络的旋升与美生意义的突出

如果说,前面两个部分我们探讨了袁鼎生先生对生态美学的内外部结构体系的建构历程,那么,对一门学科的灵魂的生成,将是学术的最高境界的呈现。

袁鼎生先生在建构生态美学理论体系时,最初是以黄海澄先生的三论美学观为借鉴,结合周来祥先生的和谐论,进而在生态文艺学思想,乃至整个生态思潮的推动下,涵纳场态理论,建构了超循环的生态方法论,最终提炼出了其最新的生态美学元范畴——生态审美场。其历史逻辑如下。

1. 从审美场到统观审美场的递进

统观审美场,作为比较美学的整生性范畴,通过两种途径生成:一是为美学的各层次范畴递次生发。通过意义归纳,微观的范畴发生为中观的范畴,继而生发为宏观的范畴和整观的范畴,各种整观范畴,诸如审美意识、审美形态、审美关系、审美活动、审美现象、审美价值等整生为统观意义上的审美场,构成比较美学统观研究的整生性范畴。二是审美场自身的序态生发。经由理论抽象,微观的审美场走向中观的审美场,继而走向宏观审美场和整观审美场,各种整观审美场再整生为统观审美场。通过这两条途径整生而成的统观审美场,相互融会,构成更完整的统观性与整生性,铸成了比较美学统观研究的整生性范畴。[2]

于是,在场态美学的基础上,袁鼎生先生迈出了坚实的一步,并升华到统观审美场。而统观审美场的整合性,将指导更为深入的范畴体系建构与元范畴的提炼,形成又一波以万生一与以一生万的互动对生结构及其超循环的质态。

2. 从统观审美场到生态审美场的转换

生态美学的元范畴,有着多方面的系统生成性,或曰以万生一性。它覆盖生态审美的全域与全程,是所有生态审美事实之意义的抽象,是所有生态审美活动之规律的升华。它是美学发展历史的结晶,为人类各个时代的美学的最高范畴所共生。它作为生态美学的最高范畴,是所有生态美学范畴共同体的升华。在以上三方面的以万生一中,形成生态审美场这一生态美学的元范畴。

“1995 年,我出版了《审美场论》,在反思中,我觉得可以把审美场发展为生态审美场,使其从主客一体的审美境界,提升为人类生态审美现象、生态审美活动、生

---

[1] 袁鼎生.袁鼎生集[M].北京:线装书局,2013:210.

[2] 袁鼎生.袁鼎生集[M].北京:线装书局,2013:77.

态审美关系、生态审美价值、生态审美规律的总汇,成为生态美学的元范畴。”❶

于是,他发现并确立了生态审美场所具有的开合得宜的理论张力:生态审美场是生态美学研究的出发点、发展点与终结点,是浓缩了的生态美学理论体系本身,即生态审美场是一个由巨大理论聚力与巨大的理论张力平衡、统一的弹性构架。❷

生态审美场就是统观审美场的质域,是统观审美场的新的生长点与质态。而生态审美场更是在统观的视域中形成与运作的。生态审美场由生态审美活动、生态审美氛围、生态审美范型的对生构成,包含了诸如生态美、生态和谐、审美人生、艺术人生、生存美感等关键词,进而分别生发相关的范畴群,以成理论网络。❸

“2007年,我在商务印书馆出版了《生态艺术哲学》。这本书承接前二书的逻辑终点,以生态审美场为元范畴,分三个阶段展开了它的理论发展。第一个层次是阐述艺术审美生态化的规律,即展示艺术审美跳出独立的特定的审美空间,在人类一切生态活动领域逐步展开,使人类全部的生态活动与生态场域实现审美化,形成审美性生态场。整生艺术同化生态的竞生过程,形成了竞生审美场,这当是生态审美场的第一个理论形态。第二个层次是论证艺术审美生态化与生态审美艺术化耦合并进的规律,即展示艺术场域的生态化和生态场域的艺术化同步展开,在对生并进中重合,形成生态有艺术审美场的过程。生态艺术审美场在艺术和生态的平等对生中形成,实际上是一个共生的审美场。它是竞生审美场的发展,是生态审美场的第二个理论形态。第三个层次是揭示艺术审美天化的规律,即展示艺术的质域和量域与生态的质域与量域同步走向极致,达到天态统合,形成天生审美场的过程。天生审美场实现了艺术与生态的自然化同一,达成了艺术质与量的最高整生和生态质与量的最高整生的同一化,成为整生审美场。这是生态审美场的第三个理论形态。生态审美场从艺术同化生态的竞生审美场,形成了历史与逻辑统一的运动,生发了活态的理论系统,形成了一个独特的生态美学建构。”❹

“如此,生态审美场被安置入了理论建构的时间性境域之内。我认为,生态审美场是审美场的当代发展。或者说,古代美学的对象是天态审美场,近代的美学对象是人态审美场,现当代生态美学的对象是生态审美场。生态审美场既是天态审美场和人态审美场超越历史的非共时性,在逻辑上耦合并进的共生体,更是审美场与生态场双向对生、良性循环的结晶。这就说明,生态审美场是在审美场的历史发展和系统开放中形成的。以生态审美场为研究对象的生态美学也是在历史与现实

---

❶ 袁鼎生.整生论美学[M].北京:商务印书馆,2013:7.
❷ 袁鼎生.袁鼎生集[M].北京:线装书局,2013:31.
❸ 袁鼎生.袁鼎生集[M].北京:线装书局,2013:30.
❹ 袁鼎生.整生论美学[M].北京:商务印书馆,2013:8.

的共生中涌现的。”[1]

于是,袁鼎生先生认为,生态审美场的学科极境就是超循环地达成整生。生态审美场的整生化运动,推动着生态美学学科的整体化建设。如前所述,理论生态美学对应抽象的生态审美场结构,历史生态美学对应历史具体生成的生态审美场结构,应用生态美学对应现实具体的生态审美场。历史具体生成的生态审美场生发现实具体的生态审美场,进而共同升华为抽象的生态审美场,抽象的生态审美场范生历史具体生成的生态审美场,进而共同范生现实具体的生态审美场。正是这种回环往复的整生化运动,造成三大生态审美场质的同一性与质的多样性的协调发展,造成三大生态审美场整体结构的张力与聚力的统合并进,并表现为生态美学学科三大部分的有机生发和整体推进,表现为生态美学学科的动态平衡与可持续发展。[2]

而这种生态美学学科的动态平衡与可持续发展的力量,就来源于网络生态辩证法立体圈进的旋升图式,即超循环生态方法论的。

学术方法、学术体系、学术对象、学术生境、学术环境、学术背景在对生中耦合,达成立体圈进旋升,实现四维网络化超循环的理论生态,形成了网络生态辩证法立体圈进旋升的图式。显而易见,网络生态辩证法是对系统辩证法的包容、提升与拓展。四维网络化超循环贯穿于旋升人生的提升中,学科生态的圈进中,旋升活动的旋升中,呈现了方法论的系统整生。……网络生态辩证法内在于理论系统,可实现宏大叙事与具体论证的统一,可达成统观研究、宏观研究、中观研究、微观研究的一体化。[3]

3. 从生态审美场到美生场的跃升

袁鼎生先生认为,生态审美场的极点中和态就是“美生场”,它囊括、贯通了他的整个生态美学的理论建构:

整生论美学构架,是一个网络化超循环的理论模型,有别于共生论美学人与自然对生耦合的理论模型。它以生态审美场特别是整生审美场的转换与提升形态——美生场为元范畴,以美生场逻辑生态的超循环为线索,形成周走圈进的理论结构。[4]

美生场的生发格局是——审美性世界(第一位格)、艺术家(第二位格)、艺术品(第三位格)、接受者(第四位格)、艺术人生(第五位格)与生态化统合发展的审

---

[1] 袁鼎生. 袁鼎生集[M]. 北京:线装书局,2013:39.

[2] 袁鼎生. 袁鼎生集[M]. 北京:线装书局,2013:33.

[3] 袁鼎生. 整生论美学[M]. 北京:商务印书馆,2013:8-9.

[4] 袁鼎生. 整生论美学[M]. 北京:商务印书馆,2013:38.

美性世界(第六位格)在超循环的方法论世界里动态中和:第一个位格,形成了再造的生态艺术价值、价值规律和价值形态;第二个位格中的生态艺术欣赏,在接受文本价值和价值规律中,生发了新的价值欲求;第三个位格中的生态艺术批评,对新的生态艺术价值心理,进行分析、肯定、弘扬与提升;第四个位格中的生态艺术研究,对新的价值心理规律进行探究,对新的生态艺术价值的创造规律进行探索;第五个位格中的生态艺术创造,是再造新的生态艺术价值;第六个位格是新的艺术价值汇入世界,形成新的价值结构,推进世界的生态艺术文本化,即使世界逐步成为一个生态意义上的大文本。[1]

于是,作为整生论美学体系的美生场,第一个理论层次,是对元范畴的分形,即元范畴以一生万的整生。

美生场的第二个理论层次,是元范畴生发当代美学质区。

美生场的第三个理论层次,是元范畴生发的未来美学质区。[2]

因此,美生场所展现的审美价值结构圈与生态艺术活动圈的互动对生,就完成了旋升态的超循环历程。

生态艺术活动圈,从最早的天成艺术活动圈,走向生存艺术活动圈和生活艺术活动圈,抵达完备的生态艺术活动圈,趋向天生艺术活动圈,构成了圈圈相连的超循环历程。[3]

进而,这种网络化的立体推进,凸显了最高的生态规律与生态美学的生态辩证法,以及由生态辩证法确证与发展出系统整生性:立体推进、网络生发的辩证法,即网络纵横整生的方法,把系统方法的精髓包容其中,甚至把系统整生方法即整体生成、整体生存、整体生长方法的精要尽数囊括,以此构成更大范围的整生性。当然,它们是相互包容的,在上述系统生发方法中,也不乏辩证精神,特别是网络辩证法的精神。这种彼此包容,也相互确证和发展了各自的整生性。[4]

而美生的意义,又是全部生态规律生态价值乃至大自然规律和大自然价值的整生化。美生,凭此成了大自然发展的终极形态,成了宇宙的大同形态,可谓趋向了美生价值整生化实现的极致。[5]

至此,袁鼎生先生形成了他生态美学的完整结构:

走向整生——从共生论美学到整生论美学;整生论美学的网络生态辩证法。

---

[1] 袁鼎生. 袁鼎生集[M]. 北京:线装书局,2013:167 - 168.

[2] 袁鼎生. 整生论美学[M]. 北京:商务印书馆,2013:43 - 44.

[3] 袁鼎生. 袁鼎生集[M]. 北京:线装书局,2013:168.

[4] 袁鼎生. 袁鼎生集[M]. 北京:线装书局,2013:58.

[5] 袁鼎生. 整生论美学[M]. 北京:商务印书馆,2013:8.

美生场——整生论美学的对象与元范畴。

世界整生——美及形式在世界整生中生发，艺术的天态整生进路。

绿色阅读——美活趣味实现为整生审美，形成悦生感受。

生态批评——从共生批评到绿色审美批评，抵达整生批评。

整生研究——整生律分形出审美整生律，进而分形出绿色美生律、审美旋生律、艺术天生律，构成绿色诗律体系，形成美生规范系统。

生态写作——以美生场的创造为生态写作的目标，在生态美育和诗意栖居中塑造美生人类和美生世界，推动生态自由的写作范型向生态文明的写作范型转换。

自然美生——在美生文明的圈增环长中，形成地球美生和天宇美生，实现宇宙美生的终期目的。[1]

也就是说，袁鼎生先生的美学建构，绝不仅仅是对学科内在的逻辑定义，而是着眼于时代意义与生态文明的揭示与建设，这就给他的整生论美学创开了一个广阔的生发逻辑视野与文明前景。

综上所述，生态美学是研究生态系统整生的审美价值，经由主客体耦合对生的美感与美感创造，走向天人整生的生态审美世界的科学，是天人整生的价值论美学。[2]

于是，当代生态美学与生态思潮标志着现代生态文明在逐步摆脱近代工业文明的不良影响，完成了从主体美学到生态美学的过渡，构成了独特的理论品格，成为自成理论境界的生态美学。[3]

在宇宙整生的背景下，美生，是生命经由健生与乐生所趋向的目的与目标，是生命从依生经由竞生与共生走向整生的结果与必然，其来路与去途均无穷无尽。整生与美生同一，整生场与美生场同构，这是不争的事实。宇宙是一个生生不息的整生场，正是与整生场的结伴而行中，美生场有了全时空的生发性，整生论美学凭此拓展了自身的本质规定。[4]

在这一意义上，袁鼎生先生得出了他自己的美的理念——美是整生。[5]

最终，整生论美学是人类美学历史发展的结晶，是历史中和的必然性呈现。整生论美学是人类历史发展的结晶，其本质规定有着系统的生成性。从审美生态的视角看，古代美学揭示了自然生态生发人类生态，人类生态依从、依存、依同自然生

[1] 袁鼎生. 整生论美学[M]. 北京：商务印书馆，2013：8.
[2] 袁鼎生. 袁鼎生集[M]. 北京：线装书局，2013：40.
[3] 袁鼎生. 袁鼎生集[M]. 北京：线装书局，2013：156－157.
[4] 袁鼎生. 整生论美学[M]. 北京：商务印书馆，2013：421.
[5] 袁鼎生. 整生论美学[M]. 北京：商务印书馆，2013：58.

态的规程与规律，显示了依生平台的美生，可以看作是依生论美学。近代美学，表征了人类生态在与自然生态的竞争中，力求驾驭、主导、同化后者的历程，形成了竞生平台的美生，无疑是一种竞生论美学。现代美学，主张人类生态与自然生态平等相生与耦合并进，创生了共生平台的美生，显然是一种共生论美学。当代美学，要求人类生态融入自然生态，实现生态系统的超循环生发，有了整生格局的美生，成为一种整生论美学。依生论美学、竞生论美学、共生论美学依次走来，带着相应的美生质，共同走进了整生论美学，共同生发了自然美生，共同成就了整生论美学。整生论美学在当代形成，也就不是凭空而来了，而是有着逻辑发展的集大成意义，有着历史中和的必然性。[1]

更进一步，袁鼎生先生的生态美学视野更为宏大，涵摄所有的美学理论，并且将它们纳入到时空合一的超循环之旅中——“客体美学和主体美学、共生态美学，既是历时的，也是共时的。”[2]

并且，这种整生论美学，具有将时间之流汇融入存在本真的实现境域的特质。亦即，在对生与环进的超循环历程与境域之中，美的生成从二元到多元，从循环到超循环——圈升环进，生态美学也完成了从范畴体系到元范畴的抽绎，生态美学的方法论也从审美场的境界论拓展到整生论，揭示了生态美学集成创新与系统创新对原始创新的回归与超越品格，打破了历史时间对空间的碎片化设置，进入宇宙之道的本真呈现，完成了非线性时间的历史彰显，以达成学术范式的生态呈现，从而完成了从历史进入逻辑的升华，抽绎出了生态美学的元范畴，达成了范式的升华，确立了生态美学的理论体系的建构。这种在自主创新而实现原始创新的学术追求，通过网络化立体化地建设生态美学体系，实现了历史、逻辑与元理论的合一，进入了存在的本真，达至了存在的澄明。于是，就在生态美学的普通美学皈依之路中，得到源头的支撑而成为普通美学的生力军，推动了普通美学新的托展与升华。

四、学术高原与返本创新

任何学术创新都建立在历史来路、当代触机与智者灵性张扬的整合态之中。如果说，历史来路作为一，则诸多的学术创新作为万，反之，学术的来路汇融为某一特出的理论成就，那一与万的关系就有了质变。如此，历史来路与学术创新整合为生境；而作为相应理论核心的元范畴作为一，则其内部的诸多结构元素又成为万，于是，学术内部的源流汇融为学术系统；而当代诸多高原与某一创新理论的呼应与

---

[1] 袁鼎生．整生论美学［M］．北京：商务印书馆，2013：421－422．

[2] 袁鼎生．袁鼎生集［M］．北京：线装书局，2013：37．

相互吸纳，以及由某一领军人带领一个团队，探索一种全新的学术创生环境，以此诸多条件的共生来共筑时代的学术主潮，彰显出当下鲜活而有创造力的学术生态。所有这些，都成为袁鼎生先生整生论美学建构的学术视域，以及他探索学术创新规律的着力点。

1. 在各种历史高原的逗接中实现美学体系的建构及其元范畴的提炼

美学史的核心是美学逻辑史，是由一个大师接着一个大师的美学逻辑、一个时代接着一个时代的美学体系构成的美学思想史，是一个美学意识形态耦合艺术意识形态、文化意识形态、哲学意识形态，走向系统生成、系统生长、系统变化、系统转换的历史。有了这种多维耦合所达成的立体旋进，经典的辩证方法才会上升为系统辩证法，并升华为学术历史的逻辑，实现方法、理论与历史的统一。[1]

这种生态美学的系统生成性，涵括了和谐美学与和谐文化、和谐艺术及和谐哲学内涵，形成了对美学逻辑与美学历史、美学生境史、美学环境史四维合一的美学耦合发展规律的揭示，在生态艺术辩证法的生成与实践中推动了美学的可持续发展品性的历史生成。

接受众多大师的合塑，形成可持续发展的学养。一部西方古代美学史，实际上是一部西方古代美学的经典史，是由西方古代各时期里程碑式的美学大师及其巨著形成的。我的研究过程，是一个聆听他们讲述各自理论方法、理论逻辑、思维理路的构成，是一个观赏他们在学术接力中，共创学术系统的过程。[2]

2. 与当代学术高原之间的关系

以开阔的心胸与心态，揭示学术高原的普遍存在形成万紫千红总是春的学术生态。这种学术高原论的提出，回生为生态美学系谱的形成。

方法形态的生成，表现在三个方面：一是方法层次由低到高，形成序列；二是高位方法规约中、低位方法，形成系统；三是方法平台依次提高，生成谱系。[3]

尊重每一个学术高原，将生态美学汇入所有的高原并峙之局面，并在学术高原的呼应互动之中完成了学术生态必然形式，既展现为学者的学术自觉，也表现为学术使命的坚守。

集人类生态文明审美化之大成的审美整生质，流布到所有的生态文明形态中，流布到生态美学的学科环境圈中，这就使生态美学的质域和疆界拓展至生态文明全境，实现了审美生态的整生量和整生质的跨越式耦合发展。生态美学在学科背景圈中整生，进而使学科背景成为自身整生化的形态，成为发展了的本身，成为外

---

[1] 袁鼎生. 整生论美学[M]. 北京：商务印书馆，2013：5.

[2] 袁鼎生. 整生论美学[M]. 北京：商务印书馆，2013：5.

[3] 袁鼎生. 整生论美学[M]. 北京：商务印书馆，2013：17.

化了的"大我"……[1]

而对当代学术高原的吸取与熔铸，实际上是为自我的学术建构开辟一种由史入今、学以致用的学术生境。

当下的美学逻辑、美学体系是以往美学历史的发展与结晶，把握了美学历史，就顺理成章地把握了美学现实、美学前沿，进而科研把握美学的未来，对当前的美学研究，也就自然而然地有了自觉性、科学性与前瞻性。我体会到：研究历史，可使学术探索水到渠成地走向厚重、走向正宗，进而在古今贯通中，融入当下时代的学术主潮。[2]

3. 学科生境与学术环境的建构与拓升

袁鼎生先生不仅注重对古今学术主潮的吸纳，更注重对学科内部秩序的培植。他在他诸多著作之中，都强调学术团队与学术环境的建构。以他为中心，广西民族大学建构起了生态美学与民族文艺学基地，并以生态美学理论为指导，学术触角深入到南方少数民族的生态文学、艺术经典的生发原理与元美学的探索之中，出版了一批有独特视域的理论著作，以汇融入实现当代学术理想的建构努力之中。

"嘤嘤其鸣，求其友声"，我们希望用这些初步的研究成果，和国内外同行交流与对话，共同推进生态文明的民族化、全球化与审美化三位一体的建设。[3]

正是在这种众多的学术生态高原的共生格局之中，形成了大我局域之中的众声喧哗与和声谐畅；学科内部生态秩序井然而生力猛进。既建构了学术生境与学术体系，又创生了学术主潮，这是一种更为深入的学术存在之真与学人存在的澄明，更是一种学界边沿向学术中心的挺进与建构。

五、学术使命的自觉与审美创造的逍遥游——建构盛极而转的理论原型

随着整生论与美生场——元范畴的提出，袁先生的生态美学体系建构已然完成。而一种理论的持续创生力的持有，又成为袁先生确保其思想张力进而达成自然生态超越的理想境界。这种学术方法转换论开始于其比较美学的探索。

统合天地，融通古今，依靠强大的整生性结构聚力，比较美学的统观整生性范畴成焉。但要展开统观比较，这种统观的整生性范畴，则要在人类历史时空中生发同样强大的整生性结构张力，以形成逻辑结构空间全域性的多维度整生和历史全

---

[1] 袁鼎生. 整生论美学[M]. 北京：商务印书馆，2013：16.
[2] 袁鼎生. 整生论美学[M]. 北京：商务印书馆，2013：5.
[3] 袁鼎生. 整生论美学[M]. 北京：商务印书馆，2013：423.

程性的网络化整生。否则，统观整生性范畴是浓缩的，比较研究是逻辑全域性和历史全程性拓展的，两者之间不对应，统观比较美学也就大打折扣，难以持续“统观”，难以实现整生。❶

要持续地实现统观境界，批评范式的转换就成为首要的条件。比较文学从影响研究的同生范式，经由平行研究的共生范式，抵达整体研究的一生范式，趋向总体研究的整生范式，可以为生态批评由共生批评范式向更高平台的生态批评范式转换提供参考。❷

进而，在更大的视域与更为高远与根本的境界里创生一种生态美学理论，成为袁鼎生先生的学术建构。

“2011 年，我开始写作《整生论美学》，主要有两个方面的追求。一是承接与转换以往的生态美学研究，二是实践四维网络化超循环的生态辩证法。这本书的承接点是《生态艺术哲学》的逻辑终点：整生审美场。从整生生态审美场转换而出的美生场，包含、提升与拓展了审美场、生态审美场特别是整生审美场的内涵，成为整生论美学的元范畴。四维网络化超循环的图式是这样的：世界整生——绿色阅读——生态批评——生态写作——自然美生，自然美生是向世界整生的螺旋复归，是美生文明圈四维网络化超循环运生的目标，是整生论美学的逻辑极点，以及继起的更高形态的生态美学的逻辑拐点。

因为，整生审美场已臻生态审美场的高点，有两种趋向，一是盛极而衰，我的生态美学研究也到此结束了，一是盛极而转，那我的探索可能还会洞开一个新的理论境界，有继续发展的学术空间。其二是美生出自整生，美生场从整生审美场转换而来，承接了审美场向生态审美场发展的一切成果，并在生态审美方式向审美生态本体论、价值论、目的论的转换中，包含了审美场、生态审美场的全部意义，但又不止于审美场和生态审美场的内涵，可以生长出更为丰实的逻辑系统，更能对应整生论美学的理论框图。”❸

于是，生态审美场的生成、展开与转换，显示了我的生态美学研究的规程；审美场向生态审美场的运动，进而向美生场的转换，标志了我的生态美学元范畴的生发轨迹；生态方法集约为审美生态观，熔铸为整生范式，升华为四维网络化超循环的图式，显示了我的网络生态辩证法的形成格局；上述三者的耦合旋进，组成了我的学术三旋中的第三旋，即创造或创新一种理论与方法，达成对生态美学的系统圈升化

---

❶ 袁鼎生. 袁鼎生集[M]. 北京：线装书局，2013：77.

❷ 袁鼎生. 袁鼎生集[M]. 北京：线装书局，2013：210.

❸ 袁鼎生. 整生论美学[M]. 北京：商务印书馆，2013：420.

研究。[1]

依前述，在学术规律的盛极而衰的规避与向盛极而转的自觉把握历程中，实现开新与创新。这是遵循道的时间性衍化规律，目的就是达成学术生态的可持续发展。

进而，美是整生的观念形成后，我接着形成了整生成就美生，整生就是美生的看法。从整生中生发出来的美生，成了整生的审美表征，完成了从生态哲学范畴向生态美学范畴的转换。整生审美场也相应地成为理论核心，贯穿于各章中，显现为理论系统超循环运生的主线。[2]

也就是说，大自然衍生出有机生命后，在宇宙美生场里，第次生发出生态系统的美生场，智慧生态系统的美生场，智慧生态系统的自然化美生场，美生场也就形成了螺旋的上升，整生论美学的理论场域，也就实现了与大自然时空发展的同构。这也说明，美生，不是某个物种的专利，而是人类与其他物种共享的大自然整生的成果：生命出现之前，有宇宙自发整生显示的审美生态；人类形成之前，有其他生物和生物系统的审美生态，甚至有地外智慧生物和智慧生物系统的审美生态；人类出现之后，其审美生态融入地区生态系统的审美生态，进而与宇宙生态的审美生态融合，共成自然美生，共成宇宙生发的最高目的，共成整生论美学的逻辑终结。整生论美学在研究人类审美生态的生发中，将其他物种乃至地外物种的审美生态以及这些物种的环境生态与背景生态融通为一，实现了最高形态的审美整生研究，力图解开美生的系统生发之谜，探求美生的地球自然化和宇宙自然化之路。美生场的自然化，敞开了整生论美学生生不息的理论场域。[3]

于是，从整生生态审美场转换为美生场，其概念运动，显示了审美的变革，形成了美生本体论的美学构架，……有了不同于之前生态美学和基础美学的逻辑生态与逻辑本体。[4]

以美生场为纲，统领理论系统的全局后，整生论美学也就以新的面貌，形成了对生态美学的逻辑承续、转换与升华，其理论品格，超过了我原来的期许，……形成新的理论开拓。[5]

进而，从袁鼎生先生的学术探索，乃至整个生态美学的探索与建构，都实现了一种学术战略的转移与升华。从审美场和生态审美场发展而来的整生审美场，转型为美生场，是一种审美战略的转移。[6]

---

[1] 袁鼎生. 整生论美学[M]. 北京：商务印书馆，2013：9.

[2] 袁鼎生. 整生论美学[M]. 北京：商务印书馆，2013：419－420.

[3] 袁鼎生. 整生论美学[M]. 北京：商务印书馆，2013：421.

[4] 袁鼎生. 整生论美学[M]. 北京：商务印书馆，2013：38.

[5] 袁鼎生. 整生论美学[M]. 北京：商务印书馆，2013：422.

[6] 袁鼎生. 袁鼎生集[M]. 北京：线装书局，2013：38.

综上所述，袁鼎生先生整生论生态美学的建构，就是熔铸各种美学历史形态，整生为美学的当代形态，最终展现为存在的澄明。

美是和谐主要解释了古代之美，美是人的本质力量的对象化，主要解释了近代的美，那么主、客体潜能对生性自由实现的生态美，则试图对古代、近代、当代的美作整体的主体性解释，并进而说明古代的客体化生态美，转换为当代的主体化生态美后，历史地、逻辑地共生出当代的整生化生态美。生态美的逻辑界定，既包含生态美的生态史，又尽可能地把各历史阶段关于美的经典性解释，融为自身的理论层面，以显示出更充分的系统生成性。❶

总之，袁鼎生先生的《整生论美学》，缘起于当代生态思潮，结合了“美是和谐”、信息论、控制论、系统论合一的美学，以及场论美学，以西方古典艺术哲学理论汇融中国古代中和之美的逻辑，提出了自己独特的元范畴，统合各种审美范式，并且，完成了从原有的结构论、境界论到生成论的建构，立起了独具匠心的生态美学体系。而袁鼎生先生生态美学的整生论体系涵括了：

(1)诸多外围学科的整生与诸多美学理论的整生；

(2)美学范式的整生；

(3)元范畴的整生——美生场的提出；

(4)美学学术方法论的整生——从场论到超循环论再到整生论；

(5)时代精神的整生——高原叠合论与生态思潮的整生。

可见，袁鼎生先生的生态美学建构，始终挺立着美学的历史性，并通过时间性的实践性展示，闯入存在之真的玄域。

“回顾学术经历，我的生态美学进路，大致有三条，一条是自然之路，起于年轻时的桂林山水景观的美学研究；另一条是历史之路，起于我对西方古代美学史特别是人类生命发展史的探索；再一条是现实之路，起于我对当代生态文明的感应。对美学历史规律的认识，是我研究生态美学的主要诱因；对自然美学的应用研究，是我探索生态美学的早期准备；响应生态文明的召唤，是我研究生态美学的时代使命。这三条进路，历史之路是主途。正因为有了历史的进路，我一开始就把生态美学当作美学主潮来探索，而不仅仅作为边缘学科与交叉学科来对待，理论视野未局限于自然美学的范围、环境美学的范围、生态危机的范围。这也合乎马克思主义从历史走向逻辑的方法论要求。”❷

于是，袁鼎生先生的生态美学元范畴的提炼与建构的努力，就是要从国外艺术

❶ 袁鼎生. 袁鼎生集[M]. 北京：线装书局，2013：103.

❷ 袁鼎生. 整生论美学[M]. 北京：商务印书馆，2013：6.

化的美学主潮结合新形势下的美学人类学化倾向，通过潜在诗学理想的唯一可见形式的揭示——终极实在的安置，完成了在实践理性境域内的指向至善，达成了学术对意志自由的立法，并在审美共通感与学术尊重的情感结合之中，既确立了学术的独立性，又展示了学术被置入源头活水的存在本真且不竭的生发境界：

其一是创造或创新了一种对应时代学术趋向与前景的学术范式；其二是形成了元范畴；其三是学术范式与元范畴贯穿于他的学术人生，建构了自己的理论系统。❶

在袁鼎生先生的美学建构之中，有着从"审美场"向"生态审美场"，再从"整生审美场"到"美生场"等诸多"极点中和"的转换，这也是袁鼎生先生实现盛极而衰到盛极而转的重要努力，也实现了袁鼎生先生探骊得源的学术创造的自由。这种系统圈升化研究，从性态看，表现为审美场、生态审美场、美生场的递进性的体系化探索；从形态看，表现为应用的、历史的、逻辑的、元科学的生态美学的旋回性研究；从质态看，表现为基础生态美学、基础生态美学四大子学科、生态哲学的圈进性研究。❷

"我庆幸，自己生活在民族地区，工作在民族院校，从民族文化原始遗存的田野中，遥见了依生论美学的踪迹；我庆幸，自己成长在文明转型的时代，亲历了主体竞生论美学的鼎盛，参与了共生论美学的研究，投身了系统整生论美学的探索，憧憬了自然天生论美学的远景；这就在生态美学的境域中，有了可持续性的自我超越，有了整生化的学术增长。"❸

这种转换中的建构与建构中的转换，实现了他从"美是主客体潜能对生性自由实现"到"美是整生"的美学命题的转换，尽管二者有着极强的联系性，但在盛极而转的理念与实践中，确实达成了学术的递进与升华。于是，在学术生态的可持续发展历程中，确保学者的学术生命之长青，而其回归原始的学术方法论，也推动着美学视野的日新月异。

老子云：执古之道，以御今之有，是谓道纪。

袁鼎生先生的立美之道，正是这种衍道精神与境界的展现。他在对古希腊"整一性"的回归与中国古代神与物游的神思结合历程中，并在力图终结主体性美学的努力之中，通过学术使命的自觉与审美创造的逍遥游，建构盛极而转的理论原型，在历史、逻辑、元理论的整生之中推动着当代普通美学的发展。

---

❶ 袁鼎生. 整生论美学[M]. 北京：商务印书馆，2013：7.

❷ 袁鼎生. 整生论美学[M]. 北京：商务印书馆，2013：9.

❸ 袁鼎生. 整生论美学[M]. 北京：商务印书馆，2013：10.

广西龙脊梯田场域的生态艺术之美

唐　虹

一、生态艺术之美

在生态科学揭示出自然生态规律之后，人们开始重新认识自然，重新审视人类在自然中的地位。在人类中心主义思想支配下的人类行为使生态危机、环境恶化、资源枯竭成为当下的现实，人类的理想生存成为当下现实中严峻的问题。而艺术作为人类理想精神的形象显现，必然要超越生态危机、环境恶化、资源枯竭的现实，为人类实现理想的生存做出自己的设想与努力。于是，艺术必然要从传统艺术走向生态艺术，而“环境艺术”“大地艺术”“生态设计艺术”“在线生态艺术”“垃圾生态艺术”等都是生态艺术的雏形。

20 世纪五六十年代在西方出现的“大地艺术”“环境艺术”等艺术实践对被人类工业矿采业行为破坏得千疮百孔的大地环境进行修复与美化，试图解除人类对大地环境的伤害，恢复人与自然的友好关系，实现人与自然的平衡。实用性的“生态设计艺术”也遵循着 3R 原则，即重复利用原则（Reuse）、减量原则（Reduction）、再生回收原则（Recycling），传达着对资源枯竭现实的关注。法国 1985 年成立的“垃圾生态艺术协会”创作种种垃圾粘贴生态艺术、垃圾拼装生态艺术及垃圾雕塑生态艺术，艺术家把人们丢弃的废品进行改造，通过奇思妙想用灵巧的双手将其粘贴、拼装、雕塑成一件件精美的艺术品，向人们传达着资源宝贵、物尽其用的生态理念。“在线生态艺术”则运用信息技术、数码媒体及艺术技巧将生态观念蕴含其中。总之，这种种生态艺术的实践形式在观念上体现出人与自然和谐的理想。在材料上追求自然，如用石头、泥土、树叶、树枝、种子、谷类、贝壳、干花等自然物，音乐也用自然的声音，一位音乐家带上录音器走进大自然，录下风吹树叶的声音、惊涛拍岸的声音、小鸟的鸣叫声等天籁之音然后合成音乐，在场域上也走向了广阔的自然，而不是局限在画室里在画板上作画，不是局限在琴房里在琴键琴弦上弹奏。画家们以大地为纸，以万物为色彩。雕塑家们以天地为背景，雕山塑水。音乐家们以大自然的千声百音表达着树的心跳、小草的私语。

而站在艺术哲学的高度,放在人类艺术活动历史的发展长河中来关照,生态艺术是人类艺术发展的高级形态,它体现出人类理想精神中的最高境界,体现出人类最高级的美的观念,即生态美的观念。在整生论生态美学思想中,立足于生态哲学,认为生态美是“人与生境潜能的整生性自然实现”[1]。这里的“生境”主要指生存场域,既包括自然场域,也包括社会文化场域。所以生态美是一种高级形态、整生形态的美,在关系方面,突破传统美的单一关系,如人与自然的单一关系或人与人的单一关系或人与自身的单一关系,而是对人与自然的关系、人与人的关系、人与自身的关系的整体观照;在价值方面,突破单一价值,如真、善、丽、益、宜等单一价值,而是对真、善、丽、益、宜之价值的中和。在这种“审美系统整生化”规律中,生态美要突破传统审美中审美主体的精英化而走向审美主体的大众化,要突破传统审美中有限的时空而实现审美的生态全程全域性,突破传统审美中的审美距离与审美疲劳而实现主客的融合与审美的日日之新。所以,相对于传统艺术,生态艺术以生态美为理想,即以系统整生与价值中和为理想。“它是在人类整体历史生态过程中生发,是一种逻辑结构与历史生态有机统合,生态性与艺术性系统整生的艺术形式。”[2]

整生论生态美学本着历史与逻辑统一的理念提出生态审美的三大定律是:艺术审美生态化、生态审美艺术化和艺术审美天化。那么在此基础上的生态艺术的生发也遵循这三大定律,即生态艺术是在生态活动与艺术活动的对生中生成,而在这种对生耦合中达到的艺术审美天化则是生态艺术的最高境界。

在人类艺术活动的历史中,处于早期阶段的原始艺术,理想的羽翼单薄,与现实的粘连紧密,其中生存、生活、生产的色彩浓厚,即生态性明显,而彰显理想的精神性即艺术性淡然。随着生产的发展,随着艺术的专业化与精英化,形成的所谓传统艺术,其理想性、精神性逐渐突出,与现实的关系日渐疏离,追求着为艺术而艺术,制造着审美距离,极端化地发展为纯形式的唯美。而生态艺术就是对传统艺术的反拨,生态艺术哲学家以辩证的思想,既高扬理想精神,把理想精神推到生态整生理想的境界,又不离现实的根基,把现实的领域扩大到大自然生态系统的广阔范围。生态艺术的生成机制是生态的审美艺术化与审美艺术的生态化,最后实现艺术审美天化的最高境界。通过生态的审美艺术化提升现实、改造现实,如马克思对哲学家提出的任务,不只是认识这个世界,还应改造这个世界,生态艺术哲学要求

---

[1] 袁鼎生.生态艺术哲学[M].北京:商务印书馆,2007:217.
[2] 袁鼎生,龚丽娟.生态批评的中国风范[M].桂林:广西师范大学出版社,2009:26.

生态艺术不只是反映现实,或者如传统艺术中虚构的一隅以逃避现实,而是引起生态现实的改变,凭借其理想精神的指引。通过审美艺术的生态化扩大艺术的领域,回归艺术的现实根基,走出艺术的狭隘,使艺术的理想精神烛照生态生存的全程全域。最终形成质高量丰之天化艺术。

总之,生态艺术之美是整体价值中和之美,是审美系统整生之美。

(一)整体价值中和之美

生态艺术摈弃了传统艺术对单一价值的追求,而是以真、善、丽、宜、益诸价值的整生中和为价值目标,体现出整体价值中和之美。生态艺术是科学合规律之真、文化合目的之善、形式之丽、物质之益、日常生活之宜五种价值的统合,如果有对其中任何一种价值的违背就不能称之为生态艺术。

秦始皇耗费巨大人力、物力、财力而修建的阿房宫,占地三百里,气势宏伟,雕梁画栋,形式之丽可谓达到了极致。但是如秦牧在《阿房宫赋》中所说:"阿房出,蜀山兀。"因阿房宫的建造,使长江中上游蜀地的森林被砍伐殆尽,蜀山成了秃山,使生态环境急剧恶化,违背了自然规律之真。调动全国的人力、物力、财力,加剧了与人民之间的矛盾,使社会处于革命的动荡之中,也违背了社会文化的目的之善。所以阿房宫与生态艺术无涉。另外,T型台上那些形式上美轮美奂的皮草服饰,因对野生动物生存的威胁也远离了生态艺术之美。现代城市建筑中的玻璃幕墙装饰了建筑的色彩,但是,形成了光污染,危害到城市中人们的日常生活之宜,所以也不能称之为生态艺术。现代城市的发展,建立起座座造型独特、流光溢彩的高楼,但是占用了大量的农田,加剧了人类的粮食危机,所以,这种现代的城市也缺乏生态艺术之美。

艺术是凭借理想精神以引领人类的生存趋于理想状态。而理想的生存状态或曰"诗意地栖居"既体现在物质之益也体现在精神之宜,既体现目的之善,也必须遵循自然的规律之真。所以,生态艺术作为艺术的最高形式,应以人的生态存在的理想状态为目标,所以,善之价值是其直接目标,真之价值是其实现根本目标的保证,而物质之益与精神之宜是其目标的两个维度。

(二)系统整生之美

传统艺术从人类的生态活动系统中独立出来,与其他的生态活动如科学认知活动、社会文化活动、物质实践活动、日常生活活动相疏离,这种疏离使得传统艺术之美具有时空的局限性,而不能贯穿生存的全程全域;具有审美距离的局限性,而不能达到全系统的整生融合;具有审美疲劳的局限性,而不能实现审美的丰富多彩与日新月异;具有审美主体的小众化局限性,而不能达到审美的全民化与大众化。其实在人类的生态活动系统中,各类活动是整体生成、整体生存、整体生长的整生关系，科学认知活动、社会文化活动、物质实践活动、日常生存活动构成人类生态活动系统的现实基础，艺术活动构成人类生态活动系统的理想精神，理想精神因现实基础而不流于虚幻，现实基础因理想精神而得以提升。生态艺术与传统艺术的根本区别是向生态活动系统的回归，重续与生态活动系统中其他活动的密切联系。所以，生态艺术突破了审美艺术时空的局限，使审美艺术时空延展为生存的全程全域，实现真正的审美艺术人生与审美艺术生境，突破了审美艺术距离的局限，使主体与对象融合；突破了审美艺术疲劳的局限，使艺术审美理想诉求趋于生态整体价值中和的最高境界，能日日常新，使艺术审美对象走向生动而广阔的生态活动系统，具有无限的丰富性，在日日常新与丰富性之中克服了审美疲劳；突破了艺术审美活动主体小众化的局限，使主体从精英走向了大众，走向全人类性。❶

二、龙脊梯田场域的生态艺术性

生态艺术作为人类艺术的最高的理想形态，在艺术实践领域只是暂现雏形，并没有产生出经典之作。艺术实践领域中的“大地艺术”“环境艺术”“绿色艺术”“垃圾生态艺术”等先锋创作只是在观念上突出了人与自然生态的和谐理念，但真正的生态生存理想应包括人与自然的和谐、人与人的和谐、人自身的和谐诸方面；而且也不具备审美艺术生态化与生态审美艺术化的充分耦合对生，其价值中和性、系统整生性还不充分。所以还不能作为生态艺术的典型。

人类要建构理想形态的生态艺术，应该向民族性艺术寻求借鉴。因为民族性艺术，尤其是以农业生产方式为基础的民族性艺术具有天然的生态性。

龙脊梯田景观作为壮、瑶民族的一个生产场域，一个生活场域，却具有明显的生态艺术性。

（一）龙脊梯田场域生态艺术性的基础

（1）民族性。民族性艺术与生命、生存、生活、生产等生态活动有着天然的直接联系，其艺术中理想的憧憬是对生命、生存、生活、生产的热切希望。民族性艺术表现出与自然的亲和性，充满对自然万物的表现、对自然万物的歌颂，具有返璞归真性与天人合一性。民族性艺术往往是集体创作、集体参与、集体欣赏，最具生态艺术的大众性，而不是少数精英的专属之物。正如民族生态审美学者所说：“艺术源于乡野，原生态的音乐舞蹈表现出劳动者对现象世界中原始恒久的自然生态与超自然的存在的审美经验，感悟自我与世界的存在、状态、节奏与力量的神秘的亲缘关系，以及艺术象征物给参与者提供的宇宙秩序的理解。在神秘的梦幻氛围的

❶ 袁鼎生.生态艺术哲学[M].北京：商务印书馆，2007：131－133.

创造中,身体与心灵、感性与理性融为一体,主观与客观的对立消亡,人的经验世界拥有了深度意义并成为人类进步目的的资源建构。"[1]龙脊梯田景观是壮瑶民族集体历时近七百年在对生命、生存、生活、生产的热切憧憬中创造的艺术,具有生态艺术性。

(2)农业性。作为人类历史上生产模式之一的农业生产方式因其生产的特点,较之工业商业模式更具生态性。因为农业生产是以自然生态过程为依托来获取产品的,所以必须达到人与自然的和谐,农业生产必须遵循自然规律。对农业、农村、农人情有独钟的钱穆先生说:"农村人又好言一'养'字,耕稼工作之本身便是一养,因此农村人看人生,一切需赖养。农村人所重视的工夫,亦可说只是一'养'字工夫。……但都市工商人则不懂得一'养'字,他们的主要精神在能'造'。养乃养其所本有,造则造其所本无。养必顺应其所养者本有之自然,造则必改变或损毁其物本有之自然。养之主要对象是生命,造的主要对象则是器物。此两者间大有区别。"[2]钱穆先生对"养"与"造"的区别就突出了农业生产的自然生态亲和性。

农业生产模式中需要家庭成员的团结协作,重大的农田水利工程需要邻里之间的协作,这也促进人与人之间的和谐。而自给自足的生产模式,靠天时地利与勤劳以谋生,见素抱朴,少私寡欲,而工商业是对利润的争夺,对能源的争夺,对种种自然资源的争夺,把自己的利益建立在对别人的损害之上,把自己的胜利建立在别人的失败之上,把人与人之间的关系推到你存我亡的对立境地。这也就与生态艺术审美的存在理想相去甚远了。

农业生产模式中人的内心在遵循四时的自然生态过程中能乐天知命、自安自足,达到人的内在自我的和谐。钱穆先生说:"农业人生,其实内涵有一种极高深的艺术人生。"[3]在这种农业生产模式中,"一份耕耘,一份收获,手段目的融为一体……百亩之田,五口之家,既得安居,又可传之百世,生长老死,不离此土,可乐益甚。所谓安居乐业,唯耕稼始有之。"[4]因为"就内在人生而言,都市不如农村,其心比较易于静定专一……故惟农村人生活,乃为得其中道;体力之劳动,无害其心神之宁定;身心动静,兼顾并列。……乃曰'无欲故静',因无欲则其心向内,可有一静止之坐标。一切动皆由此出发。……如此般的人生,乃当于艺术的人生。人生能有艺术,便可安顿停止,而自得一种乐趣。唯有农村人生,乃可轻易转入此种艺

---

[1] 黄秉生,袁鼎生. 民族生态审美学[M]. 北京:民族出版社,2004:238.
[2] 钱穆. 双溪独语[M]. 北京:九州出版社,2011:367-368.
[3] 钱穆. 双溪独语[M]. 北京:九州出版社,2011:364.
[4] 钱穆. 晚学盲言[M]. 北京:生活·读书·新知三联书店,2010:716-717.

术与人生。因其是艺术的，便可是道义的，而且有当于人生之正。”[1]这种人内在自我的和谐也是生态艺术中生态存在理想的表现。

在传统艺术中，陶渊明的田园诗、范成大的田园四时杂兴、赵孟頫的耕织图，欧阳修分咏十二月农时的渔家傲词等对农业模式中生产生活的表现就体现出其生态艺术审美性基础。

龙脊梯田景观以山地稻作农业为基础，充分体现出人与自然、人与人、人内在自我的和谐，从生命、生存、生活、生产等生态活动的各方面具有生态艺术的潜质。龙脊梯田景观是壮瑶民族群众集体营造，从未脱离其生命、生存、生活、生产等生态活动，又充满对生命、生存、生活、生产的热切期望，充满生态审美艺术化与审美艺术生态化的对生耦合，所以，是一个极具生态艺术性的实践，是一个生态艺术文本。

（二）龙脊梯田场域的整体价值中和之美

龙脊梯田场域的传统艺术性，在如画性的色彩与线条中，在雕塑性的奇特造型中，在园林性的曲径通幽、借景造景、移步换景中，体现的是形式之丽。而生态艺术要求整体价值的中和之美的呈现，即还要统合真、善、益、宜的价值。

首先，龙脊梯田场域体现出真之价值，也即对自然规律的遵循。梯田的开垦依山就势，一层层田基都沿着等高线砌成，梯田面积的大小根据山体坡度而定，坡度小的梯田面积较宽，坡度大的梯田面积较小，这样有利于增强梯田田埂的牢固性。所以龙脊梯田在风雨中耕耘了几百年，至今仍能有效地进行生产。梯田开凿时只到大山的山腰，山顶约四分之一留作深林，用以涵养水源，才能实现“山有多高，水有多高”，保证从上至下灌溉梯田，形成一个自然的水循环系统，而无枯涸之虞，使景观永远充满水的灵动。据调查，梯田区的平安村森林面积 692 公顷，覆盖率 71.4%；龙脊村森林面积 1026 公顷，覆盖率 63.4%；大寨村森林面积 1175 公顷，覆盖率 66.7%；中禄村森林面积 1032 公顷，覆盖率 80.1%；小寨村森林面积 1013 公顷，覆盖率 67.6%；江柳村森林面积 1151 公顷，覆盖率 71.6%。[2] 景观中的村寨聚落位于层层梯田之间，村寨房屋用速生的杉木为材料，既可降解而归于大自然的物质循环之中，又不会破坏生态的平衡。村寨房屋的体量及密度，以及村寨的面积都保持一个合适的尺度，使人口与自然生态环境的承载力及资源的承载力保持合理的平衡，也就保持了景观的生态可持续性。这种合自然生态规律的“真”之价值是构成生态艺术的生态美的基础。

其次，龙脊梯田场域具有生态艺术的“善”之价值。“善”之价值是一种合目的

---

[1] 钱穆. 双溪独语[M]. 北京：九州出版社，2011：372 - 373.

[2] 数据来源于龙胜县林业局。

性，而人类最根本的目的是生存，是可持续的生存。美国的景观美学家史蒂文·布拉萨在《景观美学》中研究人们对景观的偏好时提出三个方面的影响因素，一个是生物学因素，一个是文化因素，一个是个人选择因素。而这种生物学因素就是对生命存在目的的保证，他说："相当确定的是，一种生物学美学必须有益于生存，不管是个人的生存还是种族的生存。对于景观的审美偏好，必须有可能是对生存能力的增强。"[1]这种对景观的"生存能力的增强"的价值的强调就是对"善"之价值的体现。布拉萨引用了阿普尔顿的"栖息地理论"来证明景观偏好的生物学基础。理想的栖息地应具备安全的特性，即具有"瞭望——庇护"的特征。"瞭望——庇护"理论是关于"能看见而不被看见的能力"，"描绘了一个保护个体免受危害的机制……能看见而不被看见的能力在追捕猎物和躲避食肉动物（这是两种早期人类重要的生物需要）时尤为重要。"[2]而卡普兰们提出的获取信息的"信息——处理"理论也证明了景观审美中的生存目的。为了生存，"人类发展了获得和处理关于周围环境的大量信息的能力。出于同样原因，他们为了生存必须这样去做。"[3]龙脊梯田景观就具备"瞭望—庇护"特征与收集信息的特征。在金坑景区，顾名思义，就是一个由群山围成的小盆地，只有沿金江河的一条道路与外界相连，极具"庇护"性，而几个瑶族村寨坐落在山腰，又具备"瞭望"特征。在平安景区，站在高处也可看出远处的群山对梯田区也形成环抱之势，也即"庇护"之势，而平安壮寨也位于山腰之上，立于村寨视野开阔，面向进出梯田区的道路，任何动静都一览无余。龙脊梯田区的壮瑶人民都是逃避战乱或灾害而选择了这片土地，而这片土地因"瞭望—庇护"及获取信息的特征而保证了生存的安全，也就为生态艺术之美提供了根本的保证。人的存在除了生物性的生存，还有社会性的生存。所以在保证生命的安全目的之外，"善"之价值还体现在各种社会人际关系的融洽。龙脊梯田区的壮瑶人民通过村规民约，通过山歌与故事，通过各种仪式与风俗，构建出公平、正义的社会机制，营造出团结融洽的人际关系，实现人的社会生存的美好。所以，从生物性与社会性两方面体现着合目的之"善"的价值，这也是生态艺术之生态美的要求。

再次，龙脊梯田场域充分体现出"益"之价值。"益"之价值是物质之功用，是满足人物质之需要的意义。传统的艺术观力求艺术与物质的分离，从柏拉图否定美的功用性之后，这种艺术审美的非物质功利观统治了两千年。到康德最为明确地提出艺术审美的非物质性。到20世纪的实用主义美学才对这种偏颇的观点有所纠正。杜威说人类的审美愉悦是从与动物共有的基本需要的满足中获得。当

---

[1] [美]史蒂文·布拉萨. 景观美学[M]. 彭锋，译. 北京：北京大学出版社，2008：89.
[2] [美]史蒂文·布拉萨. 景观美学[M]. 彭锋，译. 北京：北京大学出版社，2008：104.
[3] [美]史蒂文·布拉萨. 景观美学[M]. 彭锋，译. 北京：北京大学出版社，2008：119.

然，这种与动物共有的基本需要是多方面的，有安全需要、性的需要，当然还有物质的需要。而且物质是生命存在的最起码的条件，是人类生态活动系统的基础，这一点马克思已经有了经典的论述。而艺术审美活动也不超出于人类的生态活动系统，所以就必须以物质为基础，只是如普列汉诺夫所说，艺术审美漂浮在更高空，与物质之基础距离较远，联系也就显得比较隐在。实用美学揭示了物质的基础性作用，生态美学更明确了物质之"益"的意义。陶渊明说："相见无他言，但道桑麻长。"辛弃疾说："稻花香里说丰年，听取蛙声一片。"这也说明艺术审美并不与物质之"益"天然地相对立。阿普尔顿认为"满足生物需要的环境会自发地在人们那里产生积极反应，动物也会产生相似的本能反应"[1]。"在对景观的静观中经验到的审美满足，源于对景观特征的自发感知，这些特征在它们的形状、颜色、空间组织和其他视觉属性上体现出来，作为显示易于生存的环境条件的刺激符号而起作用，不管这些环境条件是否真的易于生存。"[2]这种对易于生存、满足生存的物质条件的强调就支持了生态艺术审美中对"益"之价值的提出。龙脊梯田景观的形状、颜色、空间组织及其他视觉属性就以丰饶的物质之"益"的价值为基础。层层叠叠的梯田里，夏天嘉禾吐秀，给你粮食丰收的希望，秋天金黄的稻浪翻滚，给你最真实的收获。池塘里的鱼，田埂旁成群的鸭，村寨旁成群的鸡，给你最直观的丰饶与富足之感。景观中淙淙流淌的小溪，清澈见底，保证了生活中对水的基本需要。传统园林艺术中强调水为园林之魂，已抽象了水之于生命的物质功利性，而生态艺术观重新揭示了这种本源性的关系。梯田区山顶郁郁葱葱的森林提供了建房的木材，也提供了炊煮所需的柴火，还能提供竹笋、蘑菇、野兽野禽等食物来源。这种种在传统艺术观中视为"俗"的因素其实是生命的保证，也是艺术审美的基础，所以生态艺术观不否定物质之"益"在生态艺术中的体现，而且是生态艺术中应该体现的价值之一。龙脊梯田景观就因这种种物质之益的体现而彰显其生态艺术特性。

最后，龙脊梯田场域具有生态艺术的精神之"宜"，让人的精神与心灵归于宁静与平和。龙脊梯田区坐落于群山之中，在旅游开发之前可谓与世隔绝。在信息与全球化的时代，可谓是信息闭塞，封闭落后。但是陶渊明描绘的桃花源被世人发现时也是"不知有汉，无论魏、晋，"可谓信息闭塞、封闭落后之至，但"桃花源"被描绘以后就成为人们心向往之的地方，就是因为这样一个虚构的生态艺术作品具有精神之"宜"的价值。在"桃花源"里，人们"相命肆农耕，日入从所憩。桑竹垂馀阴，菽稷随时艺。……童孺纵行歌，斑白欢游诣。……怡然有馀乐，于何劳智慧！"

[1] ［美］史蒂文·布拉萨．景观美学［M］．彭锋，译．北京：北京大学出版社，2008：89．

[2] ［美］史蒂文·布拉萨．景观美学［M］．彭锋，译．北京：北京大学出版社，2008：89．

(陶渊明《桃花源记并诗》)这里无车马之喧闹,无智巧之心机,无鸢飞戾天之野心。有的是乐天知命后自安自足的心灵之宁静。在旅游开发之前的龙脊梯田区就有“桃花源”般的宁静与祥和。在云生雾起中,在禾绿稻黄的变奏中体会自然的节律,感受与自然的合一,体现着精神之“宜”的价值。

总之,龙脊梯田场域作为传统艺术在形状、色彩、空间组织等方面的形式之“丽”的价值,统合着“真”之价值、“善”之价值、“益”之价值及“宜”之价值,在这些生态价值整生中和中体现出其生态艺术之美。

(三)龙脊梯田场域的系统整生之美

生态艺术所体现的生态美是一种系统整生之美。这种系统整生是生态活动系统的整生,即科学认知活动、文化伦理活动、物质生产活动、日常生活活动与艺术审美活动的整体生成、整体生存、整体生长。这种系统整生也是艺术创作者与艺术作品、艺术欣赏者的整体生成、整体生存、整体生长。

龙脊梯田景观作为一个生态艺术文本的名称是不贴切的,因为景观体现的是客观之“景”与主观之“观”的分离,体现不出整生的特征,而确切的名称应称之为“生态审美场”。这一整生论生态审美学的概念更能体现出系统的整生。

龙脊梯田场域作为具有生态艺术性的生存艺术,这一“生态审美场”体现出科学认知活动、文化伦理活动、物质生产活动、日常生活活动、艺术审美活动系统整生性。龙脊梯田场域是一个科学认知活动的场域。这种科学认知活动是一种经验的直观的。就在梯田的开凿中,在田基一次次的坍塌中悟到了梯田面积与山体坡度的关系。在梯田水量的变化中悟到了梯田与森林面积的比例关系。在直觉的体悟中才构造出了“森林—梯田—村寨—河流”的完美组合。在对山体地质的经验感悟中,选择了开挖土方最少的干栏建筑,让干栏建筑如鸟之展翼般轻盈,在干栏旁种竹栽树保持水土,坚固地基,也使干栏掩映在绿荫之中相得益彰。龙脊梯田景观也是一个物质生产实践的场域。梯田是水稻的生产区域,水稻从秧苗长成稻谷,展现着自然变幻的色彩。在冬季原本一片萧条,但是在梯田中种上油菜,使冬天也呈现出生机勃勃的绿色,到初春大地刚刚复苏时,梯田因油菜花的盛开而一片灿烂。在地势高的旱地里种上玉米、红薯、辣椒等各种蔬菜。去山顶的森林里采蘑菇与木耳,去竹林里挖竹笋。还种植云雾茶与棉花等。就在这片物质生产的场域中生产出丰富多样的物资。龙脊梯田景观还是一个文化活动的场域。订立了详细的村规民约规范着人们的种种行为。有着自己的信仰,壮族有花婆信仰,红瑶族有盘孤信仰,还有着共同的天地国亲师的信仰,在各家的神龛中供奉着。有着从出生三朝到结婚再到死后丧葬的各阶段人生礼仪,使似乎短暂而又似乎漫长的人生每个阶段都平衡过渡而完成尽可能完满的人生过程。有着各阶段的岁时节庆习俗,壮族有正月初一的春节、元宵节、二月春社、清明节、四月初八牛王节、端午节、尝新节、七月十四祖宗节、中秋节、重阳节等。[1] 红瑶有春节时的抬金狗、清明节、四月八的“牛生日”、六月六的供田节、五月十四日的“打旗公”、五月十五日祭“盘古庙”、晒衣节等。[2] 在种种节庆习俗中密切了人与人之间的关系，传达了对公平、正义、团结的愿望。龙脊梯田场域又是一个日常生活的场域。在这片约70平方千米的土地上，生活的主要是壮族与红瑶。据2011年的人口统计，龙脊村1233人，平安村821人，金坑1267人。他们的衣食住行等日常生活活动都在这个场域中展开。他们把梯田里产出的稻谷在村寨里用水磨、石碓去壳，用糯米来做糍粑，酿成香甜的龙脊水酒。用梯田里种出的棉花纺线、织布、制成衣服与鞋帽等。用山顶森林中的杉木建成舒适的干栏木楼。在景观区内修建石板路，路边建凉亭，溪上建亭桥，条条石板路连接着寨与寨，连接着楼与楼。当然，龙脊梯田也是一个传统艺术活动的场域，他们唱着山歌与小调，讲着故事与传说，在无意中还暗合着色彩、线条、光影与空间组合的形式之规律。

龙脊梯田区在这种场域的整合中而生成了浓郁的生态艺术性。

龙脊梯田场域作为具有生态艺术性的生存艺术文本，其系统整生之美还表现在艺术人生与艺术生境的耦合对生，表现在艺术创作主体与生境、艺术作品、艺术欣赏主体的和合统一。传统的艺术系统各要素是分离的，如罗兰·巴特断言：作品一旦产生，作者死了。这种要素的分离势必削弱艺术作为系统的魅力与意义。龙脊梯田场域的创作主体在人对自然的遵循中及人与人的协作中共同创作出“梯田—森林—村寨—溪河”完美组合而成的艺术作品，他们在劳动中创作，在创作中劳动，他们在大山上雕刻，在大地上赋彩，他们更在自己的作品中从生向死度过一生。他们视作品为神圣，是他们心中的山神、田神、水神、寨神。当他们在劳动之余回望层层梯田时，他们的智慧与勤劳化成的美丽与富饶是其本质力量的对象化，更是他们对于生命与生活的理想与希望。他们才是真正的艺术欣赏者，他们是以全部的生命与爱来欣赏。他们与作品没有距离，他们就在作品之中，他们本身就是作品的要素。环境美学家、环境艺术学家提倡“介入式欣赏”，反对“分离式欣赏”，龙脊梯田场域的创造者们才是真正的“介入式欣赏者”，是消除了“审美距离”的审美者。正是这种系统各要素的整生性才能实现生态艺术的永恒性。

三、余论

龙脊梯田场域的生态艺术性是隐在的，并没被大众所认识，这是时代背景所决

---

[1] 龙胜县志编纂委员会. 龙胜县志[M]. 上海：汉语大词典出版社，1992：93－94.

[2] 龙胜县志编纂委员会. 龙胜县志[M]. 上海：汉语大词典出版社，1992：83－84.

定的。在生态观念尤其是生态艺术观念还方兴未艾之时,人们头脑中普遍的观念还是传统的艺术观念。如摄影家与大众游客对龙脊梯田景观的关照仍是传统的眼光。摄影中的“画意摄影”更是从纯粹传统的艺术观念来观看龙脊梯田景观,捕捉其形状、线条、色彩、光影等传统的艺术形象。民俗摄影对生产场景、民俗生活场景的捕捉从不同方面体现出生态艺术的特性,但不全面。大众游客更是从传统的艺术角度来观看,只是梯田的过客,不投入任何感情,更谈不上介入与融合,站在不同的观景点上作局外式的观看。蜂拥而至的人流对这一生存艺术的承载力却构成了威胁,甚至威胁到龙脊梯田景观作为具有生态艺术性的生存艺术作品的持续性。如果人们只是以传统艺术的眼光来看待,如果非生态的不合理的旅游业继续发展,龙脊梯田场域的生态艺术性将受到毁灭性的影响,其传统艺术性也将因丧失其生态基础而难以保持,那么这一现实的具有素朴生态艺术性的生存艺术文本真要如陶渊明的“桃花源”一样成为一个传说。

龙脊梯田场域“行”的生态审美之宜

唐　虹

在日常生活活动中包括衣、食、住、行等活动，所以，出行活动是日常生活活动的重要内容，而要体现日常生活活动的宜之价值，实现绿色生存，除了衣之适、食之甘、居之安，行之乐也是题中应有之义。出行活动是一种中介活动，其目的或是去工作劳动，或是去走亲访友，在注重速度与效益的社会，尤其是现代社会，人们注重的是目的地，而对出行的过程视之为枯燥与难以忍受的一段时间，所以，在现代的动力交通工具上出行者用各种方式打发着时间。龙脊梯田区位于五岭之一越城岭的余脉，地无三尺平，出门就是爬山，出行本是艰辛的，但是，龙脊梯田区的人们凭着自己智慧的头脑与乐观豁达的心胸，在这艰苦的环境中把出行变成了一件快乐而愉悦的事情。他们出行或是去田间山岭耕种劳作，或是走亲访友，除了目的，更是用长长弯弯的石板路与一座座青青的石板桥、翼然立于山溪之上的风雨桥，消除了出行的枯燥与辛苦，使得在崇山峻岭之间的行走变得快乐而悠然。

一、山岭中青青的石板路

龙脊梯田区坐落于群山之中，区域内地形平均坡度达到31°，本因是山高路就难，如李白对蜀道的形容是“蜀道难，难于上青天”，虽然不无文学的夸张，但也是对群山中行走之艰难的写照。但是，龙脊人通过自己的智慧与勤劳，硬是在这群山中开凿出一个稠密的石板路网。有连接各个寨子的干线石板路，并一直延伸出去通向龙胜县城、兴安、临桂方向，“龙脊的石板路干线有东向、东北向、西向、西北向、西南向、东南向共6条，总长约100千米……所有干线上均铺着平坦的石块，有的路段还用青石板镶成。”[1]其次是寨内的道路，“在龙脊十三寨的每座寨子里，整整齐齐的石板路一直铺到每家每户的楼梯前。”[2]这一条条石板路把每一户人家都连

---

[1] 黄钟警，吴金敏. 精彩龙脊[M]. 太原：书海出版社，2005：86.

[2] 黄钟警，吴金敏. 精彩龙脊[M]. 太原：书海出版社，2005：86.

接在一起,使得平日里的来来往往变得很方便。还有是去田间与山岭耕种劳作的道路,也都是用石板铺成,这就使得平时劳作来往时没有雨天的泥泞与晴天的灰尘。

在山岭之中,本因是山高路就陡,但是当你走在龙脊的石板路上时,却经常会有一段长长的平坦的道路,如从龙脊古壮寨到平安壮寨的一段路,大约有2.5千米的路程,很多地方非常平坦,让你以为是走在公园的林间小道上,有坡度也是平缓的。这是因为龙脊人在两个海拔高度差不多的寨子之间修路时,不求距离近,而是顺着山势,在山腰上开凿出一条蜿蜒曲折的道路,这样让行路之人在爬过一段陡峭的破路后,再走上一段平路,在这一陡一平的对比中,在一张一弛的转换中,让人的身体有了劳与逸的结合,更让人的心理有了紧与松的变化,在这对比、转换与变化中,也就化解了路途的疲劳。

龙脊山岭中的石板路是寨与寨、人与人连接的纽带。龙脊人走亲访友时,挑着禾把、糯米粑粑、水酒、鸡鸭肉等礼物就走在这弯弯的石板路上,情人间难舍难分的送别也在这悠悠的石板路上,龙脊人说他们是“把石板路当作最自由便当的山歌台,大胆地歌唱自己对爱情的追求,排遣自己的愁怀。你听:‘一送送到坳口边,送妹过坳扶哥肩。日后过坳小心点,无人时时把妹牵。’在看不见人影的弯道上,有清丽婉转的女声接上:‘送郎送到日落西,郎拉妹子妹扯衣。好比路边人锯木,你拉我扯难分离!’……走在这石板路上,谁都会把一腔情与爱挥洒得酣畅淋漓、潇潇洒洒、轰轰烈烈”。

隐现在山林中的石板路也是联系龙脊人与祖先的就带。龙脊人的丧葬习俗非常简朴,其墓地往往只有一块小小的石碑,碑上刻着墓地主人的姓名与生卒年月及子女姓名。而墓地多数就选在石板路边,虽是土葬,但基本不占土地,只是为了出于自然归于自然的生命的圆满。坟墓就嵌在路边的山坡中,而墓碑就像一块护坡石,与路融为一体。每到清明节时,子孙们就沿着悠长的石板路,从村寨出发去到自家的祖坟,焚香烧纸,祭奠自己的祖先。正是这青青的石板路,使阴阳两隔的先祖与子孙情感的距离拉近了,每每走过路过,都会念及祖先开凿梯田的艰辛与功德。

龙脊山岭中的石板路还是人与自然相联系的纽带。龙脊的石板路在云雾中隐现,在山林中蜿蜒,大有曲径通幽之意境,是一种远离尘嚣的幽静。这龙脊的石板路还如一幅山水长轴画,不过是立体实景的,当你春天走在这里的石板路上时,鸟鸣幽幽,涧水淙淙,一丛丛紫色的高山杜鹃花就盛开在路旁,清丽而不妖娆,路边南竹发出一根根粗壮的竹笋,让你能想象到它的清甜。山里的春天很是多变,一会阳光明媚,转瞬就大雨滂沱,但是你不要恼这善变的天空,它让你能欣赏雾的迷离与云的飘逸。还有雨后清新的空气带着泥的清香、花的芬芳,能洗去你身体的不适与心理的不悦。龙脊的石板路镶嵌在山山岭岭之中,顺山势而为,取山中的青石铺就,一切是那么的自然而然,就像本来就长在这山岭之中,不露太多人工的痕迹。

龙脊人并不把路只是看成中介与手段,他们也不是只看重目的不关注过程,而是把露营造成联系人与人的纽带、维系子孙与先祖的通道、沟通人与自然的桥梁。他们注重过程的精彩,让行走变得快乐。所以,龙脊人祖祖辈辈都热衷于修建与维护道路。他们有着把修路看成公益与积德的传统,只要是修路,人人都积极参与,有钱的捐钱,有力的出力。如果道路出现坍塌,轻微的谁见了随时就修,情况严重的也报告村寨,马上组织人员修砌。而且每个寨子还有自己固定的修路日,对村寨所属道路进行定期养护。“如平安寨的修路日为七月十二,马海寨是七月十六,金竹寨是八月十六,侯家、廖家的修路日定在九月九。到修路日这天,天刚亮,孔明锣就咚咚锵锵地响起,家家户户争着出门修路。否则,就等于自己剥夺了自己日后参与村里一切活动的权力。”[1]龙脊人还会为别人的出行提供方便,因为出行在外时,在陌生的道路上最怕的就是遇到岔路口,所以龙脊人在每一个岔路口都会立一块分路碑,碑的上方刻上“开弓弦断”,意在提醒路人,走路选对方向最重要,如路头一差,则越行越远,龙脊人似乎从具体的行走之路想到了人生之路。而碑的下方刻着指明方向的箭头。这就让出行少了许多迷茫,少走许多弯路。

二、溪涧上翼然的风雨桥

“桥”在我们的生活中司空见惯,“桥”的功能往往被界定为:通车,行人,通航,行洪。美国最权威的韦氏大词典这样给“桥”定义:桥是跨越障碍的通道。所以在我们的观念中,“桥”是中介,是工具,不是目的,目的是通过,是从此岸到彼岸。所以有句俗语叫“过河拆桥”,撇开道德的评判不论,折射的是对“桥”的轻视。在很多作为主体民族的多数民族中,“桥”有种种类类,如梁桥、拱桥、浮桥、吊桥,到现代的斜拉桥、悬索桥等,在桥上也饰以雕刻,现在甚至也提出桥梁艺术、桥梁美学,但其主要目的仍是实用,主要功能仍是通过。

龙脊梯田区在崇山峻岭中修建出密如蛛网的石板路网,使大山里的行走变得悠然,但是,龙脊人还嫌不足,当石板路遇到溪涧时,不能让行人蹚水而过,所以就架起一座座桥梁,有石板桥,有木桥,更有翼然立于溪涧之上的风雨桥。龙脊梯田区的石板路有一百多公里长,穿越了几十条溪涧,在溪涧上架有几十座大大小小的桥。而其中的风雨桥能颠覆我们对桥的原有观念。其建桥的过程神圣而谨严,甚

---

[1] 黄钟警,吴金敏.精彩龙脊[M].太原:书海出版社,2005:87.

至具有了仪式性,如初建成的踩桥与建成后的祭桥。其对桥的妆饰甚至超过了主体,在桥面上的廊、亭、楼成了主角,还要饰以绘画、对联、匾额、题词。围绕桥的活动也不只是通过,而是休闲与娱乐,谈情与说爱等活动都在桥上展开。而围绕着桥展开的这一切,折射出的是壮、瑶族的宇宙观、人生观、价值观、生命观及生活观等等。体现的是少数民族关于生与死、现实与理想、人与神、目的与过程的深刻而微妙的心理。如果把悠长的石板路比喻成跌宕起伏的乐句,路上的桥则是这乐句上的休止符,有着"此时无声胜有声"的境界。

首先,风雨桥是生与死转换的中介。对死亡的恐惧是人类最早产生的意识之一。但随之也产生出克服死亡恐惧的冲动。如何克服这一巨大的恐惧?庄子提出"一生死"的策略,他说:"人之生,气之聚也。聚则为生,散则为死。若死生为徒,吾又何患?"(《庄子·知北游》)既然生与死的本质都是气,只是聚散形态不同,在这种气的统一感中,庄子就不患死亡了。壮瑶民族无疑也充满对死亡的恐惧。如何克服呢?通过风雨桥的象征作用。壮、瑶民族将生与死分于两界,即生属于阳界,死属于阴界,人不能永生,故不能永居阳界,但阳界与阴界也不是决然分离的,而是分而不离。传说中在阴界与阳界的交接处有一条河,名叫阴阳河,在阴阳河上有一座桥,人去世就是经桥从阳界到阴界,人出生就是经桥从阴界到阳界。所以风雨桥就能提供这样一种想象的沟通。因为有了这样一种沟通,阴阳并不是两隔的,死亡也并不是不可逆的,于是也就在想象中减少了对死亡的恐惧,多了一份坦然。所以,"在龙脊人眼里,一座桥梁便有一个神灵守护着。为此,龙脊人对桥梁怀有深深的敬畏感。过去有些人家的孩子体弱多病,他们就去砍树架桥,祈求神灵保佑;一些人家的小孩到了该讲话和走路的时候仍然不会讲话或不会走路,他们的父母就让自己的小孩拜山中的桥作寄父(这就是孩子的名字中常带'桥'字的原因),让孩子一生一世得到神灵的庇护。"[1]这应该也是因为桥的沟通生死的意义非同寻常。因为桥承载的这样一种象征的功能,每当有人因病或意外伤害而生命垂危之际,家人就会去风雨桥头烧香跪拜,祈求桥的阻隔,以留住生命。而每当有妇女久婚不孕,传说是因孩子灵魂被溪沟所阻,无法投胎,于是就要架桥求子,通过对桥的祭祀达到生命的畅通。壮、瑶民族就是通过对风雨桥赋予象征与想象的中介功能,使阴界与阳界可以沟通,生与死可以转换,前世、今生与来世可以轮回,也就在这种可沟通、可转换与可轮回中实现了对死亡恐惧的克服。

其次,风雨桥是现实向理想超越的象征。人类在达到完满的社会状态之前所面对的现实总是不尽如人意的,或是天灾,或是人祸。但人类又是不屈服于现实

---

[1] 黄钟警,吴金敏. 精彩龙脊[M]. 太原:书海出版社,2005:91.

的，总是带着希望与憧憬朝向理想迈进。壮、瑶民族也是一个充满理想的民族，除了在实践中改造现实，也在想象与象征中追求理想。而现实与理想之间总是横亘着一条鸿沟，中间需有中介，而风雨桥就因其物象的跨越性而成为壮、瑶民族从现实走向理想跨越的象征或符号。在农业文明的背景下壮、瑶族民族的理想往往就是风调雨顺，五谷丰登，人丁兴旺，六畜平安等，而风雨桥就是壮、瑶民族心中通向理想的桥梁。

风雨桥是他称，其得名是因郭沫若先生于1965年对广西三江程阳桥的一首题诗，诗的前两句是：艳说林溪风雨桥，桥长廿丈四寻高。后人就沿用此说，把所有形制与程阳桥一样的桥都称为风雨桥。其实郭沫若先生题诗时并未亲见程阳桥，因年事已高又路途艰难就只到达桂林，只是根据三江县政府送去的一幅程阳桥的照片题的诗。郭老先生应是见先前所见之桥都是露天构造，而这座程阳桥却在桥面之上还建有廊、亭，能遮风挡雨，于是就称之为风雨桥，而对建造风雨桥的少数民族的文化与习俗并没作深究，所以对桥的深层意蕴未能体会。而风雨桥的沟通现实与理想的深层意蕴在民族的自称中就得到了充分体现。风雨桥的自称——福桥就蕴含了少数民族的美好理想。福是长寿，是多子，是富裕，是平安。

风雨桥的桥头往往开凿有井，也往往取名“长生井”“长寿泉”等，寄托着长寿的愿望。风雨桥上的廊屋有楼有亭，楼是歇山顶，亭是攒尖顶，在顶尖上妆饰的都是葫芦，而葫芦在很多的民族文化中是生育的符号，风雨桥顶上的葫芦象征着多子。另外，风雨桥在建成后有一个踩桥仪式，就是找一个36岁就作了爷爷的男性首先过桥，然后众人才通过，而36岁就有孙子的选拔条件预示的也是子孙发达。所以风雨桥承载着多子的希望。建造风雨桥还为保风水，在壮、瑶族的风水观中，自然之天水能聚财，而溪河之水就是天水，朝水来的方向应敞开，则是纳财，而在水去的方向应挡拦，使财不去，用之不竭。所以风雨桥往往建在溪河的下游，桥面朝向上游方向，只是设置中空的栏杆以纳财，而朝下游的一侧则用木板封实，以拦财，这样就能使财富有来无去，日渐殷实富足。风雨桥还有一个重要的护寨意义，往往在桥头竖立石碑，上刻“泰山石敢当”字样，达到驱邪镇灾，保护人畜平安。风雨桥就这样化解现实中的天灾人祸不如人意之事，引向长寿、多子、富足、平安的美好境地，而成为从现实向理想跨越的中介，折射出壮、瑶民族对美好生活的向往与热望。

再次，风雨桥是人与神沟通的途径。桥沟通溪河两岸的具体形象在壮、瑶民族直觉相似性的“野性思维”中就具有了沟通人间与神界、联系人与神的意义。神也即对超常力量的神秘化与人格化，所以人与神的关系也即人与超常力量的关系。而被赋予神性的载体可以是逝去的祖先，可以是自然物象，也可以是智慧与力量秀出的人——英雄。壮、瑶民族在风雨桥的建造上与围绕桥的许多活动中体现人与神的关系，折射出人对神的态度与情感。

风雨桥往往都雕龙画凤，在桥亭屋背上会饰以三龙抢宝、双凤朝阳的泥塑，在桥楼的立柱上会绘上青龙，天花板上也会绘上龙凤、白鹤，或者塑上鳌鱼。而壮、瑶民族源于古百越民族，百越民族作为东南方的民族，以蛇、鸟为图腾，龙、凤、鹤、鳌也都是图腾的相关物，所以把他们或画或塑于风雨桥上，使其受到人的尊崇与敬畏。壮、瑶民族一般还在风雨桥的各桥廊上设置神龛，每个神龛上都供奉着众多的神灵，而这些神灵或是与本民族生产生活息息相关的自然物，如山神、土地神、水神、天地神、日月神、雷神等，或是智慧与力量超常的英雄，如关羽，或是其民族的祖先，如祖母菩萨。安于风雨桥上的种种神灵都受到人们的顶礼膜拜。所以每当丰收喜庆时人们要酬神，感谢神的赐福，如每逢春节或是吃新节，人们就要到桥亭的神龛前进香，表达对神灵的感恩，而每逢天有旱涝或人有病痛，人们也提上供品，携上纸钱上桥亭的神龛向神灵祭祀，祈求神灵的庇佑，以降灾祛害。风雨桥就成了人与神交流与沟通的一个平台，人们在遇丰收喜庆时谢神、酬神，在遇灾害不幸时求神、娱神。所以，在风雨桥上人与神的沟通是一种不平等的沟通，神是主体是中心，人对神是依同、依从、依顺，人只是客体，只是在人向神的依生中实现暂时和谐。这种关系也是在传统农业文明背景下人与自然的客体化关系场中的必然。所以，在风雨桥上人与神的沟通中，体现的是自然的象征物——神的高高在上与人的卑微，折射出人那如履薄冰、如临深渊的紧张与不安，折射出人的心灵的不自由。但是，人们通过沟通与祭拜，力求去实现自由与快乐。

最后，风雨桥是从目的向过程转向的符号。在近现代的工业文明背景下，工具理性大行其道，在二分的思维模式下，在目的与过程中侧重的永远是目的，可谓是为达目的不择手段，或者是只在目的，不关过程。而这种工具理性的偏颇是显然的，在后现代思维中开始被纠正。正如叔本华所发现的，在目的达成的一刻、在欲望实现的瞬间，顿时化为虚无，感受的是失落，而无限的意义就在于过程之中。现代化的桥梁能跨大江，甚至能跨大海，可谓是变天堑为通途，但其目的永远是通过，是达到彼岸，桥本身不是目的。

而风雨桥恰恰相反，其起初的目的也许也是通过溪河达到彼岸，但是后来其重心转向了通过的过程，桥本身成了目的，有些风雨桥下并无流水就是从目的转向过程的明证。风雨桥还有一个名称就花桥，顾名思义就是整座桥雕梁画栋，极尽妆饰之能事，使其如花般美丽。壮、侗、瑶等民族在原本露天的桥面上建廊，还不够，还要建上亭与阁，并且不是单层亭阁，而是三层甚至五层的亭阁，亭阁顶部饰以葫芦、鸟、鳌等动物，支柱上雕以龙纹，梁上绘以花草虫鱼。整座风雨桥远望如伞盖如树，近观则是雕刻与书画的长廊。壮、侗、瑶等民族如此不厌其烦地妆饰风雨桥，是因为对过程的重视,在通过桥的过程中也不能步履匆匆,而是能驻足欣赏,感受审美的愉悦。风雨桥还有一个名字叫凉桥,因为风雨桥的桥廊两侧建有栏杆,栏杆旁摆有一条条木凳,人们在过桥时,不是直奔目的,而是坐下来小憩一会,如果是夏季,在桥上没有烈日,因为廊亭的通透,桥下有流水,就可以感受习习的凉风,旅途的劳累顿时可以消除。桥头可能凿有井,取一瓢凉水,暑气顿时可以消减。如果是冬天,桥上火塘可能生有旺旺的柴火,可以坐下来祛祛寒气。就这样风雨桥能让行人放慢匆匆的脚步,感受这过程中的清凉与温暖。

风雨桥附近的人们更是不把其看成是通过溪河的工具,而是将其当成生活或生产中的一个场所。在丰收后,人们会把禾把暂时堆放在桥上的空地。风雨桥更是壮、瑶民族生活中休闲与娱乐的场所。在夜晚,年青的姑娘与小伙子们会聚集到桥上玩耍,对唱山歌,而且通过山歌对唱找到自己心仪的对象,互相爱慕的情侣也会到桥上倾诉衷肠。在白天,妇女们在农闲时就坐到桥上悠然地做着女工,一件件精美的手工制品就在桥上诞生了。或者还会将做成的手工制品和土特产在桥上摆摊出售,桥亭还俨然成了一个小集市。

壮、瑶民族对风雨桥尽心尽意地装饰着,在风雨桥上悠然快乐地生活着,彰显着他们对目的豁达、对过程珍视的智慧。延伸到人生就是对生命过程的珍视,对当下心灵的关注。

在龙脊梯田区现在还保存有四座风雨桥,一座在龙堡寨到枫木寨之间的石板路上,一座在进平安寨的路口,一座在平安寨与龙脊古壮寨之间的石板路上,还有一座在龙脊古壮寨的侯家寨中间。这一座座充满象征与寓意的风雨桥在龙脊人日常生活中的重要性可想而知。它可供行人小憩,也可供干活的人歇息,还可供情人幽会,供朋友送别。

桥在龙脊人的出行活动中,甚至在人生过程中都具有重要的意义,它关系到整个出行过程的快乐。所以,龙脊人对修桥充满了激情。"在龙脊七星寨后面有一座2丈多长、三尺多宽、6寸多厚的整块石板桥,传说是从10千米外的岩湾寨边抬上去的,堪称龙脊石板桥之最。不知道采石、錾石所耗时日,只知道光抬回石板就动用了80人整整抬了3天!可以想象当初搬运的情景:一寸寸地移,一尺尺地挪,密密的抬杠下面是密密的脚,整个队伍像千脚虫一样慢慢蠕动。"[1]据传,"在清朝年间,龙脊马海田寨村民蒙文扁的三个女儿出嫁,这三个女子为了报答父母和家乡的养育之恩,都慷慨地出钱出谷,各自为家乡架了一座1丈8尺长的石板桥作纪

[1] 黄钟警,吴金敏.精彩龙脊[M].太原:书海出版社,2005:90.

念。”[1]所以,在龙脊,刻着“万古流芳”“永垂不朽”的石碑随处可见,这石碑就是对捐钱、捐谷、捐工的记载。

总之,龙脊人用尽自己的智慧与想象,让日常生活中的出行活动在或走或停中,在跋山涉水中,尽力营造出精彩与快乐,化解了枯燥与艰辛,让“行”如流动的音乐,让“停”如音乐中深情的休止符。

[1] 黄钟警,吴金敏.精彩龙脊[M].太原:书海出版社,2005:87.

生态文明视野下的美学研究

——兼谈中国古典哲学—美学中的“中和”与“生生”思想

龚妮丽

一、生态文明转型对美学研究的影响

20 世纪中期以来工业文明的快速发展,使人类在征服自然获取物质利益的同时,也造成了日益严重的生态危机,越来越多的自然灾难从天而降,迫使人类重新思考与自然的关系。德国神学家、哲学家阿尔贝特·施韦泽率先对工业文明提出了严厉的批判,他在《文化哲学》一书中指出西方工业文化的灾难在于:它的物质发展过分地超过了它的精神发展,它就像一艘不断加速航行而舵机受损的轮船,已经失去控制并走向毁灭。[1] 施韦泽以“对生命的敬畏”为伦理学的基础,揭露了关于工业社会的进步和普遍幸福的虚伪神话。英国著名历史学家阿诺德·汤因比1973 年在其《人类与大地母亲》中提出:“人类将会杀害大地母亲,抑或将使它得到拯救?如果滥用日益增长的技术力量,人类将置大地母亲于死地,如果克服了那导致自我毁灭的放肆的贪欲,人类则能够使她重返青春,而人类的贪欲正在使伟大母亲的生命之果——包括人类在内的一切生命造物付出代价。何去何从,这就是今天人类所面临的斯芬克斯之谜。”[2]汤因比从生态哲学的视阈,提出对人类的警示。著名环保组织塞拉俱乐部的前任执行主席麦克洛斯基则明确指出:“在我们的价值观、世界观和经济组织方面,确实需要一场革命。因为,文化传统建立在无视生态地追求经济和技术发展的一些预设之上,我们的生态危机就根源于这种文化传统。工业革命正在变质,需要另一场革命取而代之,以全新的态度对待增长、商品、空间和生命。”[3]对工业文明的批判以及对生态保护的呼声终于导致了人类哲学观、伦

---

[1] [法]阿尔贝特·施韦泽. 文化哲学[M]. 陈泽环,译. 上海:上海人民出版社,2008:52.

[2] [英]阿诺德·汤因比. 人类与大地母亲[M]. 徐波等,译. 上海:上海人民出版社,2001:529.

[3] 王诺. 欧美生态文学[M]. 北京:北京大学出版社,2003:69.

理观、价值观的变化，人类社会 开始由工业文明转向生态文明。在文明转型的背景下，必然会带来人类对于精神世界的重新思考，生态哲学、生态伦理学、生态政治学等生态方面的各种理论逐渐形成并繁荣发展起来。我国生态美学的应运而生是生态文明转型的直接产物，而环境美学则成为具有世界性的“全球美学”。

美学研究与生态学本生有着明显的区别，有学者认为“生态学是一门以物理、生物现象为研究对象的自然科学，而美学是一门以人类精神现象为研究对象的人文学科。显然，这两门学科之间在性质上具有根本的不同之处……”[1]，我也不赞成美学与生态学机械地结合。但是，在生态文明的视野下，生态问题已经不仅仅是“物理、生物现象”，而成为人类生存世界、生存方式乃至生命形式不得不认真面对的问题，它已转化为哲学问题、伦理问题，也就必然会影响人们的审美观，美学研究的发展也不能不受到一定的影响。在向生态文明的转型过程中，人们的生态意识逐渐形成，许多观念正在改变，如征服自然观、人类中心论、主客二元论、科技至上论、唯发展观、消费主义等观念都受到人们的质疑和拷问。与此同时，生态文明的转型正在向生态价值观迈进。价值观的改变必然会影响到人们对美、审美及艺术表现的认识。

在生态文明视野下，审美的改变最明显的是对自然美态度的改变。自然美曾经被黑格尔视为低层次的美，认为只有艺术美才是真正意义上的美，因为艺术是人类的创造，承载着自由和尊严等来自启蒙主义的精神。这些观念曾长期统领美学研究，导致人们将自然美视为艺术美表现的附庸或为艺术美服务的手段。但在今天，从审美实践看，人们正在变换以往的审美方式，大自然已成为重要的审美对象，愈演愈热的旅游审美、环境审美、乡村审美、自然生态审美几乎成为人们审美活动的主流。在审美研究中，对人与自然关系的认识也有了改变：人们将“自然是艺术表现的附庸”，提升到自然是人类“诗意栖居”不可或缺的条件，诗意来自人与自然的和谐相处。人们的审美趣味也在发生变化，前些年杨丽萍创作了大型歌舞剧《云南映象》、之后又有张艺谋制作的《印象・刘三姐》，以及谭盾在中岳嵩山少林寺脚下打造的大型实景“禅宗少林音乐大典”，这些作品引起的轰动，显示出人们对自然生态及乡土文化表现的兴趣。作品虽带有商业化观赏性表演的痕迹，并非真正意义上的原生态艺术，但是制作者们之所以将舞台从大城市现代化的剧场置换到自然环境中，则是看准了人们审美口味的变化，在对那些找不到森林回归路，也不愿真正回到原始生活方式的大众，以幻境保留住对天地神人的诗意记忆，无疑是一

[1] 王梦湖. 生态美学——一个时髦的伪命题[J]. 西北师大学报：社会科学版（兰州），2010(2).

种很好的策略。

在生态文明视野下，包括美学在内的人文研究，可以从中华优秀传统文化中找到许多有益的资源。中国古代社会中含藏着丰富的生态智慧，如中国古代哲学中儒家的"中和"思想与"生生"思想，就可以为我们今天的生态美学、生命美学建设提供重要的思想资源。

二、"中和"思想与生态美学

20世纪90年代以后，生态美学、环境美学、生态文艺学与生态批评在我国成为一道审美研究的亮丽风景，越来越受到美学界、文艺理论界的关注。毫无疑问，生态美学是反思生态危机的产物，这门学科的提出和研究能在中国产生蓬勃发展的趋势，也是与中国传统思想文化的影响、学者们自觉继承和发扬中国文化智慧分不开的。在生态美学的研究中，诸多有创建的观点都具有中国文化的特色，如在20世纪90年代就有学者提出"生态平衡是最高价值美"的美学观，以及"道法自然""返璞归真"与"适度节制"三大原则方法[1]；徐恒醇较早出版的《生态美学》将中国古代的生命意识作为建立生态美学的重要理论前提。多年来，不少中国学者都在试图吸取中国传统文化中的生态智慧，例如，中国古代儒家的"生生为易""天人合一""仁民爱物"的生态思想；道家"道法自然""为而不争"的生态观；佛家"无尽缘起""无情有性"的哲学思想都成为生态文化研究的重要资源，对生态美学的建构具有积极的意义。

人与自然相处之道，最具智慧的是儒家的"中和"思想。中和思想是中庸思想的另外一种表述方式。子思作《中庸》，表述了儒家明确的"中和"思想，曰："喜怒哀乐之未发，谓之中；发而皆中节，谓之和。中也者，天下之大本也；和也者，天下之达道也。致中和，天地位焉，万物育焉。"（《中庸・一章》）"中和"思想遂成为儒家伦理本体论的哲学基础。"中和"思想既体现了对宇宙万物、人世万象的规律性认识和把握，又强调了人与人、人与天地万物相处应遵循的规律和原则，"中"侧重的是对事物"理"的认识，而"和"侧重的是在中道基础上的和谐相处。儒家的"中和"思想具有合乎天道与人道的生态意识。《周易》所讲的万物生化之哲学，即大自然生生不息，成就天地万物，最具灵性的人类参与其中，共同构成生命流行的世界。与此相联系的"天人合一"思想，分清了人与自然的关系：人是大自然的一部分，是自然秩序中的存在，人与自然互相依存，应和谐地融为一体，如中庸所说："万物并育而不相害，道并行而不相悖。"儒家思想的高明处在于，肯定人

---

[1] 李欣复. 论生态美学[J]. 南京社会科学，1994(12).

高于万物，灵于万物，这并非是凌驾于万物之上的理由，相反人的灵性使人能体察天地万物之心，尽到爱物、护生之责。因此儒家提倡以“仁爱”之心对待自然，将爱护自然万物看成是“仁德”的体现。这些思想对生态美学的继续发展有着积极的意义。

儒家“中和”思想认为天地万物与人类是一个统一的整体，人是整体中最有灵性的存在，就在于人能够体察天地之心，与天地共存。朱熹认为天人相依，“天即人，人即天。人之始生，得于天地。即生此人，则天又在人矣”。（《语类》卷十七）王阳明则从心性本体的角度阐发“天地万物一体”之说：“人心与天地同体，故上下与天地同流”。（《传习录》下）儒家的“中和”思想不仅提出天地万物一体，还阐明了天地万物一体之根源。对于自然，人没有理由高高在上，而是要心存敬畏，遵循大自然的秩序，“天何言哉，四时行焉，百物生焉，天何焉哉！”（《论语·阳货》）人因有灵性，才知道“天行有常”（荀子语）。圣人的智慧就在于明白“易”的道理，“与天地相似，故不违。知周乎万物而道济天下，故不过。旁行而不流，乐天知命，故不忧”（《易传·系辞上》）。圣人因明了易理，就能正确遵循天地之道，行事处世不违背天地之道，便不会有过失。易道与天地之道周合无余，中正而不失常道，故知易道的人，顺应天道，知晓性命之理，便不会忧愁。可见儒家“中和”思想包含了深刻的天人相处之道，对自然的敬畏就含有对天道的自觉遵行，对自然的亲和则包含着人性与天地本性的相通，对自然的关爱则又充满了儒家仁爱、博爱的精神。这些都是我们建构生态美学丰富的思想资源。

生态美学所讨论的中心命题“自然之美”，有学者认为既非“自然的人化”之美，也非生态中心论的“自然全美”，而是生态存在论的“诗意栖居”与“家园之美”❶。其实，这种“自然之美”给人带来的“乐境”（也可视为中国化的“诗意栖居”），在我们古人的生存意识中早已有之。《论语·先进》中孔子与其弟子在谈论各自志向时，唯独赞同曾点“莫春者，春服既成，冠者五六人，童子六七人，浴乎沂，风乎舞雩，咏而归”的志向，颇有深意，不妨将之看成是古代“诗意栖居”的“乐境”。朱子对此解读：“曾点之学，盖有以见夫人欲尽处，天理流行，随处充满，无少欠阙。故其动静之际，从容如此。而言其志，则又不过即其所居之位，乐其日用之常，初无舍己无为人之意。而其胸次悠然，直与天地万物上下同流，各得其所之妙，隐然自现于言外。视三子之规规于事为之末者，其气象不侔矣。故夫子叹息而深许之。”（《论语集注》卷六）朱熹对“曾点境界”的解读，除了有向道德本体开掘的深意，还包含着人与自然默契融和的审美意味，“其胸次悠然，直与天地万物上下同流，各得

---

❶ 曾繁仁.生态存在论美学视野中的自然之美[J].文艺研究,2011(6).

其所之妙”，这正是一种最高的审美境界，体现出万物一体，物我相忘的审美情怀。陶渊明的《饮酒》诗句：“采菊东篱下，悠然见南山。山气日夕佳，飞鸟相与还。此中有真意，欲辩已忘言”之所以成为千古佳句，就在于诗中人与自然同一的生命快乐之境，诗人边采菊，边赏山，日夕的山气、归还的飞鸟与诗人相依相伴，展现出抒情主人公与自然融为一体的审美情怀、审美安顿、审美自由。

中国古人与大自然相依相融的“乐境”不正是今人所向往的“诗意栖居”吗？今天的人已回不到古代，享受不到古人与大自然亲和的“乐境”，但中国儒家的生存智慧，一定能指引我们的心灵“返乡”与“回家”，去享受“自然之美”的“乐境”。

三、“生生”思想与生命美学

在人类进入生态文明社会转型的背景下，生态意识日益成为当代人文精神的重要内容，对生态的思考必然涉及生命价值观，催生出人文精神中关于生命时空的新理念、新精神。与生态美学有着内在联系的生命美学，其发展会在不同程度上受到生态伦理学、生态哲学、生态文艺学的影响。

20 世纪 90 年代，生命美学成为美学研究的新方向。刘纲纪先生说：“还有一种发生了一定影响的观点，主张从生命的秘密中去寻找美的秘密。……生命与美的关系很重要，十分值得深入研究”[1]。正因为后来的生态美学也是以研究人类生存与美的关系，有人将生态美学称为大生命美学，认为它的根本性质是从生命的普遍联系中看待生命。因此可以说，美在生命，不仅是生命美学的出发点，也是生态美学的出发点。生命美学是在反思西方强调人的主体理性、认知理性、忽视人的生命存在的哲学－美学中产生的，它突破了本体论美学和认识论美学的局限，成为价值论美学的代表。生命美学的重要学者封孝伦提出的“人是三重生命的统一体”的学说，是对长期主导美学领域的精神美学的有力突破，他将人的生物生命、精神生命、社会生命视为人类的完整生命系统，以此为基础考察人类的审美活动，找到了“从生命的秘密中寻找美的秘密”的钥匙。生命美学在中国的发展应该比西方更有利，牟宗三说过：“中国哲学的主要课题是生命，就是我们所说的生命的学问。”[2]有学者指出：“生命美学所走的独特路径就是与西方的理性主义、逻各斯中心主义、科学主义分庭抗礼。……有些学者认为中国古代的美学其实是生命美学，其原因是我国古代的天人合一的思想、知行合一的实践理性命题、情景合一的美学命题等都跟生命有着密切的关系。……我们对比发现，西方的方法论和价值论是

---

[1] 刘纲纪. 马克思主义实践观与当代美学问题[J]. 光明日报，1998(10).

[2] 牟宗三. 中国哲学十九讲[M]. 上海：上海古籍出版社 1997.

相分的，所以有时候他们尽管在方法论上有了大的突破，很多的贡献，但是反而让西方人陷入生命的困惑和迷茫，甚至分裂和绝望的状态当中。……中国古典文学艺术包括美学，则显得不那么令人揪心。”❶正是因为这样，在生命美学的建构中，许多学者自觉地从中国古代生命哲学—美学中寻找理论资源，如道家“道生德成”的生命本源观、“阴阳气化”的生命机制观、“形神相依”的生命结构观、“法天贵真”的生命美学观、“身心超越”的生命境界观等；儒家的“生生之谓易”的生命本质观，“仁者爱人”“与天地参”的生命意义观，“以死观生”“朝闻道，夕死可焉”的生命价值观、“美善统一”的生命美学观、“上下与天地同流”的生命境界观。这些思想既关涉本体、也关涉方法、境界、价值，是我们研究生命美学丰富的思想资源。

如果说儒家的“中和”思想直接影响着生态美学，那么儒家的“生生”思想则是生命美学建构的重要思想资源。潘知常在其《生命美学》中说：“美学必须以人类自身的生命活动作为自己的现代视界，换言之，美学倘不在人类自身的生命活动的地基上重新建构自身，它就永远是无根的美学，冷冰冰的美学，他就休想真正有所作为。”❷封孝伦对美下了这样的定义：“美是人的生命追求的精神实现”。生命美学学说将生命视为人类审美活动的逻辑起点，将人类的生命活动视为文化发展的动力和依据，这与儒家的“生生”思想是一致的，“生生”的智慧完全可以为生命美学的建构提供理论资源。

“生生”思想是儒家思想的根基，也即是儒家理解宇宙万物、人类文化的根本方式。“生生”包括了人的起源，生物生命的开始，文化生命的生成。《周易·序卦》记载：“有天地，然后有万物，有万物，然后有男女，有男女，然后有夫妇，有夫妇，然后有父子，有父子，然后有君臣，有君臣，然后有上下，有上下，然后礼义有所错”，先有生物的生命，继而形成社会的生命，以及文化（精神）的生命。春秋以后儒家将生命视为宇宙的根本精神，是最高的本体。儒家以“生生”为大德，《易传·系辞》曰：“日新之谓盛德，生生之谓易”。“生生之德”将创造生命视为宇宙最崇高的德性。“在孔子看来，宇宙之所以伟大，即在大化流衍，生生不息，天是大生之德，所谓‘万物资始乃统天’，……地是广生之德，所谓‘万物资生而顺承天’……这种雄奇的宇宙生命一旦弥漫宣畅，就能浃化一切自然，促使万物含生，刚劲充周，足以驰骤扬厉，横空拓展，而人类受此感召，更能奋能有兴，振作生命劲气，激发生命狂澜，一旦化为外在形式，即成为艺术珍品。”❸

---

❶ 魏家川. 从生命美学到生态美学[J]. 中国文化报，2010 年 12 月 29 日，第 3 版：“理论·时评”。

❷ 潘知常. 生命美学[M]. 郑州：河南人民出版社，1991.

❸ 方东美. 生命理想与文化类型[M]//方东美. 方东美新儒学论著辑要·生命理性与文化类型. 北京：中国广播电视出版社，1992：368－369.

“生生之德”对“创生”的赞美，不仅指创造生命，也包括创造生活、创造文化、创造美。正如有学者指出：“儒学‘创生’的本义就是创造生命，以创造生命为伟大品质，宇宙世界因为有了生命，才有它的灵气，才有它的丰富多彩，才有所谓价值和意义，儒家正是站在这样的人文高度将自己的主张与宇宙世界实现了全面对接。”[1]儒家不仅重视肉体生命的“创生”，也注重精神生命的展开，积极创造精神文化产品，养育人的精神生命，如对先贤思想的“述与作”，对“礼乐教化”的继承与发展，对德性生命的高扬，将“善”与“美”融为一体，使之成为生命养育的良药。《乐记》中说“生民之道，乐为大焉”，主张在审美的“乐境”中获得德性生命的提升。《论语》中孔子告诫其弟子们：“志于道，据于德，依于人，游于艺”，方东美将之理解为：“只要游于艺而领悟其美妙的人，才能体悟道，修养道，成为完人。”[2]

总之，在儒家的“生生”思想中，包含着对生命的价值理想。可以说，只有立足于“人类自身的生命活动”才能在“生生不息的创生”过程中寻找到美的根源、美的价值和意义。

---

[1] 李承贵. 生生：儒家思想的内在维度[J]. 学术研究，2012(5).

[2] 方东美. 生命理想与文化类型[M]//方东美. 方东美新儒学论著辑要·生命理性与文化类型. 北京：中国广播电视出版社，1992：370.

生态文艺学何为?

李启军

“生态文艺学”,或又叫“文艺生态学”,实质是生态论文艺学。在进行生态文艺学理论体系建构之前,首先必须明确它应该承担什么“本职工作”,也即应该准确设定其学科定位。

一

从《圣经》已经初露端倪、在工业化进程中不断强化的“人类主宰”论,使人类在自然面前变得十分狂妄自大,肆无忌惮地掠夺自然资源,破坏自然生态,逐渐使人类自身深陷生态环境的危机之中。后知后觉的人类在失去了和谐生态环境之后才意识到它的珍贵,人类的生态意识才终于被唤醒。

作为人类敏感神经和触角的写作者,一旦拥有了强烈的生态意识,应对自然生态危机和现代精神危机的生态文艺的出现就成了必然。从中国古代的山水诗派,到18世纪英国的浪漫诗派,从19世纪美国自然文学,到20世纪苏联“自然哲理小说”,生态文艺从被遮蔽的无名状态到获得命名,从自发的对诗意自然的歌咏到自觉的生态意识的灌注,从个别写作者的小打小闹到众多写作者会聚合唱的蔚为壮观,从揭示自然生态危机的浅层次生态文艺到揭示人类精神生态危机的深层生态文艺,其深远传统和历史线索日益清晰起来。当然,无论是美国亨利·戴维·梭罗的《瓦尔登湖》,还是苏联阿斯塔菲耶夫的《鱼王》,亦或是加拿大法利·莫厄特的《鹿之民》,生态文艺关心的核心问题是人与自然的关系。王诺给生态文学下的定义是:“生态文学是以生态整体主义为思想基础、以生态系统整体利益为最高价值的考察和表现自然与人之关系和探寻生态危机之社会根源的文学。生态责任、文明批判、生态理想和生态预警是其突出特点。”[1]从这个定义可以见出,“生态文学

[1] 王诺. 欧美生态文学[M]. 北京:北京大学出版社,2003:11.

关乎的是人与自然的关系,表达的是生命平等观、生态和谐观。”❶

与生态文艺创作实践相呼应的文艺批评实践,是20世纪70年代在欧美兴起的生态批评。生态文艺最为关心的是人与自然的关系,生态批评最为关心的则是生态文艺中揭示的人与自然关系。因为中间存在一个转换,所以可以说生态批评要探究的是文学与自然的关系,有人就明确指出“生态批评是对文学与自然环境的关系进行研究”❷。生态批评与后现代语境中产生的以种族、阶级、性别等为视角的文艺研究一样具有“文化研究”的旨趣,表现出通过文艺批评进行社会批评、文化批评的自觉,不仅试图揭示人与自然的现实关系,而且试图改变人与自然的现实关系。

那么,生态文艺学呢?有人把生态文艺学与生态批评相等同。张晧曾说“一种与西方同步的文艺批评,即生态文艺学正在中国兴起”❸,李洁也曾说“作为一种文学和文化批评,生态批评(或称文艺生态学、生态文艺学)的产生有着时代的必然”❹。鲁枢元《生态文艺学》“引言”开篇说:“文学艺术问题并不单单是文学艺术领域内的问题。”❺这个哲理性的提法,意思是说文学艺术在“返回自身”后又需要“走出自身”,因为“文学艺术无疑拥有其自身的属性、内涵,文学艺术注定又与其所处的时代、社会、文化、自然的环境密切相关”❻。这无疑是辩证的看法。但是,接下来他给《生态文艺学》所做的定位就叫人疑惑不解了。他写道:“‘生态文艺学’将试图探讨文学艺术与整个地球生态系统的关系,进而运用现代生态学的观点来审视文学艺术。”❼这句话的后半句是准确的,但前半句将“生态文艺学”定位于“探讨文学艺术与整个地球生态系统的关系”,既因其宽泛性而显得“大而不当”,又因其偏狭性而显得“小而不当”。“生态文艺学”也许与生态人类学、生态哲学、生态美学等其他人文科学一道能够为探讨人类作为生态主体的整个地球生态系统也即人类生态系统提供某种有益的启示,至于“生态文艺学”的学科定位则需要结合文艺学的具体对象、具体问题确定,而不能笼而统之地将所有生态学交叉学科应该共有的宽广视野作为自己的学科定位。

---

❶ 姜桂华.生态文学及其意义简论[J].沈阳师范大学学报(社会科学版),2010(5).

❷ 徐清.生态批评的价值与阈限[D].科学发展·生态文明——天津市社会科学界第九届学术年会优秀论文集(上),2013年10月29日发表于天津市社会科学界第九届学术年会。

❸ 姜桂华.为生态批评正名(一)——针对概念混乱的问题[J].沈阳师范大学学报(社会科学版),2012(6).

❹ 李洁.生态批评在中国17年发展综述[J].兰州大学学报,2005(6).

❺ 鲁枢元.生态文艺学[M].西安:陕西人民教育出版社,2000:1.

❻ 鲁枢元.生态文艺学[M].西安:陕西人民教育出版社,2000:2.

❼ 鲁枢元.生态文艺学[M].西安:陕西人民教育出版社,2000:2.

生态文艺学与生态文艺、生态批评关系紧密，应该说如果没有生态文艺、生态批评的出现，也不会凭空提出生态文艺学的理论建构问题。生态文艺、生态批评、生态文艺学都会通过不同的方式强化人们的生态意识和观念，但是生态文艺学与生态批评不在同一个理论"生态位"上，它们面对的对象不同，需要回答的问题不同，理论目标也不同。生态批评直接面对文艺现象——既可以是生态文艺，也可以是非生态文艺，还可以是反生态文艺，解读之，评判之，并延伸到社会和文化批评。生态文艺学虽然必须从理论上回应生态文艺实践和生态批评实践，但是生态文艺学应该面对所有文艺现象和所有文艺活动，最根本的是要从生态哲学的高度抽象出文艺现象的一般特点和文艺活动的一般规律，其直接目标是运用生态学理论方法建构起一套新颖的文艺学理论体系。

二

如果生态文艺学只"注重自然生态与文学关系的探究"，那么"由于研究视野的狭隘"，只能称之为"狭义上的生态文艺学"❶甚至"狭隘的生态文艺学"。

鲁枢元的《生态文艺学》虽然在学术界产生了较大影响，但也因为学科定位的模糊不清，也招致了一些学者的批评。2001 年鲁枢元从海南带着自己的书去华中师范大学参加"建构生态文艺学"的一个小范围学术座谈会，会上有人支持生态文艺学的理论建构，有人表示怀疑。张玉能教授的意见比较中肯："生态文艺学不能仅仅局限于解决当前生态危机问题，而要关注文艺学的具体问题，因为生态学问题实际上是所有人文学科都要引起重视的问题。"❷吴家荣更是尖锐地指出："如果要唤起人们对生态环境恶化的警觉，生态文学足以胜任。标举'生态文艺学'新学科的目的如仅在此，就有画蛇添足之嫌了。传统的文艺学难道对生态文学作品不能进行理论概况与指导，而需另创一套语码、范畴，来揭示出生态文学的独特规律？或者生态文学必得赖于生态文艺学独特理论的总结、提升，才能促进生态文学的繁荣吗？倘如此，军事文艺学等名目繁多的文艺学也就会雨后春笋般地涌现，这显然难为人接受。"❸

应该说张玉能、吴家荣等人对鲁枢元的批评不无道理。在今天这样的"生态学时代"，生态学是最基本的思维范式和学术范式，尤其是生态学交叉学科的思维范式和学术范式，但是又必须廓清每门学科的特定"生态位"及其特定的对象范围和

---

❶ 彭松乔. 生态文艺学：视域、范式与文本[J]. 江汉大学学报(人文社会科学版)，2002(3).

❷ 李显杰. "建构生态文艺学"学术座谈述要[J]. 华中师范大学学报(人文社会科学版)，2001(4).

❸ 吴家荣. "生态文艺学"、"生态美学"的学理性质疑[J]. 学术界，2006(2).

任务。生态文艺学虽然也需要通过内含的生态批评等方式引领生态文艺的创作，但更应该具有清醒的学科意识，从生态学的角度审视文艺活动以及文艺活动关涉的一切文艺现象，建构起不同于、超越于现在流行的审美主义文艺学的理论体系。这才是生态文艺学应有的恰当定位。现在流行的审美主义文艺学原理在纠正过去社会学文艺学原理和政治学文艺学原理的偏误方面是起过积极作用的，但是放在今天的生态学大视野中重新审视，就暴露出某种局限性了。如果说"当在美学中引进生态学以后，就为美学提供了一种新的评判标准，这标准就是生态高于审美，审美服从生态，生态与审美的交流与互动，构成生态美学活动的基本规律"❶，那么，生态文艺学超越审美文艺学的地方也在于"生态高于审美"。

吴家荣否定生态文艺学建构的必要性，一是因为鲁枢元等人对学科定位的不明确使他看不到生态文艺学的前景，二是他自己对生态文艺学认识的狭隘使他误入歧途。他在批评他人的时候，自己又犯了将生态文艺学狭隘地视为研究生态文艺的理论学科的错误。生态文艺学必然为生态文艺鼓与呼，但作为新颖的文艺学原理不可能只观照生态文艺，而应该在生态学理论方法的烛照下，建构起生态学时代的文艺学的一种新颖理论形态。"经过生态学审视之后的文艺学，将作为21世纪的文艺学新形态而出现在人们面前。"❷

到目前为止，最明显表现出建构生态文艺学的理论自觉的还是曾永成和鲁枢元两位前辈。他们都试图从生态学的视角研究文学艺术的普遍问题，但是两人的命名不同，鲁枢元的命名是"生态文艺学"，曾永成的命名是"文艺生态学"。按照交叉学科命名惯例，前面部分常用以表示新理论新方法，后面部分常表示学科领域，如果意在表示生态学是文艺学研究的新理论新方法，一般应该叫作"生态文艺学"，如果意在表示为生态学开辟新的领域提供新的内容，一般应该叫作"文艺生态学"。"生态文艺学"意味着将文艺学看作一个大的生态系统——诸如文化生态系统、精神生态系统中的一个小系统，不仅研究文艺活动这个小生态系统，而且研究这个小生态系统与在不同维度环绕着它的各种大生态系统之间的关系，以期对已有文艺学理论做出生态学的重新阐释，并且进一步从生态学高度提出一些新的文艺理论；"文艺生态学"则意味着单纯地将文艺活动的方方面面当作一个生态系统来研究。如果在这样的意义上理解"生态文艺学"和"文艺生态学"，那么生态文艺学内含着文艺生态学，文艺生态学是生态文艺学的一个重要方面内容。如果按照这个思路看待曾永成《文艺的绿色之思——文艺生态学引论》与鲁枢元《生态文

❶ 刘锋杰. "生态文艺学"的理论之路[J]. 安徽师范大学学报(人文社会科学版),2003(6).

❷ 曾永成. 生态论文艺学本体基础、核心内涵和学科性质[J]. 当代文坛,2004(5).

艺学》的关系，那恐怕曾永成先生再怎么“温柔敦厚”也会坐不住的，因为曾永成的“文艺生态学引论”不仅研究了文艺审美活动的生态本性、文艺的生态思维、文艺的生态功能等文艺活动内部生态问题，也研究了马克思主义理论中的生态思想、文艺活动与自然生态问题、文艺生态与社会主义市场经济等文艺活动外部生态问题，其实质是一个“生态文艺学”的理论架构。正如他自己所说的：“文艺的绿色之思，从人类生命的生态对文艺的审视，深入到文艺的人性生命内涵的本原，这无疑是一种终极性的追问。把文艺学与生态学结合起来，既在两门学科边缘上对文艺的人学内涵进行探究，又在人与文艺的生态关联这个边缘地带对文艺的生态本性和功能进行思考，其学理思维的边缘性也十分明显。借助生态学所揭示的边缘优势效应，应当能对认识文艺的人学意蕴有所帮助。”❶

鲁枢元的《生态文艺学》全书十四章，外加一个“引言”。以“走进生态学领域的文学艺术”为题的“引言”，以及“文学艺术在地球生态系统中的序位”“文学艺术与自然生态”“文学艺术与社会生态”“文学艺术与精神生态”“‘后现代’是生态学时代”各章主要研究文艺活动的外部生态，而“文学艺术是一个生长着的有机开放系统”“文学艺术家的个体发育”“文学艺术创造的能量与动力”“文艺欣赏中的信息交流”“文艺作品中‘人与自然’的主题”“文学艺术的地域色彩及群落生态”“文学艺术的价值——开发精神生态资源”“文艺批评的生态学视野”“文学艺术史——生态演替的启示”各章主要研究文艺活动的内部生态。从文艺活动的外部生态到内部生态展开理论架构，本来是很好的生态文艺学理论建构思路，似乎触及文艺活动的具体问题了，可是读完全书后却明显感觉只是提出问题而没有解决问题，只是树立起了从生态学视角思考、研究文艺问题的立场和观念，没有对具体文艺问题的深入的生态学方法的分析和阐述，所以读完洋洋洒洒400多页的著作后感觉却不是一本真正意义上的“生态文艺学”，充其量是一本泛泛而论生态文艺学观念的著作，虽然让人意识到“文学艺术的命运与大自然的状况、人类精神的状况是血脉相连、息息相关的。文学艺术就其本性来讲可能更接近生命的属性和生态学的原则，它的根深植于自然的土壤中，它的花绽放在精神的天空里。‘诗意的生存’对于人类来说是一种‘低物质能量的高层次运转’的生活，是人类有可能选择的最优越、最可行，也是最‘环保’的生存方式。人类精神与自然精神的协调一致，是当代文学艺术的努力方向，那也是令人无限神往的生态乌托邦”❷，但就是没有挖掘出文艺家个体发育、文艺作品、文艺创造、文艺欣赏、文艺批评、文学史等等问

❶ 曾永成. 文艺的绿色之思：文艺生态学引论[M]. 北京：人民文学出版社，2000：1-2.

❷ 鲁枢元. 生态文艺学[M]. 西安：陕西人民教育出版社，2000.

题的具体生态内涵。他意识到“一门完整的生态文艺学，应当面对人类全部的文学艺术活动作出解释。而作为人类重要精神活动之一的文学艺术活动，必然全都和人类的生态状况有着密切的联系，优秀的文学艺术作品更是如此，因而都应当纳入生态文艺学的理论视野加以考察研究。”[1]但是他没有给我们描述出全部文学艺术的一个具体生态结构。

三

相比较而言，曾永成的文艺学对象意识比较强，而鲁枢元的生态学观念意识比较强，我们今天重新思考生态文艺学理论建构问题，一条可行的路径就是发扬两位前辈理论思维的优点和长处，抛弃他们的缺陷和不足。

文艺学的具体问题是十分丰富的，诸如文艺的基本原理、文艺批评的原则和方法、文艺发展历史的特点和规律等。单就狭义的文艺学即通常所说的文艺理论或文艺基本原理[2]而言，许多文艺的基本原理性问题都呼唤理论家们从包含生态人类学、生态哲学、生态美学等在内的当代生态学视角的重新审视和评判。举例来说，文艺创作活动是非常复杂的，涉及审美的、经济的、文化的、政治的等多种因素，绝不是单纯的审美创造说所能解释清楚的，只有用生态学的视角来审视，才可能求得完整的认识。如果说特别需要个体精神的独特性作支撑的传统文艺作品（如诗歌）创作主要还是审美创造的话，需要集体参与并且需要雄厚资本支持的影视创作，人们就不会那么想当然地认定为审美创造了，人们更愿意把影视作品看作文化产品而非艺术作品了，在好莱坞更是几乎从来就没有把电影当做艺术来看当做艺术来做，因为他们清楚地知道制作一部电影受到的外在制约因素太多了，根本不是单纯的艺术或美学问题。其实，文艺活动从来不是纯粹的审美活动，文艺问题也从来不可能是纯粹的美学问题。

自德国生物学家恩斯特·海克尔1866年提出“生态学”概念后，英国植物生态学家坦斯利（A. G. Tansley）1935年又提出了“生态系统”概念，再后来阿伦·奈斯等人提出深层生态学，默雷·布克钦等提出社会生态学，斯图尔德（Julian Steward）等人提出生态人类学，汉斯·萨克塞等人提出生态哲学，中国学者徐恒醇等人倡导生态美学，等等，生态学在当代已经形成了一个庞大的学科家族，生态学原理和方法得到了不断的扩展、深化，正如鲁枢元已经意识到的那样，生态学成为当今生态

---

[1] 鲁枢元. 生态文艺学[M]. 西安：陕西人民教育出版社，2000：28.

[2] 李启军认为当代文艺学学科边界必须从狭隘的文学学走向广泛的文艺学，理论范式必须从西方回到中国，观照对象必须从经典文艺走向大众文艺，甚至从文艺审美走向大众审美文化，参见李启军. 当代意义的文艺学研究[M]. 北京：中国社会科学出版社，2014：1－14.

学时代普遍的世界观、方法论、学术范式。虽然并不是所有的生态学原理和方法能够适恰地运用于文艺学基本问题的研究中,但是诸如生态链、生态位、生态关系、生态平等、生态民主、生态平衡、生态和谐、系统整生等生态学原理、方法都是可以充分运用到文艺学研究中来的。在我看来,在生态学提出的许多原理、方法中,尤其值得文艺学家们重视的是生态辩证法,亦即生态系统整生律,生态文艺学理论的建构主要应该依凭生态系统整生律。早在 1854 年,苏夸美什部落(Suquamish)的酋长西雅图口头发表的《西雅图宣言》(Chief Seattle' sManifesto)就"以形象、生动、流畅和富于激情的语言表达了生态整体主义思想:'我们是大地的一部分,而大地也是我们的一部分。'"[1]的确,人类生命及其智慧是大地生态系统的整生,而大地生命及其智慧又被整生进了人类生命及其智慧之中了,从大地生命及其智慧到人类生命及其智慧是一种超循环。

关于生态系统整生原理,袁鼎生教授曾有过透彻阐述:"整生的规律与目的,中和了依生、竞生、共生的规律与目的,形成了系统超循环生发的理论模型。这一模型,有系统生成、系统生存、系统生长的三大整生环节,有以万生一、以一生万、万万一生、一一旋生的整生规程,显示了生态系统网络化圈进旋升的机理与图景。以万生一,形成系统元点;以一生万,元点展开为谱系化的整体;两者关联,是谓完整的系统生成。万万一生,指个体与个体纵横对生,均成网络化生存;个体与总体对生,个体获系统质,总体长整生质;个体随系统环生,均成整生化存在;系统周行,成就了诸种万万一生,成为系统生成的形式。一一旋生,指系统圈走不息,在一个周行单元的系统生存仰接一个周行单元的系统生存中,构成持续螺旋发展的系统生长,显示系统整生的全过程。"[2]袁教授这里的表述语言艰深难懂,具有"只可意味难以言传"的特点,但正是这样的语言特点很好地传达出了生态系统整生的网络状态和向度,十分复杂而微妙。

从这样的生态学视角去审视文艺的种种问题,就可以将它们大致纳入文艺活动的生态生成、文艺活动的生态生存和文艺活动的生态生长三个维度。这三个维度的具体展开就可以建构起一个新颖的生态文艺学理论体系,从而避免过去的文艺学理论体系存在的简单化和机械论倾向,而获得客观、辩证的生态论品格。

---

[1] 杜光辉.生态的恶化与生态文学的兴起[J].琼州学院学报,2010(1).

[2] 袁鼎生.整生论美学[M].北京:商务印书馆,2013:15.

绿色阅读中的心境建构

吕瑞荣

绿色阅读既是审美化人生的重要旨归,更是自然人生向审美性人生逐渐升华的过程。这一过程的渐次旋进,应该而且必须伴随着绿色心境的建构。因此,绿色阅读既为素朴、自然的生存心境向审美化生活的建构设定目标及规划生成路径,同时还从审美化生活的建构目标及建构过程中获取动机与营养。绿色阅读和绿色心境建构系审美化生活的一体两面,既制约着审美化生活的生成进程,更体现出审美化生活的整体品质。正确认识绿色阅读与绿色心境建构的关系、绿色心境建构的目标与方式,以及绿色心境建构中应该秉持的生态观念,当系评判绿色阅读的出发点与旨归是否符合审美化生命历程及审美化生活目标的重要参照物。

一、绿色阅读与心境建构的关系

绿色阅读与绿色心境所构成的有机关系是多维而且多向的,主要应该体现在下述方面。

首先,绿色阅读与绿色心境建构互为条件及动力,并分别构成对方有机整体的组成部分。绿色阅读与绿色心境建构都是在相应的物质基础上对于生活境界的优化和提升活动,其中虽然不乏物质财富的进一步累积,但更侧重于精神领域的优化乃至重塑。而这两者的存在与提升都需要相应的基础与推力。绿色阅读系生命历程中高层次的审美体验,“是一种生态审美的欲求与趣味,也是一种生态审美的态度与能力,并是一种生态审美的平台和疆域,还是一种生态审美的方法与境界”[1]。这种高层次的审美体验由素朴、简洁的生存体验出发,在具备了较为优裕物资条件及一定的精神条件的生活体验基础上,走向以生态审美为目标的,从物质生活到精神境界都充盈着绿色韵味的高品质审美生活状态。这样的状态贯穿生命的特定过程。绿色阅读的欲望与过程或由相应的心境建构所激发,或由相应的心境建构所

[1] 袁鼎生:《整生论美学》,第四章第一节。

促进或在一般的生存体验阅读和生活体验阅读的基础上逐渐旋升而成——这样的逐渐旋升进程往往伴随着心境建构的推力。没有这样的心境建构，绿色阅读便失去精神基础和导向，从而缺乏主动性与目的性，也往往难以持久，不可能呈现整体成效。与此同时，心境建构依赖绿色阅读将其调适与成型，并且随着绿色阅读的进一步拓展与深化而拓宽心境建构的界面及提高心境建构的层次。缺乏绿色阅读，所谓的绿色心境本身既不完整，而且其不完整的机体也缺乏相应的理性支撑，当然也就难以上升到整体生态审美的层面。绿色阅读无论从元素还是从活力角度而言，都是绿色心境的重要内涵，是绿色心境建构的主要基础，绿色心境建构必须持续不断地伴随着绿色阅读的整体内涵与外延。

其次，绿色阅读与绿色心境建构的初衷及方式相互决定对方的意义与品质。人类有意识的活动尤其审美活动，其展开初衷与运作过程往往对活动的意义有理性的认识，并竭力在整体过程中彰显活动的意义；而且活动的出发点以及整体过程成为凝聚活动品质的全部，亦即活动的意义是设定的，活动的意义与品质通过相应的方式以及方式的整体流程来达成及体现。绿色阅读与绿色心境建构互为对方的出发点，而且一方的出发点基本上决定了另一方出发点所设定的必要性阈值，一方的运作方式及过程对另一方的整体品质起决定作用。没有相应的阅读需求与阅读实践，与其相关的绿色心境建构便失去依托，心境建构的品质更是无从谈起。反之亦然。绿色阅读活动的形成与拓展，能够从根本上强化绿色心境建构的意义，提升绿色心境建构的品质；绿色心境建构活动的萌发与进程，从方式与目的上体现绿色阅读的意义，优化绿色阅读的品质。

再次，绿色阅读与绿色心境建构互为对方设定目标及阈值。跨越生存审美阶段而建立在生活体验基础之上的生态审美活动，不可能也难于设定终极目标，但应该设定层级目标，而且这样的层级目标应该随着绿色阅读及绿色心境建构活动的相互递进而不断更新提升。生态审美过程中阶段性绿色阅读目标及绿色心境建构目标的确立，以及每一阶段目标之间的跨度，均直接受对方的进程与品质的影响；一方的进程与品质制约着另一方的目标设定，以及阶段性目标间的跨度。绿色阅读目标模糊或浅近，与之相关的绿色心境建构目标当会混沌而狭小；绿色阅读目标清晰而高远，与之相关的绿色心境建构目标亦会清新而宏大。绿色心境建构的目标与阈值对绿色阅读的影响及制约亦然。

最后，绿色阅读与绿色心境建构的超循环态势相互决定对方的旋升进程。处于耦合旋进关系中的任何一方，其运行态势必然会影响到另一方的运行态势；而审美过程中耦合旋进关系中的双方，往往带有自己的本能与场能，再加上受影响方往往具有更多的主动性与自觉性，因而赋予对方的影响力有可能本能、场能，以及对方接受力等多种力量的叠加，而非机械关系中的耦合并进运动。绿色阅读与绿色心境建构作为高级层面的生态审美关系，其中一方的旋升运动，必然促进对方的旋升进程，并相应地接受对方的旋升进程动力而自觉地形成自己的旋升态势，进而在更新层次上促进对方的旋升态势，共同形成双方相互关联的超循环运转，不断达至绿色阅读与绿色心境建构之间的整体生态审美佳境。

二、心境建构的一般特质

伴随着绿色阅读，绿色心境建构既是一个复杂的过程，更是一个不断优化、升华、拓展，以及与整体生态和融的过程。这一过程可以粗略地划分出相对独立的层级，但每一层级则可以相互交替乃至混融。大致说来，绿色心境的建构，不妨按照下述途径循序渐进。

升华利我之境。绿色阅读过程中的“利我之境”系审美个体在局部乃至全局领域中关注自身的存在与发展，并依此观念建构而成的侧重于审美个体需求的思想与行为交织混融的场景。无论是生存审美体验层次还是生活审美体验层次，利我之境都系其中重要甚至主要内涵。即便到达整体生态审美层次，利我之境仍然需要在整体审美领域中的占据重要位置。没有利我之境，作为审美体系所构成的生存审美、生活审美以及整体生态审美的层次应该是不存在的，因为后三者将失去存在的基础与发展的前提。利我之境既是审美个体在相应的审美过程中凸显自身存在、自我完善的平台或结果，也是利他之境和整生之境的有机组成部分。但是，利我之境具有不同的品质，而不同品质的利我之境对于建构利他之境和整生之境会产生不同的作用。辩证地处理好利我与利他、利我之境与利他之境相谐相容乃至相互科学地促进并达至和融共进，进而实现局部美化与整体美化和谐统一，是绿色阅读之于利我之境的本质要求。基于此，在绿色阅读中着力于利我之境的升华，是绿色心境建构中必须确定的重要任务和目标。绿色阅读过程中的利我，应该是审美个体为利他之境的构建储备力量和准备条件，通过审美个体的美化实现整体生态的美化，以及审美个体为整体生态的美化充分发挥积极的作用。利我之境升华的方式与要求，应该是审美个体的“小我”与“大我”相结合，审美个体的自身利益与其绿色使命相统一，亦即在期盼自身利益时要有“小我”的意识与克制，在参与整体生态审美领域的建构中要有“大我”的使命与作为。

拓展利他之境。利他的主要特征表现为审美个体在追求自身发展和完善的同时，或者在暂时及特定时期内牺牲个体发展机遇的情形下，着眼于其他审美个体或审美群体的发展。科学的利他之境是科学的利我之境建构的基础与条件，利他是在一定程度上为利我创造更为理想的外部环境。即便在生存审美与生活审美的层面，利我之境往往不可能独立于利他之境而单纯、长期地存在；片面地排除利他之境而追求利我之境，则利我之境将是狭隘的，持续也将是短暂的，审美个体的完善与发展最终将步入绝境。主观或客观层面上的利他，无疑存在于审美个体之于生存审美和生活审美阶段的全过程，只是彰显程度具有相应的差异。绿色阅读过程中之于利他之境拓展的要求，主要在于审美个体自觉、主动、积极地将利我之境与利他之境完美地融合起来，并尽可能拓展利他之境的界面与深度。审美个体在利他之境拓展方面所秉持的观念与作为，应该尽可能摒除私心与功利，达到“雁过无痕”“润物无声”的境界，并伴随审美人生的整体领域及过程。

追求整生之境。由生存审美到生活审美再到整体生态审美，构成了人类审美历程的三大阶段❶，整体生态审美成为人类审美所追求与实践的最高境界。生态审美泛舟中的“整生范式认为，世界是一个整生性系统，它是系统生成、系统生成和系统生长的。在这一本系统中，人和其他物种一样，各安其位，各得其所，相生互发，动态平衡，形成良性环形的整生性格局；人类各族的文化生态调适自然生态、社会生态，以形成统一的生态域，并相互关联，造就三大生态协同并进、复合运转、全球良性环行的整生化态势”❷。绿色心境建构中的整生之境是利我之境经由利他之境科学发展的审美心境最高状态。审美个体在绿色阅读过程中与他人、群体、社会以及自然高度有机融合，“从整体出发，通过主客共生，走向更加动态平衡的整体，共生范式与相应的学科结构，在耦合并进中，生发了更显辩证生态的超循环”❸。绿色阅读中的心境建构，要求审美个体自觉、主动、积极地着眼于自身、他人、群体、社会以及自然的高度融合，整体生态系统中各要素处于有机的平衡运行状态，达至整体生态的和谐与和融。绿色心境建构中的整生之境应该是“有我”与“无我”、“小我”与“大我”、“有为”与“无为”等辩证关系的有机结合与整生融合。这样的心境建构固然不易，但极为必要，因为它需要审美个体建构观念与建构方式上有本质性跨越，而且它属于利我之境、利他之境逻辑发展的向性与归宿。唯其不易与必要，它才更应该成为审美人生的积极追求，成为审美人生前行的动力。

三、心境建构中的绿色规范

绿色阅读中的心境建构，既是一个漫长而复杂的过程，同时还应该是一个循序渐进、由量的累积而逐渐达至质的成型过程。因此，这样的心境建构应该确立并遵

---

❶ 袁鼎生：《整生论美学》书稿地四章第一节。

❷ 袁鼎生. 生态艺术哲学[M]. 北京：商务印书馆，2007：166.

❸ 袁鼎生. 超循环：生态方法论[M]. 北京：科学出版社，2010：112.

循相应的规范。这些规范主要应该包括下述几方面。

一是要正确理解心境建构中的绿色属性及心境建构过程中的阶段性特征。生态审美语境下的绿色具有多重内涵,例如生机、生命、成长、青春、希望、环保、自然、和平、悦目等。审美主体之于绿色阅读中的心境建构,其绿色的内涵可以在特定的时期内更多地侧重于自然,即内心的平和,天成,体质与文化惯性所导致的天然本性。当然这样的自然心态具有多重属性。即便属性在相应的阶段里处于较低品味层次的自然心境,或者系建构高品位心境的基础,或者系高品位心境建构过程中暂时难以避免的状态,仍然具有阶段性的绿色元素。因此我们要充分认识到不同阶段的绿色心境,其内涵应该具有不同的绿色含量。审美个体的心境在特定的时期内侧重于物质需求,其物质需求目标的达成能够促进审美个体的全面发展,尤其符合其体质与文化惯性导致的天成本性,并促进其心境的平衡与平和状态,而且其达成物质需求目标的理念并不以损害他人、群体、社会,以及自然生态的利益为前提,其达成物质需求目标的方式也符合人们所公认和倡导的社会伦理及自然生态伦理,那么我们则没有理由否认其自然心境的绿色属性。审美主体的心境在特定时期内侧重于其他方面的需求目标,其理与判断标准亦然。这实际上是绿色阅读过程中心境建构的层次性与心境建构中所确定的符合整体生态审美要求的心境建构目标之间,应该允许存在相应的品质差距。

二是绿色阅读中的心境建构应该具有宏大的包容性。由于审美个体、审美环境以及审美方式等诸多因素存在差异,因而不同的审美个体在建构绿色心境方面当然也会有诸多不同。绿色阅读过程中的心境建构应该确立总体目标,那就是与整体生态审美要求相符合的整体绿色心境。没有总体目标,我们倡导的绿色阅读是没有意义的。但在绿色阅读的过程中,我们应该认识到达成统一目标的理念与方式并不是整齐划一的,呈现更多的景象往往是“条条道路通罗马”。所以我们要尽可能强化心境建构中的包容性,竭力避免排他性——审美个体或审美群体尽可能包容及避免排他,这本身应该成为绿色心境建构的必然要求,系绿色心境的有机组成部分。这种包容性内涵包括在绿色阅读过程中包括对不同阶段、不同层次、不同形态,以及不同品位等审美心境的理解与宽容,从而求得在整体生态审美范式的规范下,促使具有不同属性的心境逐渐绿色化。

三是对不同的心境建构理念与建构实践进行相应的倡导和引导,尽可能提升绿色心境建构的效能。应该说,无论从审美潮流大势还是从许多局部地区的生态建设成果来看,绿色阅读与绿色心境建构的基本条件已经具备,绿色阅读的普遍性与深刻性应该成为人类的进一步追求,人们对于生活品位日渐提升的要求,也顺应了整体生态审美发展的趋势。与此同时,阻碍绿色心境建构的因素也广泛存在。

正是有相应的条件,才促使人们形成了绿色阅读学说;也正是存在着相应的阻碍因素,才更显出绿色阅读的重要性,也才应该有倡导与引导的必要性。时下社会上“生态”一词满天飞,尤其非学界人士奢谈、滥用“生态”概念,赋予“生态”一词诸多非合理性阐释。从正面看,此一现象为绿色阅读营造了必要的氛围,有助于绿色阅读的广泛开展;从负面看,由于不同的人以及人们在不同的场合赋予“生态”一词以不同的内涵,而且有的内涵明显狭隘和偏颇,因而予绿色阅读以不少阻碍,尤其未能对绿色阅读中的绿色心境建构给予明确的阐释与科学的倡导,这是于绿色心境的建设极为不利的。绿色阅读及其整体过程中的绿色心境建构是一个系统而庞大的工程,需要学界在现有研究成果的基础上,从系统理论及实践模式上进行全方位构拟,并对审美个体乃至整个社会作有力且切实可行的引导,从而规范并优化人们建构绿色心境的观念及实践活动。这样,绿色阅读,以及与其相关的绿色心境建构,效果将更为显著。

生命与生态的交融

苗族寻根意识考察

——以麻山苗族英雄史诗《亚鲁王》为例

丁筑兰

引　言

在全球化时代,技术进步在给人们带来福祉的同时,也猛烈地冲击着传统农耕文明。在向自然疯狂索取和掠夺的过程中,不仅人与自然的关系被破坏,人自身的存在也有被一种撕裂感。正如海德格尔所言:现代科技力量正在把人类从大地上"连根拔起"[1]。现代人就如漂浮的浮萍,成了无家可归的心灵流浪者。在失去存在根基的生活里,甚至连民族传统的精髓也正在逐渐消失。现代性给人造成的断裂和分化感,以及因此带来的失去整体性和连续性的感觉,使得追寻与回归民族历史文化之根的愿望变得尤为迫切。这种情况下,考察苗族文化中的"寻根"意识,探寻苗胞保持民族文化、延续古老记忆及探源生命归宿的方式,在人们呼吁重新建立人与自然,人与传统、现代与原始之间对话的可能性之时,就具有为人类生存多样性提供参照的生态文化意义。

一、寻根意识与苗族文化

在苗族的日常文化生活中,有许多形象固定、代代相传、无处不在的审美意象和文化符号,它们作为苗族文化的"母题",是寻根意识的集中体现。比如,芦笙、蝴蝶、枫木、花鸟、牛角等,都是苗族审美文化中处处可见的意象和文化符号,这些意象和符号通过代代承传的方式存在于苗族世界,它们是本民族历史长河中沉积下来的关于族群的集体记忆,甚至成为一种更为深远的集体文化心理。曾有人说,寻根是一种移民才具有的意识,苗族的五次大迁徙,是其历史上最重要的经历,漂

---

[1] [德]海德格尔. 海德格尔选集[M]. 孙周兴编. 上海:上海三联书店,1996:1305.

泊和迁徙的记忆自然会在民族历史中打上深深烙印，成为其文化的一个母题，顽强地长在苗族的服饰、古歌，史诗、神话里。这种对历史和故土及祖先的追忆与怀念之情，在被称为“穿在身上的史书”的服饰中就有不少表现，比如，黔东南凯里、黄平一带的“黄河”“ 长江”图案，黔西北威宁、赫章等地的“天地”“山川”图案，贵阳高坡“苗王印”图案，都是一种“母本”和“原型”，精心的设计和巧妙的构思凝聚了对祖先和故土的缅怀之情，服饰也因而具有表征历史的史书价值。

麻山苗族在丧葬仪式上吟唱的英雄史诗《亚鲁王》就是一次典型的寻根之旅。亚鲁王是麻山苗族心目中祖先，是一位勇猛过人、足智多谋、半人半神的英雄，是一个血肉丰满，栩栩如生的诗意化的形象。在葬礼上唱诵《亚鲁王》，就是表现对祖宗的崇敬和追忆。史诗中不但再现了远古祖先农耕生活的幸福繁荣景象，“亚鲁王造田种谷环绕疆域，亚鲁王圈池养鱼遍布田园。造田有吃糯米，圈池得吃鱼虾。亚鲁王开垦七十坝平展水田，亚鲁王耕种七十坡肥田肥地。”[1]也描绘了亚鲁带领族人被迫迁徙的艰苦历程：“亚鲁王艰难迁徙，日夜奔走。亚鲁王继续迁移，绝不回头。”在孩子们撕心裂肺的哭喊声中，亚鲁王带着妻儿老小和族人，日夜兼程走上千万里路，为族群寻找新的生活之地。而在葬礼上演唱的段落“郎捷排”，意为“返回祖先故地的路”，就是描述祖先走过的路，把回归的路线详细地向亡灵叙述，好让其能顺利回到祖先那里，同时也提醒后人要牢记祖先的苦难历程。[2] 每一次演唱，每一次仪式，对于生者来说，都是一场心灵的召唤和洗礼，都是在上演寻找民族之根，进行身份定位的叙事主题。

苗族有尚东的意识，对东方的崇尚也是其寻根意识的体现。在麻山苗族葬礼仪式中占重要地位的“砍马”仪式里，马倒地死去后要使其头朝东方，喻为马把死者带回祖先居住的故乡，死者的头也要朝向东方，其喻意是让逝者沿着祖先历尽艰险开辟的路重回故里。与此异曲同工的是，在黔东南古歌中，为死者演唱的《焚巾曲》中也唱道；“妈妈去东方，沿着古老道，沿着迁移路，赶路去东方。”当年苗族的祖先被迫迁徙，离开故土远走四方，故乡就成为族人永远思念的心灵之乡。东方是自己的故土，人死去也后要回归故地，在神圣的仪式和诗化的阐述方式中，一个和祖先互动的神圣世界得以生成，这些都是对故土和祖先的记忆方式，是不忘本源的一种象征性表达。

二、自然与寻根意识

“寻根”之“根”，隐含生命来自自然的含义。从生态美学的眼光来看，寻根之

[1] 杨正江. 紫云苗族布依族自治县《亚鲁王》工作室[Z]，内部资料.

[2] 杨正江. 紫云苗族布依族自治县《亚鲁王》工作室[Z]，内部资料.

"根",更多地指向人类生命的本源:自然。在苗胞看来,大自然是一个孕育、滋养万物的存在,在古歌《枫木歌》中就提到苗族的始祖母妹榜妹留来自枫木的传说。维科说过,原始人依赖自然而生存,凭借原始直觉就感到自己来源于自然,自身和自然是浑然一体的,而神话就是对人类起源、人与自然万物之间关系的一种幻想式解读。苗族还保持着这种神话思维方式,在他们看来,人与自然之间是相互依傍,同为一体的关系。在他们的自然观里,没有人类与其他物质相区别的"自我意识",也没有人与神灵相区别的高级宗教意识,依然沉浸在万物一体的原始生态观念中。

在人与自然关系的看法上,展现了苗人的原初生命感觉,这种感觉的本质特征在于:人与自然是一种交融的不分彼此的共同体,人与自然之间的关系是一种混沌的浑然一体的状态。在苗人眼中,自然界的所有物种都是活生生的生命存在,自然万物和人并没有什么区别,"大家都是兄弟姐妹,样样东西那是活的,而每一样东西都以各种方式依赖着其他的一切。"❶《亚鲁王》中的创世部分,都是"祖宗"二字来称呼动植物,比如,第一章中就唱道:"女祖宗蝴蝶寻来糯谷种,男祖宗蝴蝶找红稗种……糯谷祖宗答应蝴蝶祖宗,红稗祖宗应承蝴蝶祖先。糯谷祖宗说往后你下崽在我叶梗上,红稗祖宗讲日后你下蛋在我叶子上。"第二章描述了亚鲁王"派蚯蚓祖宗探索疆域,派蚯蚓祖先查看领地","亚鲁王命青蛙祖宗寻找蚯蚓祖宗回来,青蛙祖宗将蚯蚓祖宗带回亚鲁王宫","亚鲁王命牛祖宗寻青蛙祖先,牛祖宗把青蛙祖宗带回亚鲁王宫","亚鲁王派老鹰祖宗寻牛祖宗,老鹰祖宗把牛祖宗带回亚鲁王宫"。无论是蝴蝶、蚯蚓、青蛙、老鹰、牛这些动物,还是糯谷、红稗等植物,都与亚鲁王一样,是苗人的祖宗,苗人对他们也像对先祖一样的尊重,在唱诵时也要把动植物们的祖宗的身份明确地标示出来,表达自己的感恩和敬意之心。而这些动植物祖宗们,有着人类一样的特性,也和人类一样有着七情六欲,和人一样具有相同的语言、思维。当亚鲁派派老鹰祖宗考察领地,老鹰祖宗言说辛苦之后,还跟人讨价还价讲条件,索要些劳力费,最终得到了春天可以任意捕食小鸡,秋天可以随意吃大鸡的特权,并且至今一直受到苗胞的善待。其他动植物祖宗也一样,是要受到尊敬的,不能伤害的。苗胞居住的地域生态环境一直保持完好,与这种观念有很大关系。❷

这种对自然的归属感使苗族把万物生命看作一种互相关联的存在。生态美学强调的生命关联性不仅是指生命的孕育和成长,还指向生命的更新和替循环,以维

❶ 休斯顿·史密斯. 人的宗教[M]. 海口:海南出版社,2002:404.

❷ 余未人.《亚鲁王》的民间信仰特色[J]. 贵州大学学报(社会科学版),2014(5).

持生命的动态平衡。这种生命归宿上的寻根意识在苗族的死亡观念中也体现得很明显。既然人是大地和自然母亲的孩子,死亡就具有"归根"的含义。死亡是生命的另一种形式,而不是生命的结束,因此,在麻山苗族葬礼上,并没有多少号啕大哭的场景。生命是轮回的,也是超越的,向死而生,生命存在方式在这里得到了永恒。在麻山苗族葬礼上,要给死者准备草鞋(回到祖先那里路上穿),回归路途中的吃喝如酒、水果、豆腐、鱼,防身用的弓箭、藤盔,装食物的饭箩,喝水用的葫芦,发展生产用的稻种等,凡是《亚鲁王》中提到的东西,一应俱全。对于他们而言,死亡是"归去祖奶奶那里","去往祖爷爷那方",未来的新生命是在先祖亚鲁王故国度过的。在葬礼上唱诵《亚鲁王》,主要目的不是娱乐,而是承担了"指路经"的社会文化功能,成为苗民生死转换不可或缺的一个"节点"。[1] 这种"死亡是生命回归而不是终结"的观念在苗胞社会中普遍存在,雷山地区苗族在葬礼上唱的《焚巾曲》中就唱道死者是沿着祖先曾走过的迁徙的路线,回到东方去,"去跟蝴蝶妈,跟祖先团聚,团聚在一起。"在紫云四大寨苗族的丧葬仪式中,巫师要进行"开路"活动,这一活动在当地苗语中称为 Jangz ghad,即指通往祖先的道路。[2] 这是灵魂和肉体的回归,回归到生命的本源,回到自然的怀抱。自然是生命的本源,存在的本源,返回自然是最真实的存在。

苗族对大自然的依恋与其农耕生活背景密不可分。农耕社会对大地有强烈的依赖,大地养育了人类,像母亲一样给予人类生命,让她的孩子在怀抱中休养生息,生殖繁衍。华夏传说中,女娲用泥土仿照自己的样子创造了人类,无疑是人类源于大地的隐喻。这种天人相合的生态文化,是农耕文化的典型特征,对于生活在中华大地上的各民族而言,这种生态文化具有原生性的特点。只是近代以后,现代大工业在全球漫延开来,在对资本和利润的追逐中人与自然的依存关系被打破了,在全球化的生态危机中,所处偏远的苗族地区保留了这种生态文化。在苗胞这里,自然也是包括本民族在内的万物之根,《焚巾曲》中唱道:"大地是主人,山河永存留,人生是过客,短暂一时候。"自然之道是民族共同生活的法则,因此苗胞还保持着女神信仰时代尊重大地母亲、自然母亲的古老生态智慧。它的启示意义在于告诉人们,人与自然之间要建立一种新的价值关系,一种不是对立而是对话和交流的关系,从根本上维持生态的有序化,才能走出现代生态危机的泥淖。

---

[1] 朝戈金.媒体对《亚鲁王》报道不科学[N].中国社会科学报,2012-03-23.

[2] 吴正彪,班由科.仪式、神话与社会记忆——紫云自治县四大寨乡关口寨苗族丧葬文化调查[J].贵州民族研究,2010(6).

三、信仰与寻根意识

苗族动人的古歌和优美的传说,都展示了苗族原初生命感觉和思维方式。早就有研究表明,人类原始文化中,物我同一、天人同一的观念是普遍存在的,按荣格的话说,这种观念已经成为一种集体无意识,扎根在各民族的文化中。值得我们注意的是,在神圣的宗教之情被现代化"祛魅"的时候,苗族的这种原初生命感觉还依然延续至今。这种对自然独特的认知使他们克服了自然与人类的对立和隔绝,而是在性灵层面上与万物达到了沟通融合。宗教学家艾利亚德认为,在原始思维中,当石块或树木受到膜拜,"并不是因为它们是石块或树木,而是因为它们是圣石与圣树。因为它们是神圣显像,它们显示出不是石不是树的某种圣性"[1]。麻山苗人对亚鲁的崇拜,带有原始信仰的性质,有了这种神圣性的对祖先的崇拜意识,亚鲁王历来倍受麻山地区苗族的尊重,重大活动中都要祭祀,吟唱时只能在仪式内这种神圣的具有与祖先通灵的场合,否则就被视作为对祖先的不敬和亵渎。学习演唱亚鲁王也是一种让人骄傲和自豪的行为,虽然学习唱诵十分不易,也有人执着坚持,因为这是对祖先的敬仰,东郎作为沟通祖先世界与现实世界的人,也受到人们的尊敬。有学者在考察了麻山苗族丧葬仪式后说分析认为:苗族社会普遍存在对祖先灵魂和先祖世界的崇拜向往,它带有一种宗教性质,具有自己的仪式和禁忌,它深入到苗族的生活世界中,成为一种信仰,而"对亚鲁的信仰是西部方言区苗人社会的精神支柱"[2]。

这种敬畏情怀在当今社会显得尤其可贵。马克斯·韦伯在《新教伦理与资本主义精神》中认为,以追求利润为目的的资本市场把传统社会中神圣的宗教精神"祛魅"了,神圣的事物已经微不足道。这种世俗化进程给社会带来的是工具理性无限膨胀的时代,人们放纵自己的欲望,向着自然无限度地索取,自然已经成为人类利用的工具,为自己的欲望得以满足的对象,最终使自己的生存也进入危机四伏的境地。格里芬针对此景提出了对世界的"返魅"主张,要恢复万物的神圣性。而在苗胞那里,自然万物都是一种"神圣事物"(涂尔干语),被加上了社会意义,"动物是不可缺少的,必要的东西。——而人的生命和存在所依存的东西,对于人来说就是神。"[3]在麻山地区的丧葬仪式中,除了吟唱《亚鲁王》,还要用到猪、鸡、牛、马等动物,这些动物都有其象征内涵,猪是在前面拱开路的,鸡是用来引路的,牛是祖

---

[1] 叶舒宪.现代性危机与文化寻根[M].济南:山东教育出版社,2009:62.

[2] 余未人.《亚鲁王》的民间信仰特色[J].贵州大学学报:社会科学版,2014(5).

[3] 费尔巴哈.费尔巴哈哲学著作选集(下卷)[M].北京:生活·读书·新知三联书店,1962:434.

先的象征符号，马则是运输工具及祖先的“战马”。即使是看来具有血腥味的“砍马”仪式，也是为了履行马的祖先与亚鲁王的承诺，这背后是一种万物有灵的尊重和平等。[1]

而从生态学视野来看，保持原始信仰对保护自然环境、维护社会和谐秩序无疑是有益的。罗宾·克拉克和杰弗里·欣德利在《原始人的挑战》一书中，认为宗教和仪式这类宗教行为在原始人生活中的非常重要，它们对调节人与自然及社会之间的关系具有生态整合作用，正是由于有神圣的、真诚的宗教性动机，人们才对自然充满着敬畏之情。有了敬畏之情的存在，苗族对村规寨约都自觉遵守。在《亚鲁王》中有这样的描述：“赛扬攀上马桑树去射太阳，赛扬爬上杨柳树来射月亮”于是，马桑树和杨柳树都有了神性，都要受到敬重和保护，不能砍伐，否则如同忘祖弃祖，必被众人谴责。苗族寨前屋后的古树，也是这种信仰的直接受益者，苗族聚居的地方，生态都保持得很完好。自然万物和世俗事物并不是一单纯的物质存在，更不是人们取来为已所用的工具，它具有一种远离尘世世界，指向神圣高远世界的意义，而现在这种意义在很多人眼里已经销声匿迹了。苗族的原始信仰把人与万物看成“通灵”的一体，其中的环境保护意蕴是不言而喻的。我们由此可以反思，现代人缺少的就是人与自然万物相通的那种原始的“灵性”和敬畏之心。

四、结语

苗族同胞多居住在偏远的山地，在交通不便，生活相对贫困的大山里，他们却有着强大的生命张力，像大山一样坚韧强大，在这片神秘、悠远、厚重的土地上顽强地生存下来，保持着原初性的生态的纯朴和自然。他们的民族之根一直完整地保持着，没有被分化或断裂，也正是因为寻根意识的存在，并且成为民族的稳定的、固定的文化心理，在与各种天灾人祸的斗争中，显示出其积极的生命意识而尤其可贵。现代危机的根源之一在于人类与传统及自然的本源性关系被折断，在这种情况下，考察苗胞的寻根文化，可以为在当代文化困境中苦苦寻找自我、寻求文化归属感和价值意义的当代人提供有益的启示，也为我们构建稳固的民族心理，在文明冲突下构建多元统一的生态文明社会提供了反思。

[1] 余未人.《亚鲁王》的民间信仰特色[J].贵州大学学报：社会科学版，2014(5).

贵州苗族舞蹈的场域性和生态性

刘 剑

贵州苗族舞蹈研究自20世纪初至今已逾百年，其研究主要体现为苗族舞蹈调查和初步研究，所涉学科主要有民族学、人类学、艺术学和文化学等，相关性研究还有苗族舞蹈音乐、苗族服饰、苗族节日等，各方面的研究成果都颇为丰富。[1]

在各类研究中，特别需要提出的是苗族舞蹈研究的“艺术”视角，这类研究在使用“艺术”这个概念时，其内涵预设是西方近现代艺术体系中的“艺术”，即以审美为核心的“美的艺术”，这种视角往往以他者的眼光将苗族舞蹈从其所处的原生性时空系统中抽离出来，将其作为观演的对象审视，或将搬演到各种聚光灯下在舞台上展演的“苗族舞蹈”等同于“苗族舞蹈”本身。这类视角是值得商榷的。

一、苗族舞蹈的艺术自律性质疑

众所周知，西方现代意义上的“艺术”概念是以蜕去“技艺”和“科学”含义后获得独立的。1747年，法国的夏尔·巴托(Charles Batteux)出版《简化成一个单一原则的美的艺术》一书，他在文艺复兴时期的弗朗西斯科·达·奥兰达(Francesco da Hollanda)首次提出的“美的艺术”(fine arts)的基础上，以音乐、诗歌、绘画、雕塑和舞蹈这五个门类艺术构筑了现代艺术体系，将演讲术、科学等剔除在外。同一时期，美学之父鲍姆嘉通在18世纪50年代也以“美的艺术”为基础建立了美学学科。随后，康德以“审美无功利性”为诉求，强调审美对生活的距离性和超越性。18世纪，不管是美学研究中的“艺术”还是艺术学研究中的“艺术”，都表达了强烈的自律性诉求，试图以无功利性诉求拉开艺术与生活的距离。稍后的19世纪，在艺术领域，“为艺术而艺术”的诉求越来越强烈，旅居德国的贡斯当(Benjamin Henri

[1] 详见：徐浩，王唯惟. 贵州苗族舞蹈研究现状与思考[J]. 贵州民族研究，2013(3). 和曾雪飞. 贵州苗族舞蹈音乐研究述评[J]. 贵州大学学报(艺术版)，2013(2). 本文不再累述。

Constant,1767—1830 年) 在 1804 年 2 月 10 日的日记中首次将“为艺术而艺术”笔录于文字,19 世纪 30 年代,这一术语在法国被广泛使用。浪漫主义诗人戈蒂耶(T · Gautier,1811—1872 年)在 1835 年发表的小说《〈莫班小姐〉序言》被认为是“为艺术而艺术”的宣言。反对为人生而艺术,强调艺术的纯粹性和审美性,这即是今天意义上的“艺术”。

艺术的自律性诉求体现为门类艺术的自律,“现代舞的产生首先是放弃了传统舞蹈中对情节性的追求而走出了新的一步”❶。“情节性”正是“故事”的核心,这是一种深度叙事模式,表现为舞蹈对史诗、戏剧、历史、宗教、神话等题材的依赖,摒弃这些题材,舞蹈必然回到身体这个媒介上来。“现代舞之母”邓肯极力要摆脱芭蕾舞的各种程式,其所诉求的就是身体的自然和自由状态:“我脱掉衣服跳舞乃是因为我觉得那样可以更好地表现我身体的自由节奏。在任何时代,只要舞蹈被看作是一门艺术,双脚部分都应该是不受拘束的”❷。“真正的艺术来自内心,丝毫也不需要表面修饰。……所有的美都来自不断得到灵感的内心生活,以及作为这种生活象征物的人体本身”。❸ 在汉娜(Judith Lynne Hanna)那里,比身体更为具体的是动作,动作具有一种本体性地位:“舞蹈是人体的一种行为,人的身体通过对脑接受的刺激做出反应并释放其能量。由动作所组织起来的能量是舞蹈的本质。”❶当现代舞放弃深度叙事以后,就自然回到动作这个能指上来,强调动作就是意义。在玛丽 · 魏格曼(Mary Wigman,1886—1973I 年)那里,现代舞的自律性还有“去音乐化”倾向,以无音乐的形式回归动作本体,强调内在经验的强烈表现。总体而言,“现代舞首要的一个原则就是个人性的表达,只有出自个体生命本真的传达才属于真正艺术的东西”❺,体现出一种个体性和身体性诉求都非常强烈的现代意识。

以贵州苗族舞蹈来看,它与上述“艺术”语境中的“舞蹈”截然不同:首先,苗族舞蹈以叙事性见长,讲求情节。对于苗族来说,舞蹈首要的功能并不是用来审美娱乐的,也不是简单的娱神和娱人,而是用来记录历史和文化的,舞蹈总是离不开祖先这个主题,多去叙述苗族过去生活在黄河和长江中下游流域的蚩尤祖先和随后漫长迁徙过程中的历代先祖,是神话、宗教、历史等多位一体的叙事。苗族舞蹈审美的功利性和他律性非常强,那种把苗族舞蹈相伴的传说、祭祀、音乐、服饰等剔除后剩下的“舞蹈”并不是“苗族舞蹈”。其次,苗族舞蹈以群体性舞蹈居多。现代舞

---

❶ 朱狄. 当代西方艺术哲学[M]. 北京:人民出版社,1994:206.
❷ [美]伊落多拉 · 邓肯. 邓肯论舞蹈艺术[M]. 张本楠,译. 上海:上海文艺出版社,1985:118.
❸ [美]伊落多拉 · 邓肯. 邓肯论舞蹈艺术[M]. 张本楠,译. 上海:上海文艺出版社,1985:130.
❶ 朱狄. 当代西方艺术哲学[M]. 北京:人民出版社,1994: 207.
❺ 张元春,张建真. 让身体走出沉默:关于现代舞的对话[J]. 电影艺术,2001(05):101.

是个体的觉醒和确认,但苗族舞蹈恰恰较少有独舞,即使在群舞中,个体也没有得到张扬,总是归属于集体性的苗族这个族群群体之中。

因此,当使用“艺术”这个概念研究苗族舞蹈时,应当警惕这一概念的内涵究竟是什么意义上的内涵。现代意义上的“艺术”概念过于强调生活与艺术之间的距离,舞蹈史家库尔特·萨克斯在肯定邓肯等人的舞蹈史贡献后深刻地指出:虽然现代舞获得了身体表达的自由,“但有一种东西他们无法获得:习俗的威力和恒力,社会传统的约束力和持久力,个人和宇宙或者和具有代表性的人物的融成一体。上述这些东西都是他们的命根子”[1]。没有这些“命根子”,苗族舞蹈就是被抽空的形式性舞蹈,甚至对于苗族的民族根性来说,都是失根的。这样说,并非是说贵州苗族舞蹈不是“艺术”,而是说,“‘艺术’一词不能阐明舞蹈的全部概念。”[2]

二、回归苗族舞蹈生成的场域性

苗族舞蹈的生成是在一定的生活场域内各种关系之间互动共生的结果,是一个由踩鼓坪/花场、鼓或芦笙、舞者(族群成员)、苗族服饰等构成的关系域,各个要素之间的互动共生就形成了苗族舞蹈。布尔迪厄认为,“一个场域可以被定义为在各种位置之间存在的客观关系的一个网络(network),或一个构型(configuration)”[3]。场域具有相对自律性,是一个按照自身法则运行的自律性空间。贵州苗族多呈分散的小聚居格局,支系本身的分化(包括苗语方言的分化、服饰的分化等)、地域本身的阻隔等,致使苗族舞蹈生成的具体场域不同,在各种不同场域中就出现了各种带有地方性知识的舞蹈。舞蹈最初的绽出场域是与仪式的场域叠合的,仪式以一整套严格的程式为族群提供了一个神秘的精神世界:“舞蹈是原始生活中最为严肃的智力活动。它是人类超越自己动物性存在那一瞬间对世界的观照;也是人类第一次把生命看作一个整体——连续的、超越个人生命的整体。”[4]和文学通过语言赋予对象以意义一样,舞蹈以动作进行赋形,寻找超越生命的精神意义。

苗族舞蹈的魅力也在于其不可替代的场域性所体现出来的地方性,只有将苗族舞蹈还原其生活场域,对苗族舞蹈的认识才不会偏颇。玛丽·魏格曼也说:“人体动作给艺术地形成的姿态语言以意义。舞蹈只有在尊重和保存有关人的自然动

---

[1] 库尔特·萨克斯.世界舞蹈史[M].郭明达,译.上海:上海音乐出版社,2014:374.
[2] 库尔特·萨克斯.世界舞蹈史[M].郭明达,译.上海:上海音乐出版社,2014:2.
[3] 皮埃尔·布迪厄.实践与反思[M].李猛,李康,译.北京:中央编译出版社,1998:134.
[4] 苏珊·朗格.情感与形式[M].刘大基,等译.北京:中国社会科学出版社,1986:217.

作语言的含义时,才会为人所理解"[1]。可以说,苗族舞蹈语言与其平日的自然动作语言之间的距离不大,都是各种自然动作的简化或迁移,有些动作甚至就是原来的自然动作,舞蹈中的道具也是生活中使用的工具。苗族舞蹈就是苗族的生活本身,包含着祭祀、饮食、劳作等驳杂的内容。

从横向的现实性角度来说,种类繁多的苗族舞蹈大多都只流行于某一个小聚居区域,比如黔西北纳雍的"滚山珠"舞和赫章大花苗的"迁徙舞"在黔东南苗族地区就没有。同样,丹寨"锦鸡舞"黔西北也没有,甚至黔东南许多苗区也没有,如此等等。究其因,在于每一个舞蹈具体的生成场域不同,即使有一点细微的不同,生成的舞蹈也会不同。比如,贵阳花溪高坡"跳洞舞",本因洞葬习俗,在停放祖先灵柩的山洞中围圈而跳的舞蹈,气氛凝重肃穆。但同样的舞蹈、同样的舞者、同样的舞曲等其他场域性要素都相同,只要场地不同,将其移到洞外不过百步之遥的场地,舞蹈却是欢悦的娱乐性舞蹈。黔地山高水阻,时空各异,苗族支系繁多,聚居各地,地方性认同的差异很大,有时即使是邻村临寨,都有不同的自我认同,诸如此类的差异使得该场域内生成的舞蹈各不相同。但在宏观上都有一个大致相同的祖先认同,特别是对于蚩尤之祖的追忆和认同是不因地方性认同而不同的。

从纵向历史性的角度来看,苗族从北向南自东而西迁徙的历史跨度大,苗族在不同历史时期会形成不同的苗族舞蹈。远古九黎和三苗时期、三代荆蛮时期、汉唐武陵蛮和五溪蛮时期、宋元明清生苗熟苗时期,不同的迁徙时期和不同的迁徙地,苗族舞蹈的场域是不同的,苗族舞蹈就自然有不同的流变了。所以,场域的不同才是苗族舞蹈之间之所以不同的根本原因所在。

我们这里认为,应当恢复苗族舞蹈的场域性,或者说,苗族舞蹈研究应当具有场域性意识,不把苗族舞蹈放回它所生成的场域中去,我们对苗族舞蹈的理解就始终是可疑的。

三、苗族文化生态中的苗族舞蹈

其实,贵州苗族舞蹈的场域性就是一个小小的生态空间,这个空间里的各个要素构成了其相对自律的世界。但是,贵州苗族舞蹈应该被置于更大的空间中去,即要在苗族文化生态系统中考量苗族舞蹈。以此观之,苗族舞蹈是以族群生命为轴心的生态性系统:以仪式为叙事骨架、以舞音一体为叙事主干、以传说、服饰、节令、饮食、道具等为叙事枝干的整体性或多维性叙事。

苗族舞蹈中生命的轴心性表现为族群生命的存活成为首要的诉求。苗族舞蹈

---

[1] 刘建.无声世界的符号[J].北京舞蹈学院,2000(01):47.

可以从生命角度分为三大类:祭祖舞、生活舞和丧葬舞。祭祖舞和丧葬舞指向的都是“死”,前者是已经死去的祖先,后者是正在死去的亲人;生活舞指向的是“生”。祭祖舞就是对生命来源的族群认同,最为隆重的祭祖舞是十三年才举行一次的鼓藏节上的反排木鼓舞,日常各类舞蹈中也会涉及祭祖环节;丧葬舞就是对死后世界的敬畏,除了每次亲人去世时所跳的舞蹈之外,还有定期为已经去世的祖先而跳的舞蹈,如花溪高坡“跳洞舞”;生活舞的主要内容是追求食物的满足和生殖的欢悦,此类舞蹈主要有春季期间的姊妹节所跳的舞蹈或花场舞,以及夏秋之际吃新节所跳的舞蹈。生命的满足是族群活动的基点,祭祖舞最重要的功能是团结族群,延续民族的民族性;生活舞最主要的是让生命活着并延续下去;丧葬舞主要是送走亡灵告慰生者。

仪式是苗族舞蹈的核心骨架,这一构架为苗族舞蹈搭建起了一个整体性的场域空间,各要素都受仪式的制约,诸如苗族舞蹈的群体性特征、庄重性氛围等都是由仪式奠定基调的。柯林斯(Randall Collins,1941)认为,在微观社会现象中,仪式是人们最基本的活动,也是一切社会学研究的基点。他指出:“仪式是通过多种要素的组合建构起来的,它们形成了不同的强度,并产生了团结、符号体系和个体情感能量等仪式结果。”[1]首先,通过舞蹈能使苗族团结得更紧密,这是苗族舞蹈最需要的结果,特别在遭受异族追剿的过去,这种团结对于族群的存活至关重要。其次,群舞的向心性使得各成员在跳舞时能相互看见对方,使他们能通过舞蹈加强交流,从而面对外敌时更加自信和有力。再次,苗族舞蹈有苗族标识性的符号:鼓、芦笙、服饰等,这些符号对于强化成员的族群认同具有重要意义。最后,苗族舞蹈能使成员形成一种自觉维护本族名誉的正义感,也能强化而避免成员的背弃甚至背叛。可以说,苗族舞蹈是“仪式舞蹈”,不是“艺术舞蹈”,跳舞始终是一件严肃的事,不完全是与神共舞的狂欢。苗族舞蹈之所以具有许多源初性特征,最大的原因就在于苗族舞蹈中始终存在着仪式环节,所谓“一舞跳千年,千年跳一舞”。一旦告别了仪式,苗族舞蹈就成了现代独立意义上的纯艺术了。

舞音一体是苗族舞蹈的叙事主干。无声独舞以将动作本身抬高到舞蹈的本体性地位,这在苗族舞蹈中是不可想象的。苗族舞蹈中,音乐并不是舞蹈的配乐,舞者主要听从鼓手或芦笙手进行舞蹈,而不是鼓手或芦笙手配合群体舞蹈。苗族舞蹈音乐是苗族舞蹈的灵魂,具有引领性作用,其原因在于乐器“鼓”和“芦笙”在苗族文化中具有非同寻常的地位。在苗族传说中,木鼓的创制是用图腾崇拜之物枫

---

[1] 柯林斯. 互动仪式链[M]. 林聚任,等译. 北京:商务印书馆,2009:85.

树制作以纪念始祖蝴蝶妈妈的[1],芦笙是苗族祖先为使谷物获得生长而制作的。[2]两者的共同点是祖先缅怀与生殖诉求(人的繁殖和植物的繁殖)的叠合,把族群存活的关键归之于祖先的庇佑,鼓和芦笙这两个符号就是祖先的象征,具有安顿族群心灵的精神价值乃至族群认同的功能,谚语由此说,“苗家不吹笙,众人不安心”。因此,当进行舞蹈时,音乐就成为苗族舞蹈的核心所在。

苗族口头传说与舞蹈一起参与叙事。苗族舞蹈一般都伴有一个相应的传说,即使是同样的舞蹈,在不同的村寨或聚居区,传说本身也有差异。但是,一般研究者只把传说视为舞蹈的一个背景或铺垫来研究,这种认识是很不足的。传说本身和舞蹈一样,是观念的一种赋形活动,赋予舞蹈一定的意义或与舞蹈一起赋予某些符号以一定的意义。各类苗族舞蹈传说的共同交点都是关于祖先的,重要的不是去考证这些传说的真假,或这个传说与舞蹈的关系,而是传说本身与舞蹈是不可分离的,是与舞蹈一起对于某种观念或信念的叙述。舞蹈是抽象的力的幻象,它的所指是不明朗的,如果没有相应的口头传说进行阐释,对于其舞蹈的理解即使是舞蹈研究专家也会是隔膜的。

苗族舞蹈中的舞服不是随意穿的,不同的服饰意味着不同聚居区的不同支系,它是苗族支系识别的视觉符号。在苗族舞蹈场域要素中,苗族服饰的不同影响了舞蹈本身的不同。同样是木鼓舞,反排木鼓舞的服饰轻便,舞蹈动作跨度大,尽管有女性舞者,舞蹈动作依然粗犷有力,节奏热烈,被誉为“东方迪斯科”。而施洞、革东一带跳木鼓时,由于大多是穿银饰繁重的盛装(5 ~ 15 千克),手的摆动、脚的迈动、身子旋转等动作起伏都不大,多以漫步或碎步轻微踩鼓,动作温柔典雅。从舞服效果来说,反排木鼓舞的服饰多为黑色,加上孔武有力的动作,更显古拙大气;施洞革东木鼓舞的银饰繁多,动作轻柔,更显秀美明快。可见,苗族服饰本身影响了舞蹈叙事的风格。

饮食也和舞蹈一起参与叙事。祭祀本身是用饮食进行祭祀的。姊妹节中的踩鼓舞就是通过集体跳踩鼓舞来表达对祖先的祭祀,但其真正的目的却是求爱,生殖

---

[1] 相传古时,苗族地区人烟稀少,一对夫妻久婚不育。一日,夫妻俩正在枫木树下静听啄木鸟的啄树声,人首蛇身的蝴蝶妈妈(古歌传说其系枫树心所生,为姜央的母亲),送给他们一头小牛。回家后,那小水牛很快长大并生下牛,妻子也产下了一男孩。很快,他们就成为人畜兴旺,五谷丰登的富裕家庭。为了纪念蝴蝶妈妈的恩德,夫妻俩把枫木树挖空,蒙上牛皮制成木鼓。每到苗年,夫妻俩就抬着木鼓,带着身穿盛装的女儿们,围着枫树起舞,从此代代相传,沿袭至今。

[2] 相传在苗族的祖先神告且和告当时,告且和告当造出日月后,又从天公那里盗来谷种撒到地里,可惜播种的谷子收成很差,为了解忧,一次告且和告当从山上砍了 6 根白苦竹扎成一束,放在口中一吹发出了奇特的乐声。奇怪的是,地里的稻谷在竹管吹出的乐声中,长得十分茂盛,当年获得了大丰收。从此以后,苗家每逢喜庆的日子就吹芦笙。

的需求却用生命食用的鱼、贝壳、田螺、糯米饭团等吃的东西并通过对食物赋予特定的符号象征意义来表达。[1] 很明显，以个体生命所需的食物来表达生命延续（生殖）所需的各种观念，它既照顾到了过去祖先的生命（祭祀祖先），又照顾到了当下的生命（姊妹饭在事后就可以吃掉），诉诸的却是生命的未来（繁殖下一代）。

苗族舞蹈具有节令性，“大节三六九，小节天天有”，许多舞蹈都是在一定的季节或节日里跳的，这反映出人与环境之间紧密的生存关系。节令使仪式和舞蹈具有规律性，对于强化和巩固民族认同、释放族群精神压力等，都有重要的功能。节日为族群的聚集提供了时间保障，加上族群聚集的公共场所，形成了苗族舞蹈的公共空间。周而复始的节日形成了苗族舞蹈的“此地此刻性”即“原真性”（本雅明），从而使苗族舞蹈的“灵晕”（aura）和神秘未能消弭，存留了本雅明说的最初的“膜拜”价值，从而使其未能让位于纯艺术性的“展演”价值。

可以说，苗族文化中千年不变的仪式程序使贵州苗族舞蹈保持着源初的文化胎记，应当把苗族舞蹈中的仪式、音乐、传说、服饰、节令等要素视为整个生态性系统来看待，而不应视为一个个单一的“背景”来考察，苗族文化网络上的苗族舞蹈是不能离开苗族文化系统来研究的，它基本上不是一门能离开地方性生活场域而在现代舞台上进行表演的艺术门类，它随时随处触及的都是苗族的日常生活、历史记忆、生命诉求等，成为苗族文化的身体表达。只有将苗族舞蹈还原到其生成的生态性关系中去，才能正确认识和研究苗族舞蹈。

---

[1] 放松叶代表针，意在要求男子以后回赠她们绣花针；放竹勾暗示用伞酬谢；放棉花表示姑娘的思念和情意；放香椿芽表示姑娘同意出嫁；放芫荽菜表示姑娘急切成婚的心情；放辣椒或大蒜则暗示断交；竹篮或箩筐里挂活鸭，则希望男方集体回赠一只小猪给她们饲养，来年吃姊妹饭时大家再度杀猪联欢。燕宝. 姊妹饭节[A]. 中国苗族风情[C]. 贵阳：贵州民族出版社，2002.

苗族生态审美观中的家园意识探析

丁筑兰

家园意识是生态美学的核心范畴之一，这是一种与人的存在方式密切联系的本源性意识。“家园”是人类生存之本，海德格尔曾说：“‘家园’意指这样一个空间，它赋予人一个处所，人惟在其中才能有‘在家’之感，因而才能在其命运的本已要素中存在。这一空间乃由完好无损的大地所赠予。大地为民众设置了他们的历史空间。大地朗照着‘家园’。如此这般朗照着的大地，乃是第一个家园‘天使’。”[1]可见，生态意义上的“家园”不仅是人与自然诗意关系的表达，而且具有人的精神和心灵都得到解放和回归，本真地存在于澄明之境的含义。但是在现代社会里，“人与包括自然万物的世界——本真的‘在家’关系被扭曲，人处于一种‘畏’的茫然失其所在的‘非在家’状态。”[2]无家可归成为现代人的普遍精神症候。我们把目光投向苗族审美文化中的“家园意识”，会看到苗胞的家园意识与现代思维中所提倡的人与自然的和谐及人自身存在的本真敞开，其内涵具有一致性，而且更加体现出“思想深深扎根到生活，二者亲密无间”[3]的现实性。

一、栖居地的诗意选择

苗族的主要聚居地黔东南，山清水秀，景色迷人。据有关研究表明，苗族祖先并不居住在此，远古时代首领蚩尤在与黄帝的涿鹿大战中兵败，带领部落开始了艰辛漫长的迁移，离开了东方的肥沃田土，向着西方前进。《苗族古歌》里对这段历史有详尽的描述：“奶奶离东方，队伍长又长；公公离东方，队伍长又长。后生挑担子，老人背包包，扶老又携幼，跋山又涉水，迁移来西方，寻找好生活。”[1]在迁徙中，他们放弃了从金地方流过来的白生生的大河，也放弃了从银地方流过来的黄怏怏

[1] 海德格尔. 存在与时间[M]. 陈嘉映，王庆节，译. 北京：生活 · 读书 · 新知三联书店，2006：15.

[2] 海德格尔. 存在与时间[M]. 陈嘉映，王庆节，译. 北京：生活 · 读书 · 新知三联书店，2006：318.

[3] 潘定智，杨培德，张寒梅. 苗族古歌[M]. 贵阳：贵州人民出版社，1997：67.

[1] 潘定智，杨培德，张寒梅. 苗族古歌[M]. 贵阳：贵州人民出版社，1997：138.

地大河，最终沿着从米粮仓流过来的飘着稻花香的清幽幽的河流而上，来到了方先（今榕江境内）。这个地方才是祖先们想要寻找的栖居之地，“方先好地方，绿树满山岗，坝子宽又长，四边三条江。两山兜一水，两水抱一山，山光青幽幽，水色似天蓝。”[1]苗族从此在这山清水秀的地方扎下了根。

这支先民在祖先带领下历尽千辛万苦，终于选择了这个地方定居下来。从古歌里的描述中，我们可以看到，祖先选择的这个地方，不仅有山有水，有适合造房的深又深的山湾，有适合种棉和粮的平坦的河湾子，土地肥沃，河水清甜。“小溪流涓涓，两边枫香树，桃花红艳艳。山弯枫树颠，喜鹊荡秋千；山弯小溪前，燕子飞翩翩。”[2]这是一个充满活力和生机，具有生态美的家园，是适合生活的生态宜居之地。那么，苗族祖先为什么要选择这里，放弃金地方和银地方，选择这里呢？这里面体现出苗族对家园的选择，是一个民族本源性生态生成观的选择，蕴藏着丰富的生态智慧。

苗族祖先对栖居地的选择，是对生存方式和生命形态的选择。黔东南地势由西北向东南倾斜，海拔界于400～1000米，峰峦起伏，森林茂密。自古以来都是南方宜林地区，也是许多珍稀植物的家园。独特的喀斯特地形使这里有许多自然奇观，溶洞，温泉，峡谷，奇峰，极具审美价值。低纬度、高海拔，山地亚热带季风气候使这里冬无严寒，夏无酷暑，阳河、清水江、都柳江形成了三条大动脉，水量充足，适宜稻谷的生长。这种择良地而居的意识，是农耕文明的传统生态观，以现在的科学眼光来看，黔东南确实是适合人类居住的生态宜居之地，是符合我国文化中“辨物居方”的生态理念的。

苗族把自然当作万物的母体，生命意识里有着根深蒂固的自然情结，经过长时间的积淀，这种意识形成了民族的文化心理和集体无意识，影响着他们对居留地的选择。当他们迁移到了一个新的好地方，发现这里的山水与他们潜意识中的生存观、生命观、生态观相吻合，使认定这是一个理想中的家园。这个家园不仅具有原生意义上的自然美，又能为人提供田地和水源，具有能把这片蛮荒美变成人文美的可能性。在苗胞心目中，理想的家园是既有自然美又有人文自然美的。正如古歌中对祖先居住地的描绘：“那阡陌纵横的田地，那流水清清的插秧好地方。”[3]这是在生活体验中得到的审美判断力，这种审美感知使他们选择的美丽家园不仅与祖先居住地一样美好，能满足精神上的审美需要，而且能提供丰富的物质生产资料，满足人的生存需求。可见，苗族的栖居选择不仅体现出对现实生活的关照，而且也

[1] 潘定智，杨培德，张寒梅．苗族古歌[M]．贵阳：贵州人民出版社，1997：151.
[2] 潘定智，杨培德，张寒梅．苗族古歌[M]．贵阳：贵州人民出版社，1997：152.
[3] 杨(昌鸟)国．苗族服饰符号与象征[M]．贵阳：贵州人民出版社，1997：122.

在直观理性思维模式上体现上对生命本真审美状态的彰显。

二、审美文本中家园意识的内涵

苗族居住地区之所以具有良好的生态环境,离不开苗族人的生态家园意识,这种意识广泛存在于史诗、古歌、神话、服饰等审美文化中,支撑这种意识的是至今仍然保留的万物有灵观和自然崇拜理念。在苗胞这里,自然界的一切,日月星辰,花鸟虫鱼都和人类一样具有意识、思维和灵性,是和人一样的有生命的存在物。苗族古歌中,详尽地描述了枫木与自然万物的关系:枫木是人、兽、神的共同始祖,不仅蝴蝶妈妈是从枫木中化生而来,枫木倒下后还化作泥鳅、铜鼓、猫头鹰、燕子等千百样形态,因此万物皆和人具有一样的生命意识和生命形式,在神性思维下,他们都成为神灵的化身,也和祖先一样成为崇拜敬畏的对象。这种诗性的思维方式表达的是万物相通的意识,真实生动地表现了原始生命的生成过程及人们对其的认知方式,是一种对人与万物和谐一体的生态境界的追求。

既然人与万物同宗同源,他们之间就构成了亲密的血缘关系,他们之间的关系是平等的,一起共同生活在家园中。《苗族史诗 · 打杀蜈蚣》描写了人类祖先姜央与动物们一起跳舞的欢乐场面:"姜央丢开犁,把牛放在田当中,跑上田坎来踩鼓。鼓声咚咚响,往前跳三步;鼓声响咚咚,往后跳三步,他会跳不会转身,会转身不会转调,畅游的瓢虫来教他转身,飞舞的蜜蜂来教他转调。……啄木鸟敲鼓,咚咚又咚咚,姜央在田坎上跳,水牛在田里面跳,牛尾巴跳在两脚间,跳累了都不知道。牛鞭听见鼓响,它把牛背当舞场;蚊子一群群,围着牛头转,踩鼓踩得更欢"❶。苗族能歌善舞,歌舞对他们来说是生活方式的一部分,是一种激发生命力的活动,当所有人在大地舞台上纵情舒展时,山水自然都受到感染,万物都参与其中,在这个吸引力强大的审美场中,人与自然相互渗透,人不是脱离自然的存在,他就在自然之中,各种生命之间有一种神秘的联系,甚至万物的身份是可以随意转换的,这是他们体验自身存在的方式。

人类不仅要进行物质生产,为了族群的繁衍还要进行自身的生产,这就要注意人类生存所需的自然资源的供给问题。苗胞早就意识到对资源的过度消耗会给的人生存带来危机。古歌中提到:"一窝难容许多鸟,一处难住众爹娘。火坑挨火坑烧饭,脚板摞脚板舂粮。房屋盖得像蜂窝,镊子鼎罐都挤破。……这样吃啊饿得慌,这样穿啊烂得快。快来我们商量吧,西方去找好生活。……"❷人口增长带来

---

❶ 马学良.苗族史诗[M].今旦译注.北京:中国民间文艺出版社,1983:200.

❷ 马学良.苗族史诗[M].今旦译注.北京:中国民间文艺出版社,1983:258.

了生存问题,于是祖先带着族人开始了迁移之旅,只为寻找一个更适合生存的好地方。到了好地方以后,也开始寻求合理利用自然资源,使资源供给最大化的方法。

在长期与自然相处的过程中,苗族形成了"以天合天"的生态智慧。尊重自然规律,总是用一种顺应自然的"不知吾所以然而然"的方式去思考和处理人的生存问题。他们很早就知道要合理利用与改造资源,顺应自然规律,以达到人与自然的和谐共存,谐调发展,而不是野蛮破坏,向自然过度索取。在长期的劳动中,他们掌握了适合本土自然环境的农林技术,史诗中提到栽枫木的同时要栽竹子,竹子伴着枫树长。"挑捆钎子上山坡,一个山坡戳一钎,多戳山坡就通完,山岭岩石开坳口,河水沿山坡流淌,剩余河水向东流,这才有水产稻粮,天下人才得饭吃。"[1]从现代农林科技观点来看,这是一种双赢式的生态农业观,与中国"辅万物之自然而不敢为"古典生态智慧是一致的。

美好家园的建设还包括人与人之间的和谐相处。苗族祖先历尽千辛万苦迁移到南方,居住在大山深处,依生于大自然,为了本民族的可持续发展,苗族采取了适生的观念,注重与其他民族和谐共处,互相尊重。"金子留下根拐杖,搁在那个坳口上,后来变一棵直树,……汉人树下来休息,马到树下好拴鼻。"[2]山口的大树可为汉族同胞乘凉歇马,可见苗胞也很注意人与人之间和谐关系的形成,《埋岩理词》中说:"人人都想生活好,不许苗欺客,客也不准欺苗。"生存的不易,使苗族对和谐充满向往,为了避免纷争,提倡宽容忍让,"柴山莫乱砍,田地莫相争,房屋莫乱霸,牛羊莫乱牵。瓜菜莫乱摘,田水分均匀。"正是这种宽容忍让、以和为贵的人际关系理念,使得在漫长的历史中,苗族与其他民族形成了大杂居,小聚居的局面,长期以来各民族和谐相处,共同栖居在家园之中。

三、自然中寻美——审美趣味中的"家园意识"

生态审美是"把自己的生态过程和生态环境作为审美对象而产生的审美观照"[3]。苗族热爱生命、热爱美,苦难的历史使他们更认识到生命的可贵,在为了生存而奋斗的过程中,他们让生命充斥着美的存在,把苦难的日子活出了诗意。他们在自己的直观诗性思维中,对大自然和动植物作了神化、拟人化的描述,在这种认识力和理解力的基础上,形成了自己最初的审美观念。在对自然从盲目依赖到顺应、把握的过程中,原始的自然已经成为"人化自然",成为苗民心目中的神圣性的

---

[1] 陈青伟.《苗族古歌》生态意识初探[J]. 黔东南民族师专学报,2002(2).

[2] 陈青伟.《苗族古歌》生态意识初探[J]. 黔东南民族师专学报,2002(2).

[3] 徐恒醇. 生态美学[M]. 西安:陕西人民教育出版社,2000:136.

存在，这种对家园的认同和对自然的崇敬，使得他们的审美趣味体现了对自身及环境的认识、对生活的感受和体验。

自然物的美在苗族的审美观念中是审美趣味的标准。苗族爱情史诗《仰阿莎》中是这样描述这位“美神”的：“头发像丝线，面庞像茶泡，眉毛像竹叶，牙齿像白银，褶裙像菌子，裙脚像瓦檐，腰带像鱼鳞，身上的花衣哟，像孔雀开屏。”这里用了很多自然物来比喻和描绘这位美丽的姑娘，自然物是审美观的参照标准。苗族是个能歌善舞的民族，他们不仅在歌声中歌唱自己的家园，他们的乐器也是来自自然的，体现出原生态的纯朴和天然。如古瓢琴这种乐器就是用杉木雕刻而成，琴弦是用棕丝制成，形状如瓢。芦笙作为苗族文化的象征符号，这种乐器也是取材自山林中随处可见的白竹、杉木等，在节日上，数十甚至成百支芦笙齐鸣，场面气势十分壮观。

在面对自然的时候，苗族选择的是适应环境的生活方式，审美观也是与生活环境相宜的。他们针对自己的生存环境，创造出与生态环境相适宜的具有民族特色的服饰。在高山劳作的族群，为了方便行动，使用了紧衣短裙造型，紧衣利落，短裙方便，利于在山林间活动。另外还有“适宜平地生活的中裙宽衣造型，有适宜河谷生活的长裙大袖造型等，无一不是模拟与他们生活息息相关的自然，无一不是考虑与他们生存空间相宜的结构”[1]。而服饰的色彩和质料上，也处处显示出与自然的亲密关系。蓝青黑是苗族人民喜欢的色彩，这种色彩便于在深山里狩猎。苗族人生活的山地，适宜种植苎麻，在潮湿的山地气候下，自制的棉麻布衣裙保暖又结实，清洗容易。服饰中的图案，多是与家园相宜、与民族信仰相关的审美符号，如枫木、蝴蝶、青蛙、牛等，千姿百态，美不胜收，这不只是对自然和祖先的敬仰与亲昵，还有对家园中每一个成员的热爱。

苗族舞蹈动作多为生产劳动的再现，历史的回顾及对自然中动植物的模仿。比方说，在“姊妹节”上跳“踩鼓舞”的起源，有人介绍：“踩鼓舞是苗族祖先姜央创造的。他听见森林中啄木鸟啄木的声音好听，就摹仿这声音编成鼓点，他在河边看见黑甲壳虫在水面游来游去，姿态十分好看，就摹仿它的动作跳起来，于是产生了踩鼓舞，代代相传至今。”[2]在苗家文化中占重要地位的芦笙舞，更是内容丰富，如新添寨镇的苗族芦笙独舞中，以一脚尖两脚挝的动作，表现苗民点栽苞谷的情景；用“一叉一甩”的突起突停的甩腿转体动作表现苗民舂碾稻谷的劳动情景。以全蹲跳动作表现苗民织麻劳动。用脚尖脚跟交替点地旋转动作表现苗民打场的欢乐

---

[1] 曾祥慧.适应生态的写意 高于生活的范本———黔东南苗族服饰与生态[J].贵州民族研究，2013，(6).

[2] 沈复华，也火.《中国民族民间舞蹈集成，贵州卷》，北京：中国ISBN中心，2001：441.

情绪。“艺术源于人类与自然的亲密关系”[1],在经济并不发达的情况下,苗族使简朴的生命充满了诗性,表现一种乐天知命、自由豁达的生活态度,展示出一种接近生命本真的自由状态。真正达到了诗意的栖居。

四、苗族家园意识的生态意义及启示

苗族的家园意识具有存在论美学的意蕴。苗胞与自然的依存关系和神性体验的强调,就是对自己的存在和存在本身的看法,这种存在观与“诗意栖居”境界有着紧密的关联,“‘诗意地栖居’意味着:与诸神共在,接近万物的本质。”[2]在诗意家园中,家园给人回归感和归属感,人不再与世界处于对立和分割的态势。海德格尔曾言,人在“此在”中体验自身的“本真存在”,要通过仰望神性来实现,唯其如此,才能无限拓展有限的生存空间,万物包括人类才能诗意地栖居在大地上。而苗族同胞的对自己的存在与存在本身的理解,也讲究对自身处于世界的生存状态及诗意神性境界的追寻,在肯定人是自然一部分的前提下,“人是树上花果,山与日月同在”,“大地是主人,山河永存留,”“人生是过客,短暂一时候。”等说法,说明了人在自然中的位置是如此明确,人不是自然的主宰,只是自然的一部分。“当人诗意地栖居时,他就是在本源意义上‘居住’,从而也就生存在‘家园’中。”[3]

苗族的家园不只是记忆中故乡的美好存在,而且是当下的生活实体。“‘诗意地栖居’给我们的只是理论启示,而要克服价值虚无主义,我们不但要走在思想的路上,更应该走在行动的路上。”[4]海德格尔提出了要通过对诗意语言的聆听来回归家园,但这是一种诗化的理论假设,只是一种美好的想象而已。苗族对生态家园的重视,本质是一种直觉的、自发的、无意识的对生命存在的关怀,这是在长期艰难的生存境遇中对生命及美的直观思考和理解,是一种活态的文化现实。在他们看来,家园不只是人类的安身立命之地,是万物的本源所在,而且使民族成为有文化根基的存在。而这与我们现代生态思维理论中对人本真存在方式的强调及对整个生态结构的平衡的关怀,是异曲同工的,并且更具有“走在行动的路上”的现实性。

---

[1] 格罗塞.艺术的起源[M].北京:商务印书馆,1984:125.

[2] 海德格尔.海德格尔选集(上卷)[M].孙周兴选编.上海:上海三联书店,1996:482.

[3] 尤西林.人文科学导论[M].北京:高等教育出版社,2002:131.

[4] 张会永.期待“诗意地栖居”——试论海德格尔对价值虚无主义的批判与克服[J].湖南师范大学社会科学学报,2003(1).

文艺中的生命与生态

文艺中永恒主题的生命美学阐释

黄桂娥

文艺起源于人的生命,美是人的生命追求的精神实现。[1] 艺术之美与人的生命有密切的联系。文艺之美是能够满足人的生命追求的精神时空,是能满足人的生命追求的艺术形象所呈现的条件和特征。人的生命具有三重性:生物生命、社会生命、精神生命,这三重生命各有其特定的"活性、动力性和相对独立性"[2],正是这不同活性、动力性和独立性的复杂交织,才构成了生命现象的多姿多彩,同时也导致了艺术世界的异彩纷呈。在林林总总的艺术作品之中,总有千百年来被反复叙述、表现的主题,如"活着""感官刺激""爱""死""回归自然"等,这些永恒的主题同时也是人的三重生命永恒追求的不同精神实现方式。

一、活着

人一旦意识到自己活着时,就已经意识到了三重生命之活的状态,即生物生命、社会生命、精神生命。人的这三重生命构成了人具体而完整的生命存在或称之为生命系统。人既是他自身,又不仅是他肉体的自身,也不止于他的意识和精神,还包括他的社会角色和社会权利。人的这三重生命是一个互为前提、互为因果、循环往复的生命流程。

人的生物生命直接从属于生物界,所以不能不服从生物学的法则。作为一个生命有机体,它是一个依赖的存在。它是饥而欲食、寒而欲暖、趋利避害、趋乐避苦。这些是人的生存、生活的前提条件,也是人追求幸福生活的生理原因和原始动力。由于生物生命是千万种需要的凝固体,这决定了他的性质具有切己性、目的性和能动性。当生物愿望受阻,他又有克服阻碍,摆脱约束的能力。"精神"正是人的生物生命在追求欲望的满足过程中产生的结晶和升华,是人的生命的自我表达、

---

[1] 封孝伦.人类生命系统中的美学[M].合肥:安徽教育出版社,1999:166.

[2] 同上,第142页。

自我体验、自我意识、自我理解。人又总是处于“社会关系”之中,并承担一定的社会角色,在社会生命中,产生了各种社会愿望,即为人类做出超凡的贡献、获得较大的权利、造成广泛的影响等。忽视人的生命及其生活的社会性,社会存在,社会生命对人的生物生命和精神生命的某种决定作用,就很难理解人的命运。

“每个人都有三重生命,但不平衡。”❶三重生命不仅不平衡,而且任意一重生命都是不自由的。正是由于人活着承载了三重生命之活的重量,才使得人感到活着的无比艰难和沉重。正是由于三重生命很难达到平衡,人才会产生活着的忧虑,人对活着的忧虑本质上是对生命需求的关注:“对活着的忧虑,本质上是对生命的渴望。……因此这一类关注人类能否‘活着’艺术,有着巨大的读者群。”❷在现实生活中,绝大多数人都有活着之忧,表现活着的艺术作品也格外受人青睐。《呐喊》又译为《尖叫》,是挪威画家爱德华·蒙克1893年的作品。这幅画是表现主义绘画著名的作品。该作品是现代人精神的焦虑以图式显现的最杰出的代表;是现代人类充满焦虑的现实,而又无法摆脱这一现实的永恒象征。该幅作品的美就在于它表达了人备受活着的焦虑侵扰的意境。

翻开各类艺术作品,必然看到三重生命交错杂存的局面,造成了人活着的千姿百态的面貌。在艺术所叙述的“活着”主题中,或是某重生命所占比重较大或者是某重生命的严重缺失,由此导致的悲剧引起人们心灵的强烈震撼。加缪的小说《局外人》中的默尔索,由于社会愿望被剥夺,竟沦落到只活在生物生命之中的境地,除了满足生物本能之外,其余的一切与他无关,最后竟浑浑噩噩地杀了人,浑浑噩噩地赴了刑场。《巴黎圣母院》中的神父则正好相反。只活在神的信仰和虚伪的宗教思想里,生命萎缩成一团阴森森的令人战栗的黑影。最后只能沦为扼杀鲜活生命的刽子手。《离骚》这部作品则体现了社会生命被剥夺所带给生命的痛苦。屈原是一位宁死也不愿退出社会政治舞台的诗人,当屈原绝望地看到自己在宫廷里已完全沾不上边时,绝望至极。他也想在人世间做一件具有里程碑意义的、值得后世子孙永久纪念的事情,却不知如何发力。痛苦之中,他左右为难:想到别国去另谋功业,又害怕落个卖国求荣的可耻名声。想退隐人世,又没有甘于寂寞的境界;想修道成仙,又没有足够的诚心;想象个狂人那样周游世界,又没有放得开的胆量;想长生不老,却无法忍耐精神失落的打击,最后只能走向自杀。这说明,任何一重生命的缺失都可能带来活着的灾难。

人活着总是竭力想使自身的三重生命愿望达到平衡与完美,但由于主客观方

---

❶ 封孝伦. 人类生命系统中的美学[M]. 合肥:安徽教育出版社,1999:134.

❷ 封孝伦. 人类生命系统中的美学[M]. 合肥:安徽教育出版社,1999:263.

面的诸多因素,人的三重生命很难达到完美的状况。文艺中的人生悲剧和各种生存悖论尽在这三重生命的平衡与不平衡之间展开,因为人活着常常切己地感到自身各种生命愿望之间发生严重的撕扯与冲突。文艺是人的三重生命之活实现平衡、互补与自由的最好途径,“通过在艺术时空中的对人生的种种体验和灵魂的游历,人仿佛不只活过一回,而是活过了许多回,无数回”❶,极大地缓解活着之忧。如歌德的《浮士德》,这部名著的美妙之处在于它让主人翁换了几样活法,让人们感受不同活着的方式。

二、感官刺激

人的生物生命需要大量的、不断更新的感官刺激,并且人类追求感官刺激的历史和人类创造文明的历史是同步的,这并非耸人听闻。人作为生物生命活着时,很乐意完全沉浸于感官声色的享乐中,正如奥古斯丁所认识的那样,人的灵魂若没有崇高的信仰作为支撑,就很容易倾心于浮华的事物、肉体的感觉和愉悦耳朵的喧嚷。根据生理学研究表明,不论是人还是动物,都需要不得少于某个最低点的兴奋与刺激,就像不得少于某个最低点的休息一样。其实,人的生命欲每天都在有意或无意地寻找某种程度的刺激,回应刺激,引起兴奋的刺激物数不胜数。感官刺激分为生命欲刺激和视听刺激两个层次。生命欲有性欲、食欲、躲避危险、恐惧死亡等的欲望。生命欲是生命存在和发展的最基本机制。人只有被对象唤起了强烈的生命激情时,他才会对对象投以极大的关注,并产生强烈的感动。生命欲是生命力的象征,符合人性和人的本质。没有生命欲的生命,虽活犹死。

由于有特定内容的“善”的约束,人类在任何一个时期,即使是由一个个部落组成的原始时期,人的生物生命愿望都受到了不同程度、不同内容的压制,纯粹的满足是不可能的,也是可怕的,正如黑格尔所认识到的那样,各人若只知满足自己特殊的私欲,顺从种种自然的冲动和嗜好,“他便志愿作一个自然的存在”❷,从而降低到动物的层次,但黑格尔又进一步指出,动物作为一个自然存在,是符合自然规律的,人若回复自然存在则会滋生无穷的罪恶。因而人类的自我压制是必需的。这压制愈符合人性,则愈显出了社会的进步。但是在现实中被压制的感官刺激的需要可以在艺术中得到满足。

在现代工业社会中,我们的生命常常有一种精神倦怠的情况,仿佛在生命里有什么东西死掉了,没有了生气,没有了足够的内在动力和创新能力,这就是需要借

❶ 封孝伦. 人类生命系统中的美学[M]. 合肥:安徽教育出版社,1999:289.

❷ [德]黑格尔. 小逻辑[M]. 北京:商务印书馆,1980:92.

助不断变换单纯的刺激来解决，对于生命中的倦怠情绪来说，没有现成的刺激，必须自己去创造和寻找。为什么我们的生命欲需要不停地刺激呢？从深层文化因素分析，人觉得自己同自己的环境被强迫分开，他孤立地处在这个世界上，这个世界的尺度和法则却是在漫长的过程中才习得。因此，多种生存斗争所必需的事物，他都得去学习和操作，而这种过程充满艰辛的努力和失败。每天他在可能永远疲惫地重复着同样的任务，在这个过程中，人的才能在某种程度丧失了天然性和敏感性。他被迫着去寻求新方式使自己与世界相连，如人在对性的追求中确证了自身的存在和本质，感受到了自己的力量。有时生命对性的追求实际上是对理想的追求，都是渴望打破旧有生存格局，创造新的理想境界的愿望。人的感官刺激需要满足，但这些需要满足的途径却不止一种。

人所需要的刺激，这可由他对人、对自然、对艺术与观念的创造性的兴趣来满足，也可以由不断变换的、贪婪追求的现实行动来满足。人类更多地支持前一种满足方式。故而，人类浩如烟海的文化艺术产品中，或隐或显地存在着大量的感官刺激的内容，“西方的绘画艺术、文学艺术无所顾忌地展露了大量的性爱与肉体。性爱的最终对象是赤裸裸的人体，所以人体艺术，总是受到人们的特别钟爱。”[1]如文艺复兴初期的作品、波提切利创作的《维纳斯的诞生》、米开朗琪罗的《夜》、威尼斯画派乔尔乔内的《睡着的维纳斯》、威尼斯画派提香的《乌尔宾诺的维纳斯》、巴洛克时期贝尔尼尼《阿波罗与达芙妮》、巴洛克绘画大师鲁本斯的《掠夺吕西普的女儿》、19 世纪新古典主义画家安格尔的《大宫女》、安格尔的《泉》等。这些作品能“直接体现人的感受器官与刺激对象的条件对应性”[2]。

性是文艺作品的一个重要主题。“既然性是人类生命中的重要内容，艺术必然要表现性爱。”[3]如中国古代有《金瓶梅》，当代有《白鹿原》，其中都有非常直白的性欲与性场面的描写，若抹去这些描写，则历史价值和艺术意义都要大打折扣。对性描绘或性意识内容的领悟所带来的兴奋，引发了我们对自身生命活力的体验，从而更产生一种切己的快感。“因为一般说精神是与肉体紧紧联结的，所以，一种强烈精神感受通过联想而引发另一种与联想相适的感受就是可能的了。”[4]

生命欲刺激的需要也可以说是存在的需要，而且这需要必须得到满足，否则就会疯狂，正像食物的需要必须得到满足一样，否则就没有办法活下去。对这些需要的追求能使我们的生命和灵魂不至于麻木。文学艺术尽可能不至于使人陷入后一

[1] 封孝伦. 人类生命系统中的美学[M]. 合肥：安徽教育出版社，1999：261.
[2] 封孝伦. 人类生命系统中的美学[M]. 合肥：安徽教育出版社，1999：280.
[3] 封孝伦. 人类生命系统中的美学[M]. 合肥：安徽教育出版社，1999：260.
[4] [俄]康定斯基. 艺术中的精神[M]. 李政文，魏大海，译. 北京：中国人民大学出版社，2003：44.

种危险的境地,所以才会有那样多姿多彩的表现感官刺激的内容。我们阅读文学作品时,看到感官刺激的内容,“它直接作用于我们的感官而不是直接作用于理性和逻辑推想……,我们不是理解到了什么,而是感觉到了什么”,我们兴奋起来,“因为这些结构方式符合人的感知方式并充分地满足了人的感官的生命需要”❶。这种情况是头脑和整个生理器官在替我们进行实际的满足行动。我们生命中多余的冲动就得到了很好的宣泄。

三、爱

人类在茫茫的宇宙中生存,不时地受到各式各样命运的翻弄,在这层出不穷的充满偶然性悲剧中间,人类幸而能感受到生命中的灵光——爱。爱几乎是与人类同步诞生的,随着几千万年的斗转星移,依然没有丧失其最初的内容。爱是生命追求的核心。人类对爱的情感和理想事物的追求,似乎是一种不可更改的天性。因为在爱中,我们的生命会感受到极大的喜悦和安适,并且不愿从爱中解脱出来。因为由于人的生命的脆弱本性,它必须享有一种精神观念,这种精神观念和生命结合在一起,并使生命坚强地活下去,这就是爱的实质。爱与被爱的情感表现,是生命力的象征,符合人的本质特征,正如别林斯基所指出的那样:“每一个人都是包括情欲、感情、愿望、认识的独立而特殊的世界。”❷

爱的形式主要有亲人之爱、朋友之爱、爱情及性爱。人一出生,就沉浸在亲人的关爱与体贴中,最后又在亲人的哀痛和眷念中离去。人的一生都离不开与亲人之间爱与被爱的纽带关系。在原始时期,每一个个人作为个体都无法和大自然相抗衡,必须结成友好合作的关系,这是友爱的最初意义。虽然到了现代,它的最初意义即将丧失,但人的生命仍然需要一定程度的友爱,友爱是使人完善的途径。爱情源于人本身的某种匮乏,对人而言,它永远是一种有所求的境界。两性之爱尤是如此。它既追求肉体上的合一,也寻求精神上的交流,并体验由此带来的迷狂般的喜悦,它是一种如此强烈地寻求合一、独占的向往。爱呈现出如此斑斓的景象,几乎囊括了生命中所有复杂的情绪和感受。爱既有生物性、又有社会性;既含感性,又含理性;既有自我扩张、又有自我克制;既有自我满足、又有自我战胜。正因为爱带有无限可能性,总是波澜起伏,极不确定,找不到恒定状态,因此文学艺术才有审美创造的广阔天地。

为什么爱会成为文艺永恒的主题?因为爱是宇宙、是无限、是生命之起源与价

---

❶ 封孝伦. 人类生命系统中的美学[M]. 合肥:安徽教育出版社,1999:270.

❷ [俄]别林斯基. 别林斯基文集[M]. 上海:上海译文出版社,1980:522.

值的意义、是世界的基础。正如学者指出的那样:“在表现人的生命活动的艺术中,没有爱的内容,将是不可思议的。”美是生命追求的实现,爱是生命之根基,那么,文艺中对爱之主题的表现,能使我们获得到极大的美感享受。萌动着青春情欲意识的少女——杜丽娘,被森严的礼教所限制,只能在梦境中满足生命的本能情爱和欲求。无名氏《灯下闲谈》卷上《桃花障子》卢女观赏桃花屏障入迷,被画中男子吸引,陷入性幻想,与画中人结成夫妻,自由自在。生命的愿望得到了肯定,生命的需要得到了满足,人就会感到极大的欣喜、甜蜜、兴奋和激动。“文学把人的生物繁衍本能同最纯洁的精神冲动结合起来,使爱情变得高尚和崇高。”❶

文艺作品中所表现的爱的主题,主要有三种情况:无所谓得到与否的爱、完满获得的爱、强烈追求而不得的爱。川端康成在《伊豆的舞女》中,用诗和画构筑起了一个审美的世界,这里没有痛苦纷扰,没有欲念追求,令人恬然忘忧、浮生若梦。在查渺虚无的空气中飘忽的只是些闪烁、激荡的诗的断片。对于《包法利夫人》中的爱玛来说,当爱情骤然来临,宛如电光闪闪、雷电轰轰,颠覆生命,席卷意志——如同席卷落叶一般,把心整个带往无尽的深渊,这正如我们对极美事物的体验。爱情的伟力在于它既具有审美形式的感官愉悦、激情浪漫,又具有审美形式所不具的相磨相厮的血肉慰藉和情感交流,同时它更赋予生命和世界以意义和价值。

多数情况下,爱导致不幸结果:发疯、自杀或杀人,这是爱的受难的一种形式。想要获得的爱没有得到,人就会失去自我、人性就会变得扭曲、人格就会变成畸形,人就成了非人、就成了虫、成了兽、成了机器的同类。英国小说《呼啸山庄》中的希斯克厉夫就是一个没有爱的生命。他既丧失了作为人性的外观,又丧失了自我本质意识。正如书中的另一个女主人翁所说的:“你活着的时候,没有一个人爱你,你死了也不会有一个人来哭你!”听了这样的话,他只能跑到黑夜的荒野上呼号,最后成为复仇魔王。爱往往是两个人的事,当它变成只是一个人的单相思时,将是一个虚无审美化的过程,它只是眼睛的织物、感觉的幻象。它虽充溢着无限的可能性,但也潜藏着巨大的危险性,如《少年维特之烦恼》中,维特在对爱的主观热望中走向自杀。主观构想的审美世界一过时,可能幻灭、碎落,人由此坠入深渊,被虚无感吞噬。《丰饶之海》第一卷《春雪》中向我们奏出了一曲哀婉动人、缠绵悱恻,通篇都浸润着古典的悲哀与美的恋歌。该小说显示了人们愿意与爱同在,与美同生。而对爱的追寻常常等同于对美的追寻。爱在人生长河中只不过是一瞬,然而就是那一瞬,已完成了生命的全部意义、全部的美。其实人生也不过是永恒中的一瞬,真正现实的东西只是一瞬间、一刹那的爱与美吧!瞬间之后爱和美就会消失,淹没

---

❶ [保]瓦西列夫.情爱论[M].赵永穆,等译.北京:三联书店,1984:232.

于过去的黑暗之中。人类有意义的生活或许就在于捕捉瞬间之中那最强烈、最纯粹的燃烧点——爱与美。

爱值得文艺永久歌颂,因为爱的回忆是不应该遗忘的。人们固守着爱的回忆,就向固守着生命的源头。人无论在生命的旅程里走了多么久、多么远,却都需要在夜的寒冷中唤起爱的温暖。人可以在黑暗中行走,哪怕走得艰难,却不能在没有爱的温暖的生命里行走。对于人来说,爱永远是比光亮更基本的需要。"相信爱的可能性,就是一种以洞悉人的真正本性为基础的理性上的信念。"[1]爱情不仅可以战胜死亡,而且还可以战胜命运、战胜那个庸俗乏味的客观实在。在对爱的歌颂中,人们渴望用爱的力量在混乱的世界上实现协调,使喧闹的社会变得宁静,让人性中生出善,使生之琴弦奏出和谐的乐章。爱既是社会最完善的体现,人的神性美的最好表达,也是实现完美境地的途径和力量。

四、死亡

当人们站在人类一般、普遍、统一、本质、整体的基础之上时,人们并不意识到死亡的存在和可怕。然而,一般、普遍、统一、本质一旦随风而逝,个体自我脱颖而出,并成为唯一的真实——即当个人以现实的、单独的、肉体的身份出现在类的背景之外时,死亡立即冷酷地洒落下来,在每个人的心灵深处引起迷乱困惑、悸动、不宁的回声。没有什么比死亡更具悲剧色彩的了,面临死亡,是生命最悲怆的时候。死亡作为人世幸福,肉体生命的结束,是必然令每个人都恐惧、躲避、恨不能幸免的。

由于死亡的阴影的出现是如此沉重和猝不及防,所以最初它曾一度惊惧、震撼了所有民族。于是在人类文明发展中,人对于自身死亡性质的假设,总是具有极大的安慰性质。如上帝的爱子、神的后裔;人死后灵魂可以不死、可以升天、可以转世、可以投胎等,这样人的生和死便在神那里统一起来,形成一个周而复始的圆圈,达到了圆满。人由此为自己建构起一个自足的意义世界,心灵获得了巨大的安慰。神秘维护的世界逐渐退去之后,人类因此而终于明白了一个最最简单的道理,没有谁能胜过时间的镰刀。事实上,人的生命、人的存在本身就包含对死亡的意识——死亡的必然性。否定死亡,隐瞒死亡,实际上就是否定生命、否定存在。

死成为文学艺术的主题,是因为人们在惧怕它,逃避它,憎恶它的同时,又渴望理解它,体悟它,思考它,战胜它,人们愿意体味死亡,因为它是感受生命的最好手段。死亡在爱伦·坡的作品中占据了绝对霸权位置的主题,但他书写死亡,不是为

---

[1] [奥]埃·弗罗姆.爱的艺术[M].康革尔,译.北京:华夏出版社,1987:117.

了制造恐怖，而是为了强化生命征服死亡的权力意志。征服死亡的路，通往虚无真理的路，向绝对的灵魂祈求终极安慰的朝圣之路，就在书写的灵性照耀的方向上延伸。❶ 于是文学艺术家们用绚丽多姿的文字或柔化死亡的恐怖气氛，如纪伯伦在《先知》一书中提出：死亡不过是人类和上帝及其大自然建立更为完美新关系的开端而已。而狄金森在她的诗中，认为死是通往另一个世界的门户，一个人只有进入了死亡的大门之后，才真正求得了永恒。叶芝说，是人创造了死亡。在等死的人那里，死既是充满恐惧也是充满期待的，在慨然赴死的人的意向活动中，死亡如此明晰地呈现为一个由远趋近、由隐蔽至澄明、由可怖到亲切、由此岸向彼岸的过程。高更的画作《死神的凝视》，这幅画表现了在鲜活的生命中，仍有死亡的意念不断被复现、被叠加、被赋予意义、形象、光彩，直到构成一个确信无疑的意义景观。由此死亡祛除了神秘的面纱，消散了恐怖的气氛并最终战胜了虚无。死亡里萦绕着意义和真理的光环，充满着期待和允诺的喜悦。三岛由纪夫的很多作品，都以死亡作为主题，在他那里，趋向死亡遂成为一种自身自愿的自由选择，它是一种由此岸向彼岸的引渡，一种向死而在的求援。

文艺作品以死亡为主题，往往是为了挖掘死亡的深刻内含。如海明威在《乞干扎尔罗山上的雪》中向人们宣示：清醒而神圣的死亡，不是黑暗，而是光明；不是结束，而是开始；不是死亡，而是生命。表达了他对人的生命追求的信心。或歌颂英勇的人对它的战胜：如当生命的尊严、自由、爱情全被客观势力剥夺，人便会愤而自戕，以死抗争，以死来殉自由和爱情的理想。古希腊雕塑《自杀的高卢人》，描写的是一个战败的高卢战士，为了不被敌人俘虏后身受凌辱，他先亲手杀死了自己的妻子，然后准备自刎。他左手搀着已被他杀死了的妻子，右手执剑往自己的左胸口刺入。身子站立着，眼睛向后面追来的敌人投射出无比的愤怒，具有一种宁死不屈的壮烈姿态。“自杀者认为毁灭了自己的肉身便能早日升入天国，这是以生物生命换取永恒的精神生命。”❷死亡会以其巨大的震撼力促使读者认真思考生的价值，促使人们珍惜生命、热爱生命、热爱人世间的一切美好事物。“体味死亡是感受生命的有力手段。”❸由于对生命的眷念，驱使着人们去寻求达到不朽和永恒的途径，生命在死亡的威迫下显示出了价值和重量。

五、回归自然

人的生命是自然的造物，人本身就是自然界中的美妙对象。在自然中有组成

---

❶ 查常平. 人文艺术(第五辑)[M]. 贵阳：贵州人民出版社，2004：343.

❷ 封孝伦. 人类生命系统中的美学[M]. 合肥：安徽教育出版社，1999：140.

❸ 封孝伦. 人类生命系统中的美学[M]. 合肥：安徽教育出版社，1999：279.

生命的各种元素，有生命赖以生存的一切物质。人是永远无法离开并始终向往大自然的，然而现今的人类在现代工业文明的进程中，在征服自然的过程中越来越远地脱离了自然、抛弃了传统的生活方式，自筑了一个异化的属人的世界，从此，文明社会中鼎沸的人声压倒了一切自然的诗意喧哗。

虽然人类在物质世界里获得了前所未有的舒适与满足，但人类似乎总意识到又丧失了什么。人们在激情和欲望的驱使下内心充满了痛苦与不安。社会异化过程中短短的几百年造成的文化现实把人类在数万年进化中形成的合理性大量地破坏了。人的社会生活、精神世界、自我境况都出现了匮乏、畸形和片面性。关于这种状况，巴雷特说得好：随着现代的降临，人类却第一次感到无家可归，科学剥光了自然身上的人类形式，给予人类一个中立异化、广袤巨大并和人的意图格格不入的宇宙。自然的、神性的恩爱不见了，人不仅成为一无所有的存在，而且成为支离破碎的存在。“他已经开始感到，甚至在他自己的人类社会里，他自己也是局外人”[1]，他甚至是为他提供物质资料的巨大社会拒绝的陌生人。

自然作为人的生命之源，人的依赖和归宿，时时散发着动人温馨的魅力。而城市作为人类在走向现代化过程中用钢筋、玻璃、混凝土铸成的壮丽景观，却常常难以引起感性生命的诗意联想。人们对工业化过程中和过程后的城市环境产生了抑郁、愤怒、失落和不满。城市，对于从自然中脱胎而过的人的生命来说，永远是一种异己的存在。我们的生命虽不得不置身于高楼大厦之中，但怀想的仍旧是那万里无云的蓝天、清新的空气、辽阔的田野、静静流淌的小河。“只有面对自然美的时候，人们才真正感受到自己是一个完整的、活生生的生命存在。”[2]

为了缓解精神世界的文明病症，于是人们提出回归自然，在历史的深处追寻和重构精神家园。人们在都市里感到烦闷焦躁、痛苦不安时，往往很容易把自然、把远离自己生活环境的地方作为一种精神和情感寄托。但实际上，在真正的自然面前，在真正地脱离了一切文明羁绊独自面对自然地时候，人们更多地感到一种恐惧而不是慰藉，所谓的慰藉只可能在一切可靠的旅游设施作为前提的情况下出现，文明的儿子在他与自然母亲的关系早已成为久远历史的境地里，不可能感到那种一直在自然怀抱中长大的人所有的温情和熟悉，作为文明化或半文明化了的人，他们同自然的联系已经不再那么紧密了，他们已不可能同自然融为一体了，正如人脱离了母体便永远不可能回归，尽管他一直不断地受到回归母体的欲望和冲动的煎熬。

人类可以在文艺作品中寻找完全回归自然的梦想。一些文学作品都不约而同

---

[1] [美]威廉·巴雷特. 非理性的人[M]. 段德智，译. 上海：上海译文出版社，1992：36.

[2] 封孝伦. 人类生命系统中的美学[M]. 合肥：安徽教育出版社，1999：185.

地表现了一个回归的主题。梭罗《瓦尔登湖》就是一部描写回归自然的经典作品。在梭罗看来,大自然既能适应我们的长处,也能适应我们的弱点。梭罗探索着大自然的美妙与历史,同时从大自然的历史中探求着人类的历史。梭罗从中领悟出自然对人类过错的宽容与大自然的生生不息,人类在大自然的面前忽然变得那么渺小。在树叶沙沙声、风的瑟瑟声和咆哮声,阳光的照射和闪耀,以及无数不可描绘的声音和音调中,人能感到自己同自然内在地牵扯在一起,与自然界同命运。自然的生长与消亡,繁荣与凋谢,与他们自己的生死紧密相关。"人在植物界,尤其是在萌芽和生长、死亡和腐朽中发现的,不只是其自身生存的间接表现和映象;他在其中直接地并以充分的确定性领悟自己;他从中体验着自己的命运。"[1]人对自然环境的回归,也许首先是源于一种寻根的冲动。更深层次上是人类生命对原始生活诗性记忆的怀念。依维柯的理解,人类社会最初的智慧就是一种"诗性智慧"。它是原始人类凭借肉体的想象创造事物的那种能力。这种诗性智慧表现在人与自然的观念上,就是强调人与自然的共同归属性。

回归,意味着向童年的回归,向人的本真状态的回归,向生命活力状态回归。鲁迅的《从百草园到三味书屋》描写的就是这一主题。童年作为生命的源头,是与自然环境紧密联系的。绿草如茵、野花盛开和小麦茂盛的田埂上、泥泞的、三叶草隐没的小路上,我们的童年是从那些地方一去不返的。而没有谁会比孩子更爱自然,没有谁像孩子那样更真诚地相信人与自然在生命意义上的平等。回归童年,还意味着回归人的善良本源,与自然息息相生的人必然拥有人之为人的淳良天性。而失去自然环境,便意味着失去了根,失去了母亲,意味着道德上的毁灭。

在回归自然的主题中,也有对回归之忧虑的表达。托马斯·曼的《魔山》中的主人公汉斯·卡斯多普却饱尝了独自一人与自然在一起的苦处。他对那些假惺惺地谈论自然环境的高等社会伴侣们感到不满,于是在一个多雪的天气独自一人踏上了进入纯洁自然的征程,当他真正一个人站在没有一点文明痕迹的雪峰上,任凭漫天白雪伴着无边的寂寞笼罩住他时,他意识到一种本质的威胁,不仅是恶意的,而且是非人的、死气沉沉的。接下来他在暴风雪中迷失了方向,经过数次奋力搏斗,他只在原地打转,最后躲避在一个小茅屋里,手脚麻木地开始做梦,当然他梦见了与自然和睦相处地美丽的快乐的人类。这个梦不仅表达了他的个体愿望,也表达了全人类的愿望。

人在文艺中的审美活动,是人的生命追求在精神时空中的实现。文艺的永恒

---

[1] [德]卡西尔.神话思维[M].北京:中国社会科学出版社,1992:207.

主题是围绕着人的三重生命来表现的,它们也存在着三个维度和三种品格:满足人的生物生命需要的品格、满足人的精神需要的品格和满足人的社会生命需要的品格。文艺的内容是满足人的生命追求的内容,文艺的美是能满足人的生命需要的符号或符号系统。文艺的形式是符合人的生命感受和感知需要的形式。甚至,文艺中的"某些反生命现象之所以成为审美对象,是因为这些现象更有利于人类对生命的体验、有利于人类生命的升华和对生命意义的把握"。[1]

---

[1] 封孝伦.人类生命系统中的美学[M].合肥:安徽教育出版社,1999:412.

《吕氏春秋》的音乐美学思想

龚妮丽

《吕氏春秋》是战国末期秦相吕不韦组织其门客编纂的一部书。《吕氏春秋》全书分十二纪、八览、六论，共计26卷160篇，该书内容丰富，具有很高的文献价值。其中专论音乐的篇什有“十二纪”中的《大乐》《侈乐》《适音》《古乐》《音律》《音初》《制乐》《明理》，而“十二纪”各纪之首篇，以及其中的《本生》《重己》《贵公》《贵生》《情欲》等篇也有对音乐的讨论，可谓先秦时期论述音乐文字最多的文献。

《吕氏春秋》历来被认为是一部“杂家”的著作，从其思想来看，它兼有先秦诸家之说，但并非只是罗列各家之说而没有自己的立场，其见解中有着鲜明的倾向性和自己的观点，正如有学者指出：“总的来说，它的主导思想是儒家，在符合儒家基本思想这一前提下，吸取墨家和道家中那些能为儒家所接受的合理的东西，对于兵家、农家也给予了重要的地位。至于对法家、名家、纵横家，则基本上采取了否定的态度。”[1]《吕氏春秋》中的音乐美学思想也体现出既有诸家思想综合，又有自己独特见解的特征。关于音乐的起源、音乐的构成，行乐的规律等问题，该书综合了道家及阴阳五行家的哲学思想，以天道自然观去解释音乐的本源，强调音乐与自然的联系，其中也含有儒家的社会政治观和伦理道德观，并将自然秩序与社会秩序联系起来分析音乐审美的前提和条件；关于音乐的审美价值和社会意义，继承了儒家音乐与政治相联系的思想，不仅认识到政治对音乐的影响，也强调音乐的伦理教化作用；关于音乐美感的思想，受到道家“贵生”思想的影响，并从生理和心理角度提出音乐的度量问题，探讨音乐美感产生的原因及审美活动的规律，提出了“和”“适”“理”等重要的音乐美学范畴。《吕氏春秋》的独特之处，突出地表现为将音乐活动的社会性与音乐的自然性结合起来，其见解从不同的方面丰富了先秦的音乐美学思想。

---

[1] 李泽厚，刘纲纪. 中国美学史（先秦两汉编）[M]. 合肥：安徽文艺出版社，1999：392.

一、音乐的天道自然观与社会观

关于音乐的起源,《吕氏春秋》秉持天道自然观,认为音乐的产生与自然万物的产生有着同样的规律,都是天道自然的运作结果。《大乐》篇说:

乐之所由来者远矣,生于度量,本于太一。太一出两仪,两仪出阴阳。阴阳变化,一上一下,合而成章。浑浑沌沌,离则复合,合则复离,是谓天常。天地车轮,终则复始,极则复反,莫不咸当。日月星辰,或疾或徐,日月不同,以尽其行。四时代兴,或暑或寒,或短或长,或柔或刚。万物所出,造于太一,化于阴阳。萌芽始震,凝寒以形,形体有处,莫不有声。声出于和,和出于适。和、适,先王定乐由此而生。(《吕氏春秋·大乐》)❶

这里将“太一”(道)看成是音乐产生的最根本的源头,音乐有着十分严密的度量关系,这种种度量关系,都是源于“太一”,正如宇宙中的一切都出自“太一”,太一生阴阳,阴阳生万物。天地万物的自然变化或运转都是有规律的,如日月星辰的运动,四季的冷热变化以及有规则的更替,都是自然法则的作用,正是因为“万物所出,造于太一”。它还指出,声音、有形体的事物总会发出声响,但并非一切声音都可以成为音乐,音乐的声音必须以“和”“适”为前提,“声出于和,和出于适”的声音才是先王制定音乐的根据。也就是说,音乐的声音必须有“和”的性质,而“和”正是出于“适”,即有一定的规律(生于度量),这些规律都源于“太一”,即“道”。“生于度量,本于太一”,不仅是对音乐起源的阐释,也是对音乐本体存在的阐释,它注意到音乐结构中极其严密的度量关系,并对这种关系给予天地法则的规定性,这无疑是深刻的见解。

在对音乐结构内部规律的讨论中,《音律》篇从天道自然观出发,将五音十二律与季节变化之规律相比附:

大圣至理之世,天地之气合而生风,日至则月钟其风,以生十二律。仲冬日短至则生黄钟,季冬生大吕,孟春生太簇,仲春生夹钟,季春生姑洗,孟夏生仲吕;仲夏日长至则生蕤宾,季夏生林钟,孟秋生夷则,仲秋生南吕,季秋生无射,孟冬生应钟。天地之风气正,则十二律定矣。

这里将音乐中十二律的特点与自然的“日长”和“风”相对应,如仲冬日最短,其风声定为黄钟,仲夏日最长,其风声定为蕤宾。四季不同,风动也不同,依风而吹动的管弦音高强弱也不同,因而音乐与“风”有着密切的联系,“天地之气合而生风”,“天地之风气正,则十二律定矣”。著者之所以特别注意风与乐的关系,是因

---

❶ 《吕氏春秋》引文均出自杨坚点校本,岳麓书社,1989年版。

为风即气的运行，音乐表演不管是声乐，还是吹管乐都与运气有关，弦乐器声音的发出也与弦线在空气中的振动有关，而音乐的运动，如高低、强弱、长短、快慢、行止，都与风的阴阳二气变化相似。所以先秦早期有关“风”与“乐”之关系的思想，如“天子省风以作乐”（《左传·昭公二十一年》），根据风之理来制作乐器和音乐；通过音乐“开山川之风”（《国语·晋语八》），用音乐调阴阳和节气，使风调雨顺万物繁盛的思想都无不对《吕氏春秋》有重要的影响。在对音乐本源的阐述中，虽然将音乐与天地自然相比附有牵强附会的一面，但其中也反映出《吕氏春秋》对农家思想的重视。在以农耕为主要生存方式的社会中，人们因对自然环境的依赖，对风调雨顺的期盼，形成了敬畏自然的文化心理，将天道自然观作为认识音乐内部规律的出发点便也是可以理解的。

《吕氏春秋》在讨论人的文化活动时，强调人的自然生命与宇宙万物生命的协调统一，认为它们是互相依存的，人们的文化活动也都是在追求人与自然的和谐，失去了这种和谐，人就无法生存；人的世界如果背离“天道”（自然的秩序）也就会招来灭顶之灾，还奢谈什么“乐”？正如《明理》中所说：

凡生非一气之化也；长非一物之任也；成非一形之功也。故众正之所积，其福无不及也；众邪之所积，其祸无不逮也。其风雨则不适，其甘雨则不降，其霜雪则不时，寒暑则不当，阴阳失次，四时易节，人民淫烁不固，禽兽胎消不殖，草木庳小不滋，五谷萎败不成，其所以为乐也，若之何哉？故至乱之化，君臣相贼，长少相杀，父子相忍，弟兄相诬，知交相倒，夫妻相冒，日以相危，失人之纪，心若禽兽，长邪苟利，不知义理。

可以看出，《吕氏春秋》将自然秩序与社会秩序联系起来，将天道自然观与社会政治观结合在一起了，内涵有儒家的社会伦理思想。在《大乐》中更明确地指出社会生活中的行乐活动必须以社会和谐安定及伦理秩序为前提：

天下太平，万民安宁，皆化其上，乐乃可成。成乐有具，必节嗜欲。嗜欲不辟，乐乃可务。务乐有术，必有平出。平出于公，公出于道。故惟得道之人，其可与言乐乎！亡国戮民，非无乐也，其乐不乐。溺者非不笑也，罪人非不歌也，狂者非不武（舞）也，乱世之乐，有似於此。君臣失位，父子失处，夫妇失宜，民人呻吟，其以为乐也，若之何哉？凡乐，天地之和，阴阳之调也。

虽然《大乐》论述音乐本源时所提出的“生于度量，本于太一”的思想是居于天道自然观，但是在探讨音乐的具体制作时，则体现出它的社会政治观。认为天下太平，百姓安宁，顺从君王的教化，和谐的音乐才可能产生，这种音乐产生的前提是“必节嗜欲”，而制作音乐的原则“必有平出”，则“平出于公，公出于道”。从这里可看出其儒道杂糅的美学思想，音乐的产生离不开君王的教化，政治秩序的良好有序，制作平和的音乐以节制欲望为前提，这些都有儒家思想的影响。而强调“节嗜欲”，也同时含有道家“重生”“贵生”为本的思想，特别是“平出于公，公出于道”，认为音乐的“平和”是由“公”产生的，“公”则是由“道”产生的。不仅受到老子“至公”思想的影响，更将“道”作为音乐制作最基本的根据和原则。《大乐》指出只有社会稳定安宁才有“乐”的可能，社会如果陷入混乱“君臣失位，父子失处，夫妇失宜，民人呻吟，其以为乐也，若之何哉?”道德沦丧，百姓痛苦呻吟，哪里还谈得上“乐”？所以“乐者，乐也”，只能是在安定的社会生活中才能实现。《吕氏春秋》将自然与社会的和谐都看得很重要，只有在自然和谐与社会和谐的前提下，美（和）的音乐才可能产生，这样的音乐能给人们带来快乐。因此，其所谓“凡乐，天地之和，阴阳之调也”，含有对自然与社会双重和谐的强调。

二、音乐的社会作用

在音乐是否有积极的社会作用的问题上，《吕氏春秋》显然是不赞同墨家“非乐”思想的，而与墨家论辩的另一方——荀子的思想有着许多相似之处。它首先从人的欲望的合理性出发，肯定在音乐中追求快乐的合理性，进而肯定音乐存在的价值和意义。《大乐》说：

始生人者，天也，人无事焉。天使人有欲，人弗得不求；天使人有恶，人弗得不辟。欲与恶，所受於天也，人不得兴焉，不可变，不可易。世之学者，有非乐者矣，安由出哉？大乐，君臣、父子、长少之所欢欣而说也。欢欣生於平，平生於道。

《吕氏春秋》认为人的欲望是天生的，爱好与憎恶也都是天生的。世上有学者“非乐”（指墨子“非乐”）是没有什么根据的。追求“乐”是世上所有人感到欢欣、喜爱的事，即所谓“大乐，君臣、父子、长少之所欢欣而说也”，其原因则是“欢欣生於平，平生於道”（即“天道”）。寻求乐（lùe）中之乐（lè）是人的天性，这与荀子“夫乐者乐也，人情之所必不免也，故人不能无乐”的观点是一致的。《吕氏春秋》正是在这一前提下，肯定了音乐存在的价值和意义。

在进一步讨论音乐的社会作用时，《吕氏春秋》更加明显地继承了儒家音乐与政治相联系的思想，不仅认识到政治对音乐的影响，还强调了音乐对于政治的积极作用。《适音》写道：

治世之音安以乐，其政平也；乱世之音怨以怒，其政乖也；亡国之音悲以哀，其政险也。凡音乐通乎政，而移风平俗者也，俗定而音乐化之矣。故有道之世，观其音而知其俗矣，观其政而知其主矣。故先王必托于音乐以论其教。《清庙》之瑟，朱弦而疏越，一唱 而三叹，有进乎音者矣。大飨之礼，上玄尊而俎生鱼，大羹不和，有进乎味者也。故先王之制礼乐也，非特以欢耳目、极口腹之欲也，将以教民平好恶、行理义也。

此段议论与后来总结儒家音乐思想的《乐记》中的言语颇为相似,其中“音乐通乎政”“移风平俗者也”颇能说明《吕氏春秋》对音乐政治功能的重视。“观其音而知其俗矣,观其政而知其主矣”,指出了音乐对社会生活、对政治的影响。文中认为先王制乐是为了实现其政治教化的作用,而”非特以欢耳目、极口腹之欲也,将以教民平好恶、行理义也”,从这样的肯定和赞许中,可看出《吕氏春秋》继承了儒家礼乐治国的政治理想。

对于通过音乐可以观察人心、品德、社会等观点,也与孔子的“兴、观、群、怨”音乐思想有一定的联系,但其分析更为细致,也有对社会音乐作用的独到见解。在对音乐的评价、褒贬、选择、倡导等问题上,也可以看出儒家正统思想的立场。如《音初》中所说:

凡音者,产乎人心者也。感於心则荡乎音,音成於外而化乎内。是故闻其声而知其风,察其风而知其志,观其志而知其德。盛衰、贤不肖、君子小人皆形於乐,不可隐匿。故曰乐之为观也深矣。土弊则草木不长,水烦则鱼鳖不大,世浊则礼烦而乐淫。郑卫之声、桑间之音,此乱国之所好,衰德之所说。流辟誂越慆滥之音出,则滔荡之气、邪慢之心感矣;感则百奸众辟从此产矣。故君子反道以修德,正德以出乐,和乐以成顺,乐和而民向方矣。

三、音乐的审美观

《吕氏春秋》在音乐审美问题上多有建树,提出了颇有新意的思想。它侧重从人的生理心理角度寻求美感的原因,并从审美主客体相互之间的关系,探讨审美活动实现的规律,提出了“和”“适”“理”等重要的音乐美学范畴。

《吕氏春秋》从听觉、心理的角度阐述了音乐审美所要遵循的音乐度量规律,提出“以适听适”的重要命题。《适音》中言:

夫音亦有适,太巨则志荡,以荡听巨则耳不容,不容则横塞,横塞则振。太小则志嫌,以嫌听小则耳不充,不充则不詹,不詹则窕。太清则志危,以危听清则耳谿极,谿极则不鉴,不鉴则竭。太浊则志下,以下听浊则耳不收,不收则不特,不特则怒。故太巨、太小、太清、太浊皆非适也。何谓适?衷音之适也。何谓衷?大不出钧,重不过石,小大轻重之衷也。黄钟之宫,音之本也,清浊之衷也。衷也者,适也,以适听适则和矣。

文中阐述了音声与听觉、心理的关系:声音太大耳朵难以忍受,心志震荡;声音太小听不清,难以满足审美需求;声音太高使耳朵疲倦,且心志不安;声音太低心志低落,且听觉不集中,还会产生心理怨愤。所以“太巨、太小、太清、太浊,皆非适也”。之后又进一步解释什么是“适”，以“衷”解释“适”，举出具体的尺度“大不出钧，重不过石”就是衷，这种尺度在早期文献《国语·周语》中已有记载，是先王制乐的根据，所以认为应以此为规范和标准。《吕氏春秋》既看到了音乐的物质材料——声音与人的生理感官——耳朵之间的自然规律，也意识到声音对心理所造成的反映，甚至对情感的影响，因而提出“以适听适则和矣”的思想，认为只有适宜听觉的声音才适合于形成使人感到美(和)的音乐，将“适”与“和”紧密地联系起来。

《吕氏春秋》还从反面论证音乐违反“以适听适”规律——“不用度量”的危害，《侈乐》中说：

夏桀、殷纣作为侈乐，大鼓钟磬管箫之音，以巨为美，以众为观，俶诡殊瑰，耳所未尝闻，目所未尝见，务以相过，不用度量。宋之衰也，作为千锺；齐之衰也，作为大吕；楚之衰也，作为巫音。侈则侈矣，自有道者观之，则失乐之情。失乐之情，其乐不乐。乐不乐者，其民必怨，其生必伤。其生之与乐也，若冰之於炎日，反以自兵。此生乎不知乐之情，而以侈为务故也。

夏桀、商纣制作的多为侈乐，大鼓、钟、磬、管、箫之音，不用度量节制，奢侈无度，不仅音乐本身不美，最后导致国家衰亡。宋国、齐国、楚国走向衰落，也都是因为制作了不合度量的音乐。不合度量，就会失掉音乐给人带来快乐(美)的本性(情)，音乐如果失掉美的本性，当然就不能发挥音乐的审美作用——使人快乐。更有甚者，还会祸害国家，使百姓怨恨，《吕氏春秋》认为这都是由于不懂得音乐本性——“合于度量”“以适听适”的道理所造成的恶果。

在《侈乐》篇中，还将音乐必须遵从“适”之规律的道理扩展到“守住本性”的讨论上：

乐之有情，譬之若肌肤形体之有情性也，有情性则必有性养矣。寒温劳逸饥饱，此六者非适也。凡养也者，瞻非适而以之适者也。能以久处其适，则生长矣。生也者，其身固静，感而后知，或使之也。遂而不返，制乎嗜欲，制乎嗜欲，则必失其天矣。

乐的本性就像肌肤形体的本性一样，都需要保养，过和不及，如寒、温、劳、逸、饥、饱都不是“适”的状态，保养就是要将不适变为适中。长久地出于“适中”，就能保持住固有的本性——“静”。这里的“生也者，其身固静”，即是说“静”是符合于“道”的本性，人之所以有欲望是因为“感而后知”，如果不加以限制，过度的欲望会导致人失去本性。这一思想无疑是受到道家“养生”思想的影响，但耐人寻味的是，此阐述对后来儒家礼乐思想的集大成者——《礼记·乐记》也有所影响。

关于音与心、乐的关系，《吕氏春秋》也做了认真的分析：

耳之情欲声，心不乐，五音在前弗听；目之情欲色，心弗乐，五色在前弗视；鼻之情欲芬香，心弗乐，芬香在前弗嗅；口之情欲滋味，心弗乐，五味在前弗食。欲之者，耳目鼻口也；乐之弗乐者，心也。心必和平然后乐，心必乐，然后耳目鼻口有以欲之。故乐之务在於和心，和心在於行适。夫乐有适，心亦有适（《吕氏春秋·适音》）。

这段文字强调了“心”在审美活动中的重要作用，听觉出于自然本性，虽然喜爱美好的声音，但是如果心中不快乐，即使是悦耳的音乐也是听不进去的。感官所好只是来自本性，而快乐与否则来自于“心”，所谓“欲之者，耳目鼻口也；乐之弗乐者，心也。”文中提出了一个重要的思想，即“故乐之务在於和心，和心在於行适。夫乐有适，心亦有适。”快乐必须以心和为前提，而和心就必须遵循“适“的原则，所以快乐是建立在“适心”基础之上的。《吕氏春秋》对于审美活动中快乐的主导——“心”的强调，可以视为后来音乐美学史上出现的“声无哀乐论”思想的源头。

《吕氏春秋》在提出“故乐之务在於和心，和心在於行适”之后，紧接着便讨论了“适心之务在於胜理”的问题。指出“适心”必须遵从“理”，即合乎于“道”之理。《适音》中说：

人之情，欲寿而恶夭，欲安而恶危，欲荣而恶辱，欲逸而恶劳。四欲得，四恶除，则心适矣。四欲之得也，在於胜理。胜理以治身则生全以，生全则寿长矣。胜理以治国则法立，法立则天下服矣。故适心之务在於胜理。

这里通过“治身”“治国”的推导，进一步论述了“适心之务在于胜理”的普遍规律。从人的本性谈起，认为人的本性都是希望长寿、平安、荣华、安逸；厌恶夭折、危险、辱没、劳苦，得到希望的，除去厌恶的，就是“心适”。能获得“四欲”（即寿、安、荣、逸），正是因为“胜理”（“胜理”即合乎“道”的规律）。只要按照合乎“道”的规则“治身”，即可以“生全而寿长”，按照合乎“道”的规则“治国”，就能“法立则天下服”，上述所有的道理都说明了“适心之务在於胜理”。回到行乐的问题上，行乐务必要“和心”，“和心”在於“行适”，而“胜理”才能达到“适心”。因此，音乐审美活动的关键是按照自然规律——“道”，做到“和心”“行适”。可看出《吕氏春秋》的审美思想具有一种较为严密的逻辑性，通过“和”“适”“理”等重要音乐美学范畴分析音乐的审美问题，体现出遵守自然规律，追求理性，主张艺术与人和谐统一，社会与自然和谐统一的美学思想。

中国书法美学的生命内蕴

刘　剑

中国书法是通过汉字书写来表现生命内蕴的线条艺术,但生命的本质不在于形而上的抽象物,就在于生物生命的存活本身,以此为理路就会发现,中国书法中大量存在着由表面性的生命比附到更深的生命内蕴的追求与表达。

一

中国书法是通过汉字书写来表现生命意蕴的线条艺术。汉字是中国书法所依托的躯体;线条是中国书法所舞动后的轨迹;二者的根源在于生命。

离开了汉字,就没有中国书法可言。汉字的精要在于它是中国初民象形思维的凝结,“文字之始,莫不生于象形”(康有为),象形思维是混沌鸿蒙的源初境域中物我互动的思维结晶,这一思维形式又通过汉字这一符号载体得以绵延流传,“使中国人的思想世界始终不曾与事实世界的具体形象分离,思维中的运算、推理、判断始终不是一套纯粹而抽象的符号,中国文明的连续意味恰好就在这里”[1]。中国书法的独特性在这个意义上说就是汉字的独特性就是中华民族在世界民族之林的独特性。如此,我们才会理解许多学者对书法在中国文化中的地位何以那样非常推崇,林语堂先生曾言:“书法提供给了中国人民以基本的美学……如果不懂得中国书法及其艺术灵感,就无法谈论中国的艺术”[2]。熊秉明甚至说,“中国书法是中国文化核心的核心”[3],所谓的核心就在于汉字中积淀着的象形思维,汉字若不积淀着源初时期的象形性,就没有后世作为艺术的书法可言,就沦为完全抽象化的写字符号。书法导源于文字的实用性书写,但它又不等于写字,文字只是它的依托。汉字的自律性在于它既不是汉语的附庸,完全作为语言性的文字而存在;又不是绘画的派生物,完全停留在绘画文字阶段,这为书法成为艺术提供了可能。

---

[1] 葛兆光. 中国思想史(第一卷)[M]. 上海:复旦大学出版社,2010:42.

[2] 陈振濂. 书法学[M]. 南京:江苏教育出版社,1992:733-734.

[3] 熊秉明. 看蒙娜丽莎看[M]. 天津:百花文艺出版社,1997:168.

线条性是中国书法的重要特征。它是用笔墨纸砚作为工具，在文字书写基础上表现人们情思变化流动的线条，是实用手段向审美自律的艺术升华。这种线条是最富有意味的形式，它的美体现在线条中留下的书家的生命情意。书法的线条有别于绘画的线条，绘画的线条最终服务于形体的塑造，它是要通过线条的勾勒和描绘来造型，而书法的线条本身就是目的，本身就具有审美意味。可以说，书法是书法家的生命留下的有意味的轨迹。从线条与物象的距离来看，书法中的象形性物象远比绘画中的物象模糊和抽象得多，或者说，书法创作本身并以不物象为追求目标，以物象评点书法更多的是受众在鉴赏时赋予的。“文”的本义是图像性和视觉性的“纹”，“文者，象也”（《说文解字》），“字”的本义却是“生”，“文字”在中国文化语境中就是象象相生，是以象形思维看待宇宙万物，将宇宙万物映射在文字中。张旭草书的极限在于他将汉字的线条化推向了一个不能再往前走得更远的极限，即完全脱离文字的识别而成为纯粹的绘画性的线条，这也是书法与绘画的临界点。尽管有“书画相通”“书画同源”等说，但书法之为书法的界限就在于它是文字性的线条。

离开了“生命”这一逻辑原点，汉字甚至中国书法几乎都是不可理解的。“生命”是以人的生命为圆点推及宇宙万物的生命。生命的生物层面是生命这一原点的原点，这样说，并非将人的生命混同于动物，而是正视人的生命本身，它既不是以万物的灵长姿态高耸于宇宙生物之上，也不是以否定人的地位而贬低人的生命。正如杜威所言：“没有从动物祖先中继承来的器官，思想和目的就没有实现的机制”[1]。生物生命正好标明了人与动物的平等性，以及人的生命进化后仍然与动物保持着连续性。“生命的本质就是活着，就是生存、繁衍和进化”[2]，动物的生命如此，人的生命亦然。是人的生物生命的活动本身创造了汉字，这一点看似离奇，却是合理。关于汉字的起源，多数研究者认同于郭沫若的观点：“彩陶上的那些刻划记号，可以肯定地说就是中国文字的起源，或者中国原始文字的孑遗”[3]。时间上溯到距今8000年前的新石器时代，夏商之际已形成完整的文字体系。有研究者直接将彩陶艺术代表的仰韶文化中的陶文刻符，作为汉字书法的萌芽。但对于陶文刻符，多数书法研究者往往只将其作为一个研究对象来看待，忽略了对另一个研究对象——陶器的制作者即人本身的研究，陶器制作是人与器物双向敞开的手艺活动，必须在整个陶器制作活动中来理解生命与器物的关系和书法的产生。

陶文刻符包含两个内容，一是陶器的制作，二是陶器的刻饰。一方面，陶器的

---

[1] 杜威. 艺术即经验[M]. 高建平，译. 北京：商务印书馆，2005：27.

[2] 封孝伦. 人类生命系统中的美学[M]. 合肥：安徽教育出版社，1999：94.

[3] 郭沫若. 古代文字之辩证的发展[J]. 考古，1972(03).

制作更主要的是器物向人敞开它的有用性,这一点从陶器中大多数都是生活用具可以得到证明:饮食器(盆、钵、碗、杯、豆、勺等)、炊煮器(鼎、鬲、簋、甑、斝、釜、灶等)和储藏器(壶、罐、瓶、瓮等)。这些不同形制的器具都是为了满足初民不同的生活需求而制作的,是生命的存活需要产生了制作器物的冲动。陶器出现的重要意义之一就是通过改变初民的饮食习惯而改变人自身的身体,熟食的常态化逐渐改变了人的生物生命,营养的提升促使思维进一步进化,促进脑力和智力的提高。大脑组织的结构变化为精神生命的出现提供了可能;另一方面,陶器的刻饰即原始文字则更多的是人向人自身敞开自己,在向器物的敞开中人发现了自己。人在刻饰中发现的其实就是人的精神世界,即人通过符号活动创造了一个属人的精神时空。从战国时期开始关于汉字的诞生就有诸如仓颉作书"天雨粟,鬼夜哭""鬼神为之号泣"等神秘性传说,在他们看来,汉字符号的诞生本身就具有神秘的魔力,是一种魔法符号(magic symbol),符号就是对象本身,通过文字发现的就是人内心的恐惧、惊异等心理世界,人向自己敞开自己就是向自己敞开内心世界。"没有符号系统,……人的生活就会被限定在他的生物需要和实际利益的范围内,就会找不到通向'理想世界'的道路——这个理想世界是由宗教、艺术、哲学、科学从各个不同的方面为他开放的"[1]。

二

在中国书论史上,一个重要的现象就是用生命对书法进行比拟性的阐释,这样的书论几乎随处可见。概括起来,主要包括自然物和人自身两大类,或取法于自然现象如雷电风雨等,或取法于植物形象如藤蔓木叶,或取法于动物形象如虎蛇兔鼠,甚至直接用人的生命进行比附如气骨血肉。究其根由,都是从人的生命自身或向外取法于外物或向内取法于自身,只不过是取法的路径不同而已。"远取诸物""近取诸身",这是从文字创生之时就有的一种方式:"古者庖牺氏之王天下也,仰则观象于天,俯则观法于地,观鸟兽之文,与地之宜,近取诸身,远取诸物,于是始作八卦,以通神明之德,以类万物之情"(《周易·系辞·下》)。从历时性角度来看,大体是从"远取诸物"走向"近取诸身",从取法自然物逐渐走向取法人自身,从外走向内:"从人类意识最初萌芽之时起,我们就发现一种对生活的内向观察伴随着并补充着那种外向观察。人类的文化越往后发展,这种内向观察就变得越加显著"[2]。"俯""仰"就是对生命的一种反思活动,是古人对自然对象和宇宙万物的生

---

[1] 卡西尔. 人论[M]. 甘阳,译. 上海:上海译文出版社,1985:53.

[2] 卡西尔. 人论[M]. 甘阳,译. 上海:上海译文出版社,1985:5.

命节律的一种观察方式。一旦意识到自身的存在之后，向内的自我反思意识就会越来越强烈。

大体说来，汉至魏晋六朝，书论多以自然事物为创造取向和评论取向：“、”如“高峰坠石”；“丨”如“万岁枯藤”；“丿”如“陆断犀象”（卫铄《笔阵图》），“为书之体，须入其形，……若虫食木叶，若利剑长戈，若强弓硬矢，若水火、若云雾、若日月，纵横有可象者，方得谓之书”（蔡邕《笔论》），“疾若惊蛇之失道，迟若绿水之徘徊，缓则鸦行，急则鹊厉，抽如雉啄，点如兔掷……婀娜如削弱柳，耸拔如袅长松，婆娑而飞舞凤，宛转而起蟠龙。……若白水之游群鱼，丛林之挂腾犬员，状众兽之逸原陆，飞鸟之戏晴天，象乌云之罩恒岳，紫雾之出衡山，巉岩若岭，脉脉如泉，文不谢于波澜，义不愧于深渊”（萧衍《草书状》）等。在这里，最能体现出以汉字为底本的中国书法所具有的象形思维方式。不过，与那种追求完全写实摹仿的绘画方式不同，书法中的象并不是完全取外物的形似与逼真，有一定的模糊性。在这些物象中，自然物始终不是纯客观的对象物，而是从人的生命自身出发所看待的自然物，或者说，都是有生命内蕴的自然物。究其原因，一是商周流传下来的金文还保留着彩陶刻纹的装饰性特点，书法的图像性遗迹还很明显。二是东汉至魏晋六朝，自然山水逐渐成为士人的隐遁栖居之地，对自然事物的热爱大量体现到书评中来。

随着生命意识的觉醒，晋唐代以后，以人自身的生命比附书法的书论越来越多：“卫夫人书如插画舞女，低昂美容，又如美女登台，仙娥弄影，红莲映水，碧沼浮霞”（《唐人书评》），“自然长者如秀整之士，短者如精悍之徒，瘦者如山泽之癯，肥者如贵游之子，劲者如武夫，媚者如美女，欹斜如醉仙，端楷如贤士”（姜夔《续书谱风神》），“书必有神、气、骨、肉、血，五者阙一，不为成书也”（苏轼）。元陈绎曾在《翰林要诀》中直接以生命躯体命名作书之法：《血法》——“字生于墨，墨生于水，水者字之血也”、《骨法》——“字无骨，为字之骨者，大指下节骨是也”、《筋法》——“字之筋，笔锋是也”、《肉法》——“字之肉，笔毫是也”“捺满即肥，提飞则瘦。肥者毫端分数足也，瘦者毫端分数省也”。书法最讲求身体的各部分与汉字之间的协调关系：“字之立体，在竖画；气之舒展，在撇捺；筋之融结，在纽转；脉络之不断，在丝牵；骨肉之调停，在饱满”（笪重光《书筏》），“筋出臂腕，臂腕须悬，悬则筋生；骨出于指，指尖不实，则骨格难成；血为水墨，水墨须调；肉是笔毫，毫须圆健。血能华色，肉则姿态出焉；然血肉生于筋骨，筋骨不立，则血肉不能自荣。故书以筋骨为先”（朱履贞《书学捷要》）。清朝书论在前人的基础上大大深化了，对书法与生命的关系认识得更为透彻，清代书家直接将书法等同于人本身：“书，如也，如其学，如其才，如其志，总之曰如其人而已”（刘熙载《书概》）。康有为直接将书法与人对应起来：“书若人然，须备筋骨血肉，血浓骨老，筋藏肉莹，加之姿态奇逸，可谓美矣”，在他的书评中随处可见"书若人然""书如其人"的评论："《爨龙颜》若轩辕古圣，端冕垂裳。《石门铭》若瑶岛散仙，骖鸾跨鹤。《晖福寺》宽博若贤达之德。《爨宝子碑》端朴若古佛之容。……《杨大眼》若少年偏将，气魄力健。《道略造像》若束身老儒，节疏行清"（康有为《广艺舟双楫》）。离开"生命"，书法这种非具象性却又有象形的艺术不知如何评论。绘画却可以不谈人的生命，如西方写实性艺术就是一个纯自然的截图，是逼真的幻象艺术。

三

中国书法美学的生命意蕴不止体现为以自然物和生命体比拟书法这样简单直观的层次上，而是体现为二者之间更为深层次的关系上，这种关系用一个字概括就是："生"或"活"，《说文解字》曰："生，进也。象草木生出土上"，其象形之义就是草木万物从土里生长出来。唐孔颖达释曰："物之生长必'渐进'，故以生生为进进"，张载也言："易道进进也"。对于人的生命来说，生命的本质并不在于虚无的形而上意义，恰恰就在于活着本身，生命的存活高于他的抽象的本质，即海德格尔说的"此在"，他必须"在"，就是萨特说的"存在先于本质"。对于生命的各个层面来说，生物生命的存活是最为首要的，不管说人是理性的动物还是说人是符号的动物，都必须以生物生命的活着为前提，所有哲学上深刻而抽象的关于人的各种界说都是从生物生命这个原点生发出来的。中国文化是一种"重生厚死"的文化（"厚死"也是"重生"的另一种表达）。《周易·系辞》有言："天地之大德曰生""生生之谓易"，这里最为可贵的是将人放入天地之中，囊括出宇宙万物之间都有一种变易不死的生命力，生生相续就是变易，就是化生，如此生生不息，方谓永恒。道家更是把生作为最高的哲学范畴："道生一，一生二，二生三，三生万物"（《老子》），舍"生"无"道"无"物"。

人的内在生命意识的觉醒是被外在的生物生命的消亡这个大限所激起的："逝者如斯夫"（《论语》）、"天地无终极，人命若朝霜""人居一世间，忽若风吹尘"（曹植）、"恐晨曦之易夕，感人生之长勤，同一尽于百年，何欢寡而愁殷"（陶潜）等。所有追求生命的自由与超越都是追求对生物生命之束缚的挣脱与超越。从这个角度看，魏晋的各门类艺术都受人物品藻之风影响，其实就是魏晋士人都以生命为出发点和归宿点的。魏晋时期所谓"人的自觉"与"文（纹）的自觉"是合二为一的一个问题，生命觉醒后以艺术来超越以使生命达到完满，所谓"文"是"经国之大业，不朽之盛事"（曹丕）。在此语境中，书法之所以在魏晋时期成为具有自律性诉求的独立性艺术，就不难理解了。

以生物生命的"生"为原点，就会要求艺术的关键也在于"生"，或者说"活"。

“艺术是人能够有意识地，从而在意义层面上，恢复作为活的生物的标志的感觉、需要、冲动以及行动间联合的活的、具体的证明”❶。谢赫六法之“气韵生动”的关键不在于气韵，而在于“生”，“气韵”既是“生”的出发点，也是“生”的结果，这个“生”是以人的生物生命的“生”引发出来的，诸如“生动”“生气”“生机”“生意”等都是对生物生命的要求，以这些要求推及书法就是“势”：“古人论书，以势为先”（康有为），“作书须纵横得势”（朱履贞《书学捷要》），“势”就是书法的点划在俯仰、避让、映衬、呼应、冲撞、虚实、疏密等关系中产生的运动感：“观其法象，俯仰有仪；方不中矩，圆不中规。抑左扬右，望之若欹。兽跂鸟跱，志在飞移；狡兔暴骇，将奔未驰。或点，状似连珠；绝而不离。畜怒怫郁，放逸生奇。或凌邃惴栗，若据高临危，旁点邪附，似螳螂而抱枝。绝笔收势，馀綖纠结；若山峰施毒，看隙缘巇；腾蛇赴穴，头没尾垂”（崔瑗《草书势》），其所有的譬喻归结起来都在一个“动”或“活”字，即要有生命的运动感和鲜活感。“笔墨相生之道，全在于势。势也者，往来顺逆而已”（沈宗骞），在书法中，随处可见这种“逆顺”关系：疾涩、起落、开合、虚实、伸屈、干湿、枯润、向背等，归结起来就是阴阳关系，阴阳的运动就是“生”，就是“一阴一阳之谓道”这一哲学的书法表达。

与活着相对立的就是“死”，“生存的天敌是死亡，所以人天生地躲避死亡，保持对死亡的警觉”❷，推及艺术就是讲求“活”，最忌“死”：死板、呆滞、陈腐、病态、贫瘠、死尸等都是对生命的否定，也是对艺术的否定：“《小列女》面如恨，刻削为容仪，不尽生气”（顾恺之《魏晋胜流画赞》），“生气”即是对人的要求也是对画面的要求，卫铄《笔阵图》谈及书法也说：“善笔力者多骨，不善笔力者多肉；多骨微肉者谓之筋书，多肉微骨者谓之墨猪；多力丰筋者圣，无力无筋者病”，多肉、无力、无筋都是对生命的否定，都是死物的迹象，也是对书法的否定。

在满足生物生命的存活基础上，人的生命还有更高的追求，就是追求“不死”，追求个体生命与宇宙生命的合一，以超越有限达于无限。人对精神生命和社会生命的追求可以说就是对生物生命追求的超越，或者说，只有当生物生命、精神生命和社会生命都获得充分的满足后，人的生命才是完整和完美的。秦汉“重生厚死”之风就是追求“不死”，催生了树碑立传之俗，为书法之盛提供了外在环境。对书法的追求就体现为超越有限生命的“形”，进入无限生命的“神”：“夫字以神为精魄，神若不和，则字无态度；以心为筋骨，心若不坚，则字无劲健”（李世民《指意》），说晋书尚“韵”，这个“韵”就是由有节律的生物生命生发出来的“神韵”，这个神韵

---

❶ 杜威. 艺术即经验[M]. 高建平，译. 北京：商务印书馆，2005：26.

❷ 封孝伦. 人类生命系统中的美学[M]. 合肥：安徽教育出版社，1999：98.

是包括人的生命在内的宇宙万物的生命节律。张怀瓘论王羲之书法云:“一点一画,意态纵横,偃亚中间,绰有余裕。然字峻秀,类于生动,幽若深远,焕若神明,以不测为量者,书之妙也”。王羲之书法内含着主体生命灵动的神韵,这是最让人品之不尽的地方。当这种生命内蕴外射到宇宙万物时,书法中的神韵就是一种带有某种超越而玄奥的“鸿蒙之理”,或者说,是宇宙生命之“道”对个体生命的映照:“怀素览夏云随风而悟草书之变;雷简夫闻江瀑声而笔法流宕;文与可见蛇斗而草法顿能飞动;赵子昂见水中马鸡绕墙而得勾八之法”(鲁一贞、张廷相《玉燕楼书法》)。在这个时候,个体生命似乎消隐到宇宙万物中了,诚如宗白华所说:“中国的书法是节奏化了的自然,表达着深一层的对生命形象的思考,成为反映生命的艺术。”[1]无疑,这里的“生命”是泛化了的宇宙万物之生命,但它又是以人的生命为原点的生命:“于天地山川,得方圆流峙之常;于日月星辰,得经纬昭回之度;于云霞草木,得霏布滋蔓之容;于衣冠文物,得揖让周旋之体;于须眉口鼻,得喜怒舒惨之分;于虫鱼禽兽,得屈伸飞动之理;于骨角齿牙,得摆拉咀嚼之势。随手万变,任心所成,可谓通三才之品汇,备万物之情状矣”(李阳冰《上采访李大夫书》)。最后这句“随手万变,任心所成”以“通三才之品汇,备万物之情状”最是精辟,书家到此境界,人与万物已经融为一体,随手所书,皆是万物之情状。李泽厚也说:“人的情感和书法艺术应该是对整个大自然的节律秩序的感受呼应和同构。……就在那线条、旋律、形体、痕迹中,包含着非语言非概念非思辨非符号所能传达、说明、替代、穷尽的某种情感的、观念的、意识和无意识的意味”[2]。书法以生命为美,要么书写感性生命那种无拘无束的自由状态,要么通过超越现实生命的不自由而上升到对精神生命的自由追求。书法的意境是朦胧而丰富、宽广而不确定的,它在点线的变化组合中散发出使人喜怒哀乐的审美氛围,在有形的作品中荡漾着一股灵虚空幻的形而上的气息,上升到一种无限的、自由的生命境界中。

---

[1] 宗白华. 艺境[M]. 北京:北京大学出版社,1987:362.

[2] 李泽厚. 美学三书[M]. 天津:天津社会科学出版社,2003:297.

学理的辨析

顾于山林之间，夙知有可乐也

——退溪《陶山记》解析

马正应

《陶山记》原文

灵芝之一支，东出而为陶山。或曰以其山之再成而命之曰陶山也，或云山中旧有陶灶，故名之以其实也。为山不甚高大，宅旷而势绝，占方位不偏，故其旁之峰峦溪壑，皆若拱揖环抱于此山然也。山之在左，曰东翠屏；在右，曰西翠屏。东屏来自清凉，至山之东而列岫缥缈；西屏来自灵芝，至山之西而耸峰巍峨。两屏相望，南行迤逦，盘旋八九里许，则东者西，西者东，而合势于南野莽苍之外。水在山后，曰退溪；在山南，曰洛川。溪循山北而入洛川于山之东，川自东屏而西趋至山之趾，则演漾泓渟，沿泝数里间。深可行舟，金沙玉砾，清莹绀寒，即所谓濯缨潭也。西触于西屏之崖，遂并其下，南过大野而入于芙蓉峰下。峰即西者东而合势之处也。

始余卜居溪上，临溪缚屋数间，以为藏书、养拙之所。盖已三迁其地，而辄为风雨所坏。且以溪上偏于阒寂而不称于旷怀，乃更谋迁而得地于山之南也。爰有小洞前俯江郊，幽敻辽廓，岩麓峭蒨，石井甘冽，允宜肥遁之所，野人田其中，以资易之。有浮屠法莲者幹其事，俄而莲死，净一者继之。自丁巳至于辛酉，五年而堂、舍两屋粗成，可栖息也。堂凡三间，中一间曰“玩乐斋”，取朱先生《名堂室记》“乐而玩之，足以终吾身而不厌”之语也；东一间“岩栖轩”，取云谷诗“自信久未能，岩栖冀微效”之语也；又合而扁之曰“陶山书堂”。舍凡八间，斋曰“时习”，寮曰“止宿”，轩曰“观澜”，合而扁之曰“陇云精舍”。堂之东偏，凿小方塘，种莲其中，曰“净友塘”。又，其东为“蒙泉”，泉上山脚，凿令与轩对平，筑之为坛，而植其上梅、竹、松、菊，曰“节友社”。堂前出入处，掩以柴扉，曰“幽贞门”。门外小径缘涧而下，至于洞口，两麓相对。其东麓之胁，开岩筑址，可作小亭，而力不可及，只存其处。有似山门者，曰“谷口岩”。自此东转数步，山麓斗断，正控濯缨，潭上巨石削立，层累十余丈。筑其上为台，松棚翳日，上天下水，羽鳞飞跃。左右翠屏，动影涵碧，江山之胜一览尽得，曰“天渊台”。西麓亦拟筑台而名之曰“天光云影”，其胜概当不减于“天渊”也。盘陀石在濯缨潭中，其状盘陀，可以击舟传觞，每遇潦涨则与齐俱入，至水落波清，然后始呈露也。

余恒苦积病缠绕，虽山居不能极意读书，幽忧调息之余，有时身体轻安、心神洒醒，俯仰宇宙，感慨系之，则拨书携筇而出，临轩玩塘，陟坛寻社，巡圃莳药，搜林撷芳。或坐石弄泉，登台望云；或矶上观鱼，舟中狎鸥。随意所适，逍遥徜徉；触目发兴，遇景成趣。至兴极而返，则一室岑寂，图书满壁，对案默坐，兢存研索。往往有会于心，辄复欣然忘食；其有不合者，资于丽泽又不得，则发于愤悱，犹不敢强而通之，且置一边，时复拈出，虚心思绎，以俟其自解。今日如是，明日又如是。若夫山鸟嘤鸣，时物畅茂，风霜刻厉，雪月凝辉，四时之景不同，而趣亦无穷。自非大寒大暑、大风大雨，无时无日而不出，出如是，返亦如是。是则闲居养疾，无用之功业，虽不能窥古人之门庭，而其所以自娱悦于中者不浅，虽欲无言而不可得也。于是逐处各以七言一首纪其事，凡得十八绝。又有《蒙泉》《洌井》《庭草》《涧柳》《菜圃》《花砌》《西麓》《南沜》《翠微》《寥朗》《钓矶》《月艇》《鹤汀》《鸥渚》《鱼梁》《渔村》《烟林》《雪径》《栎迁》《漆园》《江寺》《官亭》《长郊》《远岫》《土城》《校洞》五言杂咏二十六绝，所以道前诗不尽之余意也。

呜呼！余之不幸，晚生遐裔，朴陋无闻，而顾于山林之间，夙知有可乐也。中年妄出世路，风埃颠倒，逆旅推迁，几不及自返而死也。其后年益老、病益深、行益踬，则世不我弃，而我不得不弃于世，乃始脱樊笼，投分农亩。而向之所谓山林之乐者，不期而当我之前矣。然则余乃今所以消积病豁、幽忧而晏然于穷老之域者，舍是将何求矣。虽然，观古之有乐于山林者，亦有二焉。有慕玄虚、事高尚而乐者；有悦道义、颐心性而乐者。由前之说，则恐或流于洁身乱伦，而其甚，则与鸟兽同群，不以为非矣。由后之说，则所嗜者，糟粕耳，至其不可传之妙，则愈求而愈不得，于乐何有？虽然，宁为此而自勉，不为彼而自诬矣。又何暇知有所谓世俗之营营者而入我之灵台乎！或曰：古之爱山者，必得名山以自托。子之不居清凉而居此，何也？曰：清凉壁立万仞而危临绝壑，老病者所不能安。且乐山乐水，缺一不可。今洛川虽过清凉而山中不知有水焉。余固有清凉之愿矣，然而后彼而先此者，凡以兼山水而逸老病也。曰：古人之乐，得之心而不假于外物，夫颜渊之陋巷、原宪之瓮牖，何有于山水？故凡有待于外物者，皆非真乐也。曰：不然。彼颜、原之所处者，特其适然而能安之为贵尔。使斯人而遇斯境，则其为乐岂不有深于吾徒者乎？故孔孟之于山水，未尝不亟称而深喻之。若信如吾子之言，则与点之欢，何以特发于沂水之上？卒岁之愿，何以独咏于芦峰之颠乎？是必有其故矣。或人唯而退。

嘉靖辛酉日南至山主老病畸人记。

序　言

退溪作有《陶山杂咏》组诗❶），包括七言绝句十八首、五言绝句二十六首及其逐题所附四言诗二十六首、吟咏“天渊所望，然皆有主，故不系陶山”之景的“借景”❷）五言绝色四首，共计七十四首，是一组以陶山之景、陶山书堂、陶山生活和心态等为中心创作而成的诗歌。退溪为该组诗自撰序文《陶山记》（原题为《陶山杂咏（并记）》）❸），分四个部分记述了陶山的地理情况、陶山书堂的建立缘由和过程以及书堂构造、作者在陶山的生活和心态，以及组诗创作的缘由、山林之乐的议论等内容。《陶山记》叙事兼议论，情贯其中，是退溪以序、记、跋形式存在的众多散文中的卓越篇章，是退溪关于书院教育思想和山水之乐思想的散文表述。

一、允宜肥遯之所：陶山和陶山书堂

第一部分简要记述陶山的地理情况。文章首先介绍地名的两种来由：一种说法是，陶山是灵芝山的一支，为灵芝山的再生，所以称作“陶山”，取“陶冶”“陶育”“熏陶”之意；另一种说法是，山中有烧制陶器的窑子，所以称作“陶山”。前者取虚意，后者取实物，二说皆归为“陶”之一意。其次介绍陶山地形：陶山左边为东翠屏，右边为西翠屏；山后由北至东南之水即退溪，山南（陶山前）之水是洛川。在写作手法上，作者以空间为线索：先写山，描述灵芝山与陶山及其关系，由山而水写退溪及其流向，以及与洛川（即洛东江）的关系，刻画作为水流之汇的洛川及洛川之美。步步展开，二百余字即把陶山地理情况和陶山之美交代清楚。另外，从此段亦可见出陶山书院（书堂）之名和退溪之号的由来。

第二部分从第一部分的全景转入局部描写，具体记述建立陶山书堂的缘由和过程、书堂的构造及相关命名的因由。

退溪先生先于退溪旁筑屋，作为“藏书、养拙”之所，后选址于陶山之南。谋迁的原因，一是前者“偏于阒寂而不称于旷怀”，二是后者即陶山之南有江有麓而环境优美，为“允宜肥遯之所”，即适合退隐之地。陶山书堂历经五年初步建成后，退溪亲自为斋、轩、台、岩等命名，其中如“玩乐斋”“岩栖轩”“时习斋”“观澜轩”“陇云精舍”“蒙泉”“节友社”“幽贞门”“谷口岩”“台松棚”“天渊台”“天光云影台”

---

❶ 《退溪先生全书》卷第三《诗》，《陶山全书》一，第96－100页。

❷ 《退溪先生全书》卷第三《诗》，《陶山全书》一，第100页。

❸ 《退溪先生全书》卷第三《诗》，《陶山全书》一，第93－96页。

等,无不体现出退溪亲近自然并在山水之中启蒙育才、为学问道的强烈愿望。可见,退溪对于书院的要求首先是优美的自然环境即佳山胜水,其次以之为基础注入深厚的人文氛围。

从该部分一方面可看出作者归隐的自然之乐、田园之趣,如“陇云精舍”的取名及陶山组诗之《陇云精舍》:“常爱陶公陇上云,唯堪自悦未输君。晚来结屋中间卧,一半闲情野鹿分。”该诗以“山中宰相”陶弘景《诏问山中所有赋诗以答》诗为典:“山中何所有,岭上多白云。只可自怡悦,不堪持赠君。”退溪崇隐者生活,但该诗与陶弘景诗相比,虽都是隐逸的描述,但似乎更贴近于现实生活,即山水中的现实生活,这一点,从“一半闲情野鹿分”句及陇云精舍重教育的社会功能这一点即可看出。

另一方面又可看出作者在山水中体悟天理的愿望和实际行动。陶山组诗之《天渊台》云:“纵翼扬鳞孰使然,流行活泼妙天渊。江台尽日开心眼,三复明诚一巨编。”该诗以“鸢飞鱼跃”为典。“鸢飞鱼跃”出自《诗·大雅·旱麓》的“鸢飞戾天,鱼跃于渊”。孔颖达疏:“其上则鸢鸟得飞至于天以游翔,其下则鱼皆跳跃于渊中而喜乐,是道被飞潜,万物得所,化之明察故也。”(《毛诗正义·大雅·旱麓》)道作为本体而被万物,上下同流而各得其所,是理学家从“鸢飞鱼跃”开出的思想。“鸢飞鱼跃”里的“鸢”和“鱼”具有象征意义,它们是审美意象之一种,是天理的载体,表现出来的是道之流行发见,同时又融合了审美主体的情、意、理、趣等。一切自然物,都有可能成为诸如“鸢”和“鱼”等具有象征意义的意象,即成为审美客体。《天渊台》诗中的“翼”和“鳞”可比之“鸢”和“鱼”,“纵”和“扬”可比之“飞”和“跃”,而“流行活泼妙天渊”正是“状化育流行”,是为天理的流行发见。这正是自然之物与为学问道的对应关系,也是退溪之归隐与创建陶山书堂的根本原因。

二、触目发兴,遇景成趣:陶山之趣和诗歌创作缘由

如果说第一、二部分是对静态环境的书写,那么第三部分则是对动态生活的描绘,记录了作者的陶山生活和心态以及创作陶山组诗的缘由。

该部分以“俯仰宇宙,感慨系之”关于人与宇宙之叹为楔子,在小宇宙与大宇宙的“感慨”中切入山居之乐。“临轩玩塘,陟坛寻社,巡圃莳药,搜林撷芳。或坐石弄泉,登台望云;或矶上观鱼,舟中狎鸥。”在这样一幅悠哉游哉的隐者生活画面中,轻松闲适的情感表露无遗。其中的玩赏对象如塘、社、药、芳、泉、云、鱼、鸥等、玩赏地点如轩、坛、圃、林、石、台、矶、舟等(当然,玩赏地点本身也是玩赏对象)无不是情感的投射,无不是道的流行发见。如此这般的佳山胜水,方为居所及书院的不二选择。《退溪先生言行通录》卷一记载退溪选址风景秀丽的退溪、陶山云:“雅

好佳山水。中岁移居于退溪之上，爱其谷邃林深，水清石洁也。晚卜地于陶山之下，洛水之上，筑室藏书，植以花木，凿以池塘，遂改号'陶翁'，盖将为终老之所矣。"[1]（卷四亦载："初卜于霞峰，中移于竹谷，竟定于退溪之上。宅西临溪，作精舍，名曰'寒栖'。引泉为塘，名曰'光影'。植以梅柳，开以三迳。前有弹琴石，东在古藤岩。溪山明媚，宛然成一别区焉。丙辰岁，诚一始展拜于此。左右图书，焚香静坐，翛然若将终身，人不知为官人也。"[2]）退溪则亲自在该文中记述陶山书堂的情形云："堂之东偏，凿小方塘，种莲其中，曰'净友塘'。又，其东为蒙泉，泉上山脚，凿令与轩对平，筑之为坛，而植其上梅、竹、松、菊，曰'节友社'。"其中的梅、竹、松、菊、莲等自然物不仅是退溪极度喜爱自然的象征，也是其生活和文艺创作中具有典型意义的审美意象。自然界的一切事物如风花雪月、鸟兽虫鱼，甚或一粒种子、一块山石，都有可能成为情感对象，成为审美对象。在儒者看来，松、竹、梅"岁寒三友"是精神品格的比赋；又有梅、兰、菊、竹"四君子"之说，所谓"与梅同疏，与兰同芳，与竹同谦，与菊同野"。陶山组诗之《净友塘》云："物物皆含妙一天，濂溪何事独君怜。细思馨德真难友，一净称呼恐亦偏。"花之君子"出淤泥而不染，濯清涟而不妖"的品格，深受宋儒周敦颐喜爱。退溪亦造"净友塘"，种莲其中以品味其中所含之"一"理。陶山组诗之《节友社》亦具有相同意味："松菊陶园与竹三，梅兄胡奈不同参。我今并作风霜契，苦节清芬尽饱谙。"

对于这种山居之趣，退溪以"随意所适，逍遥徜徉；触目发兴，遇景成趣"作为情感的发抒，接着以"自娱悦于中者不浅，虽欲无言而不可得也"描述自己对诗歌创作的看法。前者是身处美景的感触，后者是因这种感触而产生的创作冲动。所谓"情动于中而形而言"（《诗大序》），兴发之时，诗不但不可无，而且自然而来、来不可遏。这是陶山组词创作的始源所在，也是退溪的文艺观之一。就此而言，退溪认为诗歌具有抒情写意、讽喻感兴之功能而受到古人的喜爱："酬唱往复，自古人切偲辅仁之道观之，已为末事，而犹有输情写意、讽喻感发之快，故古人乐之。"退溪虽以诗为末技而最不紧要，然而"遇景值兴，不可无诗矣"[3]。同时，诗歌"可以正心"，是近道的主要途径之一而不可忽视。李仲宏欲读朱熹书，退溪引《论语·阳货》"人而不为《周南》《召南》，其犹正墙面而立也与"语劝诫他说："愿公姑且停之，须先读诗，至佳至佳。孔子以不为二南为墙面，韩公以不学诗书为腹空。假使公专意此学，自古安有不学诗书底理学耶？晦翁盛年读尽天下书，穷尽万理，门人皆效法之，觉于躬行，切或稍疏，故力言尊德性以捄一时之弊，非谓不读书，专治心，如象山

[1] 《退溪先生言行通录》卷一，《增补退溪全书》四，第18页。

[2] 《退溪先生言行通录》卷三，《增补退溪全书》四，第58页。

[3] 《退溪先生言行通录》卷五，《增补退溪全书》四，第103页。

之说也。非但晦翁,虽象山之学,亦无不读诗书而但治本心之理。愿公思之。前日面劝读诗,今问读何书,是公意以读诗为不切于心学,而不欲读之,此大误也。"[1]可见退溪认为,只有先懂诗书,才能领会和明白朱熹书中的义理成法,"属文一事,初学亦不可不知蹊径。"[2]

除了上述的赏玩自然之趣,该部分还记述陶山研索的生动情形。作者在图书满壁的寂静的书斋中,"对案默坐,兢存研索。往往有会于心,辄复欣然忘食;其有不合者,资于丽泽又不得,则发于愤悱,犹不敢强而通之,且置一边,时复拈出,虚心思绎,以俟其自解。今日如是,明日又如是。"这种兢存研索之趣,退溪以陶山组诗之《玩乐斋》总结性地说:"主敬还须集义功,非忘非助渐融通。恰臻太极濂溪妙,始信千年此乐同。"如该文所述,"玩乐斋"为陶山书堂三间之一,名称取自朱子《名堂室记》"乐而玩之,足以终吾身而不厌"语[3]。结合该诗内容,可见退溪"玩乐"的对象是"理",立场是"敬""义"夹持,方法是"非忘非助"。组诗中的另一首《盘陀石》则表明了这一立场的决心和结果:"黄浊滔滔便隐形,安流贴贴始分明。可怜如许奔冲里,千古盘陀不转倾。"如此可见,《陶山记》该部分是对具体的兢存研索活动的形象描述,《玩乐斋》是以说理诗的形式直接劝导,而《盘陀石》诗则以比喻的方法进行间接启发。

总体上,第三部分通过陶山的田园生活和为学问道二者的合一,集中体现出理学家的典型理想。陶山优雅的环境和陶山书堂的结合,成为朝鲜士人生活和为学的典型和理想标准。这一点,在陶山组诗中也在体现,如组诗之《陶山书堂》云:"大舜亲陶乐且安,渊明躬稼亦欢颜。圣贤心事吾何得,白首归来试考槃。"作为陶山组诗的第一首,《陶山书堂》是这一组诗的灵魂和旨归。大体上,《陶山书堂》前两句对应于该文的田园山居之趣,后两句对应于兢存研索之乐。退溪非常推崇大舜和陶渊明,大舜"陶河滨"和"渊明躬稼"[1]是退溪的生活理想,"隔岸民风古,临江乐事多。斜阳如画里,收网得银梭"(陶山组诗之《渔村》)正是这种生活理想的另一种诗性表达。《陶山书堂》第三句或有两种理解:一可看作反问句,即反问自己是否已触及"圣贤心事",同时勉励自己向之看齐;一可看作否定句,即云自己对"圣贤心事"的理解和实践完全没达到要求,自我勉励的同时又表现出一种谦逊的态度。第四句"白首归来试考槃"中的"白首"突出自己终得退隐的欣慰之情,"考

---

[1] 《答李宏仲》,《增补退溪全书》二,第232页。

[2] 《答李刚而问目》,《增补退溪全书》一,第525页。

[3] 朱熹《名堂室记》云:"观夫二者之功,一动一静,交相为用,又有合乎周子太极之论,然后又知天下之理,幽明巨细,远近浅深,无不贯乎一者。乐而玩之,固足以终吾身而不厌,又何暇夫外慕哉!"

[1] 陶渊明《劝农》诗有"舜既躬耕,禹亦稼穑"句。

檠”指成德乐道，总体上则是对第三句的紧切回应。可见在退溪看来，退隐山林、感受田园之趣与追慕圣贤而为学问道是紧密联系的，二者是一而二、二而一的关系，这正是退溪建立陶山书堂的理论依据，也是贯穿《陶山记》和陶山组诗的一条红线。

三、乐山乐水，缺一不可：自然与山水与乐

第四部分是全文的重心和精华，是前三部分所有描述的旨归，着重议论“山林之乐”并抒发作者自己对“山林之乐”的情感，同时也是对选址于陶山的回应。退溪首先肯定“顾于山林之间”必有“可乐”之处：“顾于山林之间，夙知有可乐也。”接着以比较的手法指出，自己中年“妄出世路”，遭遇到的却是“风埃颠倒，逆旅推迁”乃至“几不及自返而死”的艰难境况，与之相反，“始脱樊笼，投分农亩”的“山林之乐”才是贤者的追求——所谓“舍是将何求矣”，并以“不期而当我之前”之语表达出对山林之乐的无比喜爱之情。以此作为铺垫，文章转入山林之乐的思辨式考察。

在回答“古人之乐，得之心而不假于外物夫？颜渊之陋巷、原宪之瓮牖，何有于山水？故凡有待于外物者，皆非真乐也”的问题时，退溪给出了否定答案：“不然。彼颜、原之所处者，特其适然而能安之为贵尔。使斯人而遇斯境，则其为乐岂不有深于吾徒者乎？故孔孟之于山水，未尝不亟称而深喻之。若信如吾子之言，则与点之欢，何以特发于沂水之上？卒岁之愿，何以独咏于芦峰之颠乎？”在退溪看来，真乐并非不假外物，并不是有待于外物者都非真乐。这里分两种情况：一是颜渊、原宪之乐处，是适意而安，当然很可贵；二是孔孟对于山水未尝不是赞叹有加而深以为乐。后者与传统儒家思想是一致的，是对“知者乐水，仁者乐山”（《论语·雍也》）的发挥。退溪认为孔孟之于山水，“深喻之”以道德人格，即为人格山水比德，道德之美寄寓于自然之美，自然之美包含着道德之美。圣人眼中的山水，是仁、智的象征。作为外物的山水，触动于内，运行于心，激活胸中的仁、智：得山水之乐，乃是得仁、智之乐，“反诸吾心，而得其实而已。苟吾心有仁、智之实，充诸中而畅于外，则乐山乐水不待切切然求，而自有其乐矣。”[1]所谓“得其实”，在于体得无处不在的天理流行，与天地万物上下同流即与万物同在、与天理同流。退溪这里所说的山水之乐是达于纯粹天理、德美合一之乐。换言之，不假外物之乐，是内德，是“得”与“德”之乐；山水之乐，是内外结合之乐，是德美合一之乐。二者相比，退溪更倾向于后者。更进一步，退溪说：“与点之欢，何以特发于沂水之上？卒岁之愿，何以独咏于芦峰之颠乎？”所云“与点之欢”“卒岁之愿”的审美心态，与颜渊、原宪之乐处一样，都是一般意义上的“孔颜之乐”的题中应有之义，不过，退溪把山水看

---

[1] 《答权章仲》，《增补退溪全书》二，第251页。

作体乐的不可或缺的必要条件。

退溪于此将古人乐于山林的目的分为两种:“观古之有乐于山林者,亦有二焉。有慕玄虚、事高尚而乐者;有悦道义、颐心性而乐者。”第一种“慕玄虚、事高尚”之乐,当指老、佛向内诉求之乐,最终会导致洁身乱伦甚至与鸟兽同群。这种老、佛的避世态度、厌世主义,是退溪极力反对的。第二种“悦道义、颐心性”之乐,则是儒者以山林为媒,通向道义、颐养心性之乐,在退溪看来,这种乐仍带有功利目的,在过程上“愈求”而在结果上“愈不得”。值得注意的是,退溪作为理学家,却认为儒家这种“悦道义、颐心性”之乐为“糟粕”,只是与前者相较,不得已而二取其一罢了。无论是“慕玄虚、事高尚”还是“悦道义、颐心性”,都带有功利目的。退溪更愿意把山林看作纯粹的审美对象,把山林之乐看作纯粹的审美而抛开一切事功心理,使心灵如明镜止水,至虚至静,不使世俗之营营者入我之灵台。

虽无事功心理,然有人文指向。在退溪看来,这正是与老、佛之的山林之乐的重要区别所在。《河南程氏遗书》卷三载:“周茂叔窗前草不除去,问之,云:‘与自家意思一般。’”陶山组诗之《庭草》则说:“庭草思一般,谁能契微旨。图书露天机,只在潜心耳。”该诗附诗“闲庭细草,造化生生。目击道存,意思如馨”可以看作是该诗的注脚。退溪在其他往来书信中也有关于“庭草”的论述。南时甫向退溪请教,问为何将朱熹《答吕伯恭书》中的“数日来蝉声益清,每听之未尝不怀高风也”一段选入《朱子书节要》,答曰:“大抵人之所见不同,所好亦异。滉平日极爱此等处,每夏月绿树交荫,蝉声满耳,心未尝不怀仰两先生之风。亦如庭草一闲物耳,每见之辄思濂溪一般意思也。”[1]自然之物如窗前草、庭草充满生机,它们“与自家意思一般”,即云物我之间融合无间,物即我,我即物,这是一种天人合一的美感体验。作为审美意象的庭草“造化生生”的同时,作为审美主体的自己“目击道存”“辄思濂溪一般意思”,由自然景物的感发而怀古人之风,是退溪热爱自然景物和山水的另一层含义。

可见,退溪的山林之乐有两层含义,一是德美合一之乐,二是纯粹审美之乐,虽然二者很难截然分开。退溪极为重视外物对人心的触动作用。动静之机,要求以理帅气。外物触心动情,气禀清浊,形成或善或恶的性情。退溪力倡于动静之间格物穷理的工夫论,即通过身心性情的真切体验,禀气之清,以通天理。性情之发,需应诸外物,反诸吾心。无论是在第一层还是第二层的意义上,都需要内外结合。与之相应,退溪对自然山水几乎到了痴迷的地步,退溪在该文中交代书堂选址陶山而非清凉山,正是这个原因,即“乐山乐水,缺一不可”的决然定论。

---

[1] 《答李仲久》,《增补退溪全书》一,第299页。

四、结语

表面上看，退溪《陶山记》主叙事兼议论而少抒情，其实不然，该文中退溪之情一以贯之，不过已寓于景中、融入理中而非直白式抒情。第一部分描述全景，第二部分渲染局部，由第一、二部分对静态环境的书写转入第三部分对动态生活的描绘，最终以第四部分的议论作为旨归，层次分明、结构严谨，显示出作者清晰的逻辑思路。在语言运用上也极具特色，或平实朴素，有用典处也平实易懂；或精致典雅，擅用四字句如“幽夐辽廓，崖麓峭蒨”“携筇而出，临轩玩塘，陟坛寻社，巡圃莳药，搜林撷芳。或坐石弄泉，登台望云；或矶上观鱼，舟中狎鸥。随意所适，逍遥徜徉；触目发兴，遇景成趣”“一室岑寂，图书满壁，对案默坐，兢存研索”等，无不显示出作者卓越的文字驾驶能力。本质上言，《陶山记》是退溪关于书院教育思想和儒者立场的山水之乐思想的散文表述。

论现代境界论研究的演进模式与内在逻辑

罗绂文

“境界”作为中国传统思想文化的重要概念范畴之一，最初“境”和“界”是分开使用独立词。“境”在《说文新附》中释为“疆也，从土竟声，经典通用竟”，在古代典籍中通常有两种解释，首先，实指地理上的疆界、疆域，如《孟子·梁惠王下》：“臣始至于境，问国之大禁，然后敢入。”其次，意指某种心理意识状态，如《庄子·逍遥游》：“定乎内外之分，辨乎荣辱之境”，据此唐君毅认为：“此境界译名，出自庄子之言境”。“界”则实指边境、边界，如《墨子·号令》“诸吏卒民非其部界而擅入他部界”，其实“界”在《说文解字》中释为“竟也”而引申为“边竟之称”也，也就是说“界”即“境”也，“境”与“界”是相同的。作为复合词“境界”在中国古代文化中，一般具有三种意义：一是“疆土、疆界”，最早为汉代之郑玄在给《诗经·汉江》：“于疆于理，至于南海”作笺“其正境界，修其分理”时正式使用“境界”这一义项。一是作为佛教术语，佛家把属于“心”之“六根”所对之“六尘”称为“境”，“境”有分“界”为“欲界”“色界”和“无色界”而合称为“境界”，专指以心之所对和心之所攀缘者，如《无量寿经》“比丘百佛，斯义宏身，非我境界”，诚如叶嘉莹所指出的“自出处来看，则‘境界’一词本为佛家语”。一是作“情景”“境域”解，这出现较晚的诗文及诗文评中。诗文如南宋陆游《怀昔》诗：“老来境界全非昨，卧看縈帘一缕香”，清初刘献廷《广阳杂记》：“梦寐中所见境界，无非北方幼时熟游之地”，皆指诗文中表现之“情景”。诗文评如清叶燮《原诗》：“苏轼之诗，其境界皆开辟古今之所未有，天地万物，嘻笑怒骂，无不鼓舞于笔端，而适如其意之所欲出”，则指作为一种文体表达“境域”范围的拓宽和表达能力的提高。

一、艺术与人生：“境界”论研究的现代转换

首先将“境界”与艺术结合来讨论“人生在世”问题则是王国维，其“境界”论从1904年《孔子之美育主义》正式提出，到1908年的《人间词话》形成最终的理论体系，其最大特色是借助中西的理论资源并以自己的人生体验为根基始终，将艺术与

人生相结合来展开，这也是第一个将王昌龄作为艺术理论的“意境”提升到作为“人生在世”的意义视域的“境界”论。在构建“境界”论模式的过程中，王氏融汇了中西方众多思想资源，使其内蕴始终在不断变化与充盈，相当丰富复杂，给后世研究者带来了一定的困难，形成了为数颇众的解析论著，就基本观点来说主要有三：一是“真情实感”，以吴文祺、叶嘉莹为代表，认为人生要义在于情感，所以能够“充分”表现对情感“真切感受”的作品，才能称得上“描写人生的纯粹文艺”；二是“情景交融”，持此看法的李长之认为：王氏“境界”实际上是指与“日常生活”不同的“另一个世界”，即“作品中的世界”，是“景物”与“感情”“混同”的“情景交融”的“艺术品的境界”，它“写到极处，恋爱、事业、学问可以相同，因为那努力追求的历程是一致的”；三是艺术之“真”，在王氏“境界”论研究中持此观点者最为众多。黄昭彦认为王氏“境界”论的“真实”是“一切艺术的命脉”，比“情景交融”更为根本；佛雏认为其“真”是来源于叔本华的“理念”；聂振斌认为王氏“境界”论之本源是“真”，并不完全等同于当今文艺学上的“真实”，也不能等同于西方哲学上的“真理”，而是人的“本性”和事物的“本质”的统一，构成了艺术的本源。

因此，无论从上述哪个角度来理解，王氏“境界”论均是人生意义的层次与艺术作品的书写关系问题：人生的要义在于情感，艺术之“境界”是人的主体“情感”之“真”（本性）与客体“景物”之“真”（本质）共同构筑的“作品中的世界”：“境非独谓物也，喜怒哀乐，亦人心中之一境界。故能写真景物、真感情者，谓之有境界。否则谓之无境界。”“大家之作，其言情也必沁人心脾，其写景也必豁人耳目，其词脱口而出，无矫揉妆束之态。以其所见者真，所知者深也。诗词皆然。持此以衡古今之作者，可无大误矣。”可见要把握王氏“境界”论就是要领悟其核心范畴“真”，即由“情感”之“真”与“景物”之“真”所共同生成的“意义世界”之“真”：“真景物”之“真”与“客观之诗人”之“真”多属于客观之“规律”，而“真感情”之“真”与“主观之诗人”之“真”多意指人之“本性”。故而王氏所反复强调的“真景物”不只是形貌之相似，而是要追问“物”之后的“真”和寻求其事后之“理”，表现出其内在之“本质”；所谓“真感情”不只是情状之逼真，而是要追问“人”之中的真“本性”和呈现出“人生在世”之意义“本体”。把握了作为逻辑基点之“真”的含义，就很自然地领会到王氏之“境界”论不仅是一个艺术的“意境”问题，更体现为一个“人生在世”的“意义世界”问题。也就是说，王氏为了解决“人生在世”之疑惑，把作为艺术范畴的“意境”的含义扩展到文学艺术之外，成为其对“人生之问题”的探索与领悟，才有《人间词话》之“古今之成大事业、大学问者”的“三种之境界”之“非大词人不能道”，若“以此意解释诸词，恐晏、欧诸公所不许也。”“诸公”为何“不许也”，其实就是“诸公”之纯艺术“意境”在此被王氏转换到了“人生之问题”之“境界”论！如果说这里先用一个“境界”，后连续用三个“境”而不用“境界”，除了用语习惯之外，尚可质疑为王氏对这一转换尚存犹豫，那么在《文学小言》中表述相似内容，连续使用四个“阶级”就能体现作为纯艺术之“意境”向“人生之问题”之“境界”转换就极为明确：

古今之成大事业、大学问者，不可不历三种之阶级。“昨夜西风凋碧树，独上高楼，望尽天涯路。”（晏同叔《蝶恋花》）此第一阶级也。“衣带渐宽终不悔，为伊消得人憔悴。”（欧阳永叔《蝶恋花》）此第二阶级也。“众里寻他千百度，回头蓦见，那人却在灯火阑珊处。”（辛幼安《青玉案》）此第三阶级也。未有不阅第一第二阶级，而能遽跻第三阶级者。文学亦然。

这里的“文学亦然”，更说明了“阶级（境界）”是“人生之问题”的意义视域，文学艺术之“意境”不过是与其相通的诗意“境界”而已。

王氏的“艺术”与“人生”的“境界”论建构模式，直接启发了随后宗白华：王氏以“艺术”来谈“人生”，宗氏则在“人生”中来谈“艺术”，目的是将人生艺术化与审美化。以“人与世界接触”之“关系的层次不同”作为逻辑基点，宗氏首先将“人生”“境界”分为五个层次：为“满足生理的物质的需要”而“主于”求得物质生存之“利”的“功利境界”；“因人群共存互爱的关系”而“主于”人与人之间之“爱”的“伦理的境界”；“因人群组合互制的关系”而“主于”政客之间之“权”力斗争的“政治的境界”；“因穷研物理，追求智慧”而“主于”人们追求智慧之“真”的“学术境界”；“因与返璞归真，冥合天人”而“主于”超越世俗之“神”的“宗教境界”。但在介乎“学术境界”的“真”与“宗教境界”的“神”之间，以宇宙人生的具体为对象，“赏玩它的色相、秩序、节奏、和谐，借以窥见自我的最深心灵的反映”，形成一种化实景为虚境的“艺术境界”。它创形象以为象征，使人类最高的心灵具体化、肉身化，因而是“主于”“美”。宗氏认为与“艺术境界”的“写实”“传神”和“妙悟”相对应的有“真的”“美的”和“启示的”三种“价值”，从而将“审美”“求真”和“向善”统一起来，故而宗氏明确把“艺术境界”看作是人对世界的关系层次的反映，视为人类最高心灵的体现，其价值就在于“启示宇宙人生之最深的意义与境界”。

宗白华沿着王国维的思路出发，将“境界”五分后而另辟“艺术境界”，并倡导艺术化人生的审美取向，如果说王氏“境界”论是借艺术以言人生，那么宗宗氏则将人生艺术化，他们的思维向度刚好相反：王氏从艺术到人生，宗氏从人生到艺术，都是艺术与人生的审美“境界”论，而冯友兰的“境界”论则从以艺术为界域扩大到以“宇宙”来谈人生，其研究模式除了受到佛学直接影响以外，似乎也受到宗氏“境界”论之逻辑起点的启发。

二、"宇宙大全"与"生命存在":从"觉解"到"感通"

冯友兰是在战火纷飞的年代中重构自己的新理学体系的,具有极强的理论担当价值和意义。他以西学为背景,延续梁启超"新民"思考,接着宋明理学"讲",重新思考人生的价值与意义而提出了系统的"人生境界"论,其主要目的是为了追寻"人生的意义是什么?"。他认为"人生活中所意见的各种事物的意义构成他的精神世界",这种"精神世界"就是所谓的"境界"。它是人以"觉解"为逻辑基点,对人生与外在"宇宙"向主体个人所呈现出来的不同价值与意义所领悟到的层级。冯友兰指出人对宇宙和人生有不同程度的"觉解",冯氏在这里实际上把"境界"理解为一个与人的"觉解"相联系的意义世界。

因此,根据人对"宇宙人生"的"觉解"程度的不同,冯友兰把"境界"按层级的高低依序分为四个"境界"。最低层级的"境界"是"自然境界",此类之人尚未"觉解",总是按风俗习惯、自然欲望做事,还不清楚其所做之事的意义,他也可以成就一些大事业,只不过在做这种大事业时"莫知其然而然"而不明究其缘由之所从来。比这高一层级是"功利境界",此类之人已"觉解"到自己的存在,其一切行为都是为了一己个人之私"利"。他对个人私利因"觉解"而是自觉的,其可以积极地奋斗努力,甚至可以牺牲自己的利益乃至生命,也做了有利于他人之事,甚至做了许多功在天下、利在万世的事而成为盖世英雄,然而其目的都是为了自己的"利"。更高一层级为"道德境界",此类之人已"觉解"到他人即社会群体的存在,个人只有群体中才能发展自己、实现自己。其一切行为都是为了行"义",也就是行社会群体的"利"。相比较起来,"功利境界"之人是求个人之"利", 其行为是"占有"其目的是"取",即使有时是"予"而最终目的也仍然是为了自己的"取";"道德境界"之人是求社会群体之"利",其行为是"奉献",其目的是"予",即使有时是"取"而最终目的还是为了"予"以社会。"人生在世"之最高层级是"天地境界",此类之人已"觉解"到"宇宙大全"——自己在宇宙中的地位及其所应该承担的责任,从而充分理解其行为超乎个人与社会的意义从而达到宇宙人生浑然一体的精神境界。相比较起来,"道德境界"之"人"总是追求、向往着一种目的,总是出于一种"应然"的态度,总是在区分自己与他人的基础上再求两者的统一;"天地境界"之人则没有设置某种明确的目的来限制自己而是完全自由的和自发的,超出了主客"对待"关系之"无待"而"自由",使人与己、物与我浑然一体,这种"天地万物与我为一"的境界既有超道德的意义,又有自然而然地合乎道德的指向,故而是对"道德境界"的超越与升华。冯氏认为对"天地境界"追求是中国哲学的永久魅力之所在,其目的在于提高人的"精神境界",为"人的存在"寻求"安身立命"之所提供理论的根基,这也是身处兵燹连年、家国危难中的理论自觉。

从理论的建构模式来说,唐君毅是“接着”冯氏“四境界”“讲”的。在耗费三十余年,也是在生命的最后才得以完成的体系性著作《生命存在与心灵境界》的导言中,唐氏明确了撰著该书之“宗趣”在于建构“一心三向九境”的“立人极之哲学”,从而达到涵盖“一切哲学、一切思想、一切学术文化活动、一切道德行为与生命超升之教”。由于唐氏“境界”论规模宏大而体系繁复,我们在揭示其建构模式之前必须厘清其理论的前设概念之关系。首先“心”“境”“通”之概念内涵,“心”即“心灵”,具有“居内而通外以合内外”之性质,可以“通”向本已内在的“心”,也可以“通”向外在的“物”。“通”,即“感通”,作为“心”与“物”之间联结,既能使外在“物”“成已”之“存在”更能使内在“心”“成已”之“生命”,共同构成人的“生命存在”。“境”即“境界”,它既指“物”又指“物”的“意义”,还可指作为客体的“心”,故说“境兼虚与实”,虽以界域分别,但可共合为一总“境”,指“超越心灵展开种种感通活动的界域或范围”,“心”和“境”是“一”而不是“二”:“境不一,心灵活动不一,而各如如相应,而俱起俱息”,“有何境,必有何心与之俱起,而有何心起,亦必有何境与之俱起”。其次“三观”“三向”和“三德”:“心”对“物境”的认识有对象化之“三观”:观“物”之体之位的“纵观”、观“物”之相之类的“横观”和观“物”之呈用之序的“顺观”,“心”对“物境”的悟对有相互往还之“三向”:由前向后或由后返前之“前后向”、由内向外或由外返内之“内外向”和由下向上或由上返下之“上下向”;无论是作为主观之“心”,还是作为客观之“物”,均具有“体”“相”和“用”“三德”。

唐氏以“一心”之“感通”为逻辑基点,将“三观”“三向”和“三德”相互关系统而述之为“一心三向九境”,也就是指“心灵”“感通”“物境”所获得“用”“相”“体”的“客观”“主观”和“绝对主体”的“三类”“九种”“境界”。第一类是“觉他”之“客观境”。此“类”“境”之“心”把它自身及其所对的外部世界都当作一客观存在的“物”来看待,却不“自觉”其自身的存在;也就是“心”把自身本已之“体”“相”“用”和客观万物之“体”“相”“用”平观,当作客观的“体”“相”“用”,故而依“三观”分为三“种”:一是观“个体界”之“万物散殊境”,二是观“类界”之“依类成化境”,三是观“因果界”与“目的手段界”之“功能序运境”;第二类是“自觉”之“主观境”。此“类”“境”之“心”已“自觉”到其所对的客观世界内在于自己的感觉之心灵,进而“自觉”到其“心”的存在;也就是“心”所见的‘体”“相”“用”亦是心灵主体中的“体”“相”“用”,相互“统摄”为一,故而依“三观”也分三“种”:一是观“心身关系和时空界”之“感觉互摄境”,二是观“意义界”之“观照凌虚境”,三是“德行界”之“道德实践境”;第三类是“超自觉”之“通主客境”。此“类”“境”之“心”已将第一二“类”之知识转化为能超主客又通主客的智慧，并运用于生活中以求成就人的有真实价值的无限的生命存在；也就是“心”之“体”“相”“用”与超主客的大心灵之“体”“相”“用”相接近而融合为一，因此也叫“超主客”之“绝对主体境”，依“三观”也分三“种”：一是观“神界”之“归向一神境”；二是观“法界”之“我法二空境”；三是观“性命界”之“天德流行境”。总之，在三“类”九“种”“境界”中，第一“类”“境”只以“体”大胜；第二“类”“境”更以“相”大胜；第三“类”“境”最以“用”大胜。

从上述的比较中，我们可以看出冯氏以人之内心一“觉解”为核心通达人生“四境”，而唐氏除了将冯氏“觉解”转换为“感通”而在“在世”和“出世”之间求索，希望为世人提供一个最佳的“安身立命”之所的主旨之外，还有每一“类”“种”都相应产生有相对应的科学知识构架和形而上之哲学体系（将另文阐释），从将作为个人心灵存在“四境”扩展为内容涵盖更广、体系更为严密完整的“九境”而成为“一心向九境”的“境界”论思想；也就是说冯氏“境界”论述模式是人生哲学话语，那么唐氏“境界”论述模式则是包罗万有、规模宏大的哲学体系。

三、“在世结构”：“灵明”与“人生在世”

在唐君毅之后的四十多年中涉及“境界”研究学者众多，但能构建系统理论的似乎只有张世英一人而已。张氏的主要贡献在于以中西哲学智慧为背景，认为“境界”“就是一个人的‘灵明’所照亮了的、他所生活于其中的、有意义的世界”，它“浓缩和结合一个人的过去、现在与未来三者而成的一种思维导向”，而“人就是在这样的境界中生活着、实践着，人的生活姿态和行动风格都是他的境界的表现”。这一定位与张氏对“哲学何为”之根本认识有关，在他看来哲学就是“关于人对世界的态度或人生境界之学”，是以人对世界万物的基本态度和根本认识为基底，以“人生在世”的“在世结构”为根本逻辑，其最终目的和任务在于如何提高人生境界。

因此，在张世英的数十年“境界”论建构中，首先明确基础，进而廓清问题，最后提出以“灵明”为逻辑基点的“人生在世”“境界”论。首先明确基础。在人与世界万物之关系的基本态度和根本认识上，张氏认为存在着两种占主导地位的不同主张：一是“主客二分”，即把“世界万物看成是与人处于彼此外在的关系之中”，以我为主体而以他人、他物为客体。主体通过由此及彼的认识“桥梁”把握客观事物的本质、规律并征服客体，使客体为我所用，从而达到主体与客体的统一。因此，这种以西方为主的模式也叫“主客关系”，即“主体－客体”之“在世结构”模式。一是“天人合一”，即人与世界万物不是征服与被征服的关系，而是相通相融的、血肉相连的内在关系，人是万物的灵魂而万物则为人之肉体，“没有世界万物则没有人，没有人则世界万物是没有意义的”，无物则人成为无体可附之幽灵，而无人则世界万物则成为无灵魂之躯壳。因此，这种模式借用中国传统哲学的概念也叫“万物一体”，即“人—世界”之“在世结构”模式。其次廓清问题。张氏认为人生“在世结构”模式在中西哲学史上经历三个发展阶段：一是以“人—世界”关系为主导的原始“天人合一”阶段，即“人—世界”还处在萌芽的“前主客关系的天人合一”而尚缺乏主客二分和与之相联系的认识论时期。西方哲学史上的前苏格拉底、柏拉图之早期的自然哲学，中国哲学史上的西周开始萌芽的天命论、孟子的“天人相通”观念、老庄的“天人合一”思想、以及以张载为开端的宋代道学的“天人合一”，乃至未经过“主客二分”洗礼的王阳明“天人合一”思想，均属于此阶段；二是以“主体—客体”关系为主导的“主客二分”阶段。西方哲学史上，由柏拉图提出并从认识论的角度将客观的“理念”作为认识目标所开启，经笛卡尔将主体客体对立起来并明确“主客二分”为主导性原则，最终在黑格尔“绝对精神”中将这种“在世结构”思想的集大成。中国哲学史上，一般认为“天人相分”始于荀子《天论》的“天人二分”说，张氏认为明清之际的王夫之第一次比较明确地提出“主客二分”的主张，而鸦片战争后“万物一体”“天人合一”的思想逐渐受到有识之士的批判而提倡主张向西方学习，并大力介绍、赞赏并宣扬西方“主客二分”的思想；三是“后主客关系的天人合一”阶段，即经过了“主体—客体”式思想的洗礼，包含“主体—客体”在内而又“扬弃”了前“主体—客体”式的原始“天人合一”时期。后黑格尔时代，以海德格尔为代表的大多数西方现当代哲学家尤其是人文主义思潮的思想家，大都排斥甚至反对并力求超越“主体—客体”式而达到类似中国“天人合一”的境界，是西方“主体—客体”式思想长期发展的产物，是经过、包摄、并超越“主体—客体”式而回复并高于古希腊早期自然哲学的“人—世界”合一和中国原始“天人合一”的模式。

张世英在这一哲学思想的基础上，充分考虑到人性的发展和当下的人类精神处境，将人的精神价值按其实现人生意义与价值的高低为标准，提出“人生在世”的四“境界”论。第一是最低的“欲求的境界”。《孟子·离娄下》所谓“食色性也”指的就是这种“境界”，“异于禽兽者几希”则是此“境界”之人仅“知道满足个人生存所必需的最低欲望”，其与世界的关系尚无自我意识和自我观念而属于“原始的主客不分”的“在世结构”；第二是“求实的境界”。此“境界”之人已进入“主客二分”的“在世结构”模式而有了自我意识，能够区分我与物、我与他人故而将自己当做主体，将他人、他物当做客体；因此，其能够超越一己的自然欲望，而要求理解外在的客观事物的秩序、规律，形成“求实”“求知”的科学精神。随着这一要求的高度发达和个人生活的不断全球化，此“境界”之人从人性之“灵明”出发将逐渐领悟到人与自然“万物一体”人与人“万有相通”之关系，很自然地使人产生人与人、人与物之间的“同类感”,这样就进入了第三的“道德的境界”。人在这种“境界”中,以对“万有相通”“万物一体”的领悟作为自己精神追求的最高目标,作为自己所“应该”为之奋斗不已的事业;当道德理想的实现与完成时,“道德境界”也就随之而结束,即“道德境界”以现实与理想之间存在着距离为前提而尚属于“主客二分”的“在世结构”模式,尚未达到第三阶段的“后主客关系的天人合一”的“人生在世”境界。

这就开始进入了“后主客关系的天人合一”之“在世结构”模式的第四“境界”,即“审美境界”。“审美”包摄并超越前三种“境界”的“欲求”“求实”和“道德”,因此在“审美境界”中的人不再只出于“生理欲求”“求实精神”和“道德义务”的强制——即使这是一种自愿的强制而做某事,也不再只为了“应该”的“应然而然”而做某事,而是完全处于一种人与世界融合为一的“自然而然”的“境界”之中。这从前三者的“应然而然”到“自然而然”,也就是从不完全自由到完全自由的“人生在世”状态,因此“审美境界”中的人,必然合乎“欲求”“求实”和“道德”的“境界”而做“应该”之事,但他是“自由”地做“应该”之事而无任何强制之意。

张氏这四种“境界”的划分在理论上具有相当的明晰性和现实针对性,但他认为,在现实的人生中,人往往是四种“境界”同时兼具,很少有人低级到完全和禽兽一样只具有“求实境界”,而没有丝毫更高的另外三种“境界”;也不可能有人只具有最高的“审美境界”,而没有饮食男女之事的“欲求境界”。实际情况是,各种“境界”的比例关系在各种不同人身上有不同表现:有的人以这种“境界”占主导,有的人以另一种“境界”占主导地位,从而呈现出不同“人生在世”的“在世”状态;不同时代、不同民族的文化,其中占主导地位的“境界”也各不相同,“一个民族、一个时代,可以是这种境界占主导地位,另一个民族、另一个时代,可以是另一种境界占主导地位”。

综上所述,从王国维到张世英的现代“境界”论研究之演进模式,是以“真”“觉解”“感通”和“灵明”为内在发展逻辑,经由王国维与宗白华的“人生与艺术”的审美“境界”论,冯友兰的“宇宙大全”之人生“境界”论,唐君毅的精神万有的“生命存在”“境界”论,最终张世英将王氏、冯氏“境界”论中的“人生”“艺术”和“宇宙”融合到审美范畴之“崇高”中进行归纳化约而成“人生在世”的“境界”论。因此,概括起来,本文认为“境界”是人在寻求安身立命之所的过程中对本己“人生在世”状态的精神体认,反映着一个人对生命存在状态和价值追求的自我期许。

试析赫尔德思想对德国浪漫主义的影响*

陈艳波

一

随着学术界对赫尔德思想认识的深入,赫尔德在各个方面的影响也逐渐被揭示出来。学者们发现赫尔德思想对19世纪德国思想史的发展产生了重大的影响,不管是德国古典哲学的产生还是历史哲学的勃兴,不管是德国古典文学的复兴还是欧洲民族主义的崛起,都深深地浸润着他思想的影响。这有如德国马克思主义者梅林在谈到赫尔德的历史地位时所恰如其分地指出的:"这位康德的学生变成了黑格尔的先驱者,莱辛的最亲密的志同道合的战友变成了浪漫主义的创始人,音乐匠人格莱姆和埃瓦尔德·封·克莱斯特的崇拜者变成了世界大诗人歌德的鼓舞者。如果没有赫尔德,既不能设想德国的启蒙运动,也不能设想德国的浪漫主义,既不能设想我们的古典文学,也不能设想我们的古典哲学。"[1] 虽然或许正如梅林所强调的,赫尔德思想的影响是多方面的,但他最重要的影响可能在于他对德国浪

* 本研究得到国家社科基金项目青年项目《赫尔德文化哲学思想研究》(批准号:14CZX034)、教育部人文社会科学研究西部和边疆地区项目青年项目——《赫尔德历史哲学思想研究》(批准号12XJC720002)和贵州省人文社会科学规划项目一般项目——《赫尔德文化哲学思想研究》(批准号13GZYB51)的资助。

漫主义(特别是早期德国浪漫主义)的影响。❶ 如以研究思想史著名的英国哲学家以赛亚·伯林把赫尔德看作是德国浪漫主义的真正父亲之一❷;研究赫尔德思想的著名学者亚历山大·吉利斯(Alexander Gillies)教授说道:“在德国的整个浪漫主义运动是赫尔德思想的遗产”[2];德国著名哲学家伽达默尔也有同样的看法:“没有赫尔德,德国的浪漫主义是不可设想的”[3]。下面我们就精要地分析一下赫尔德思想对德国浪漫主义产生的影响。

二

要理解赫尔德对德国浪漫主义的影响,我们需要先来看一看赫尔德在“狂飙突进”运动中的作用。因为正是通过发端于18世纪70年代的“狂飙突进”运动,赫尔德对启蒙思想的反叛得到了一帮年轻德国思想家(主要是文学家)的支持,赫尔德的思想成为“狂飙突进”运动的思想纲领和理论基础。“狂飙突进”运动成为产生于18世纪末的德国浪漫主义运动的先声,赫尔德的基本思想也因此得到了很多浪漫主义思想家的继承。

---

❶ 按照近年来学界一般的划分,德国浪漫主义运动被分为早、中、晚三个时期。早期浪漫主义(fruhromantik)主要是从1794—1808年,这一时期以德国的耶拿(Jena)和柏林(Berlin)为主要基地,代表人物是August Wilhelm Schlegel、Friedrich Schlegel、Friedrich Daniel Erns Schleiermacher、Friedrich von Hardenberg(Novalis),以及Holderlin等人;学者们基本认为早期的浪漫主义运动是一场哲学运动,它既继承了启蒙运动的因素也继承了“狂飙突进”运动的因素,同时对这两者都进行了批判。它试图对这两者进行一种哲学的综合,一方面它强调“狂飙突进”运动所宣扬的情感;另一方面也强调启蒙的理性精神,它试图实现理性与情感的综合与平衡(请参见Silz, Walter. *Early German romanticism : its founders and Heinrich von Kleist*,(Cambridge, Mass. : Harvard University Press, 1929.),以及Beiser, Frederick C. ,*the Romantic imperative : the concept of early German Romanticism*(Cambridge, Mass. ; London : Harvard University Press, 2003.)),学者们关注最多的也是早期的浪漫主义运动。中期浪漫主义运动(Hochromantik)主要是从1808年到1815年,这段时间的浪漫主义运动主要是一场文学运动,代表人物主要是一些诗人和艺术家,比如Achim von Arnim、Clemens Brentano、Caspar David Friedrich和Adam Muller等人。晚期浪漫主义运动(Spatromantik)主要是从1815年到1830年,它更多的是一场保守的运动,不管是在政治观点还是在哲学观点上,他们都更多地回到传统的宗教观念,主要代表人物有Franz Baader、E. T. A. Hoffmann、Johann von Eichendorff、Friedrich J. Schelling,以及晚年的Friedrich Schlegel(晚年的Freedrich Schlegel的思想变得很保守,所以他也是晚期浪漫主义代表之一)。以上关于德国浪漫主义的分期和介绍请参看:Frank, Manfred,*The philosophical foundations of early German romanticism*,(Albany, NY : State University of New York Press, 2004.),以及Silz, Walter. *Early German romanticism : its founders and Heinrich von Kleist*(Cambridge, Mass. : Harvard University Press, 1929.),另外,有些学者在划分早期浪漫主义和中期浪漫主义的时间问题上有不同看法,把1797—1802年划分为早期浪漫主义,而把1802—1815年认为是中期浪漫主义,比如Beiser就持这样的看法(参见:Beiser, Frederick C. ,*the Romantic imperative : the concept of early German Romanticism*(Cambridge, Mass. ; London : Harvard University Press, 2003.)),我们这里关注的是赫尔德思想中一些观念对整个德国浪漫主义运动的影响,所以如无特别说明,我们这里使用的浪漫主义运动指的是整个德国浪漫主义运动。

❷ 伯林关于赫尔德作为浪漫主义先驱的论述请参见:以赛亚·伯林. 浪漫主义的根源[M]. 亨利·哈代编,吕梁等,译. 南京:译林出版社,2008.

按照一般文学史的定义,"狂飙突进"是18世纪70年代到80年代,一批年轻的德国文学家在卢梭的影响下在德国所掀起的一场以提倡个性解放、崇尚天才和创造、注重民歌和民族语言、反对当时德国流行的以拉丁和法国文学为标准的声势浩大的文学运动,它以1770年赫尔德与歌德在斯特拉斯堡的会面为开端。从文学史对"狂飙突进"运动特征的描述,我们很容易发现这场运动实际上是以赫尔德思想为基本指导的。因为早在里加时期,在赫尔德匿名发表的《关于近代德意志诗歌的断想》中,他就已经开始探讨语言的意义,以及语言和文学的关系,指出诗歌的创作和一个民族的语言之间深刻的联系,提出理解诗歌应在充分了解这首诗歌所产生的语言和文化背景之上进行,反对用任何僵死的标准来规定如何创作和解释诗歌。在同一时期创作的《批评之林》中,赫尔德批判了莱辛和克劳茨教授的美学观点,提出了他自己基于生理—心理学的美学观点。由于在这两部作品中赫尔德提出了很多在当时的启蒙思想家看来是革命性的观点,并且批判了很多当时著名学者的观点,这两部作品在思想界引起了广泛的注意,它们对后来"狂飙突进"运动的发生毫无疑问地产生了重要的影响。

而且,赫尔德作为"狂飙突进"运动思想纲领的制定者,更重要的体现在他的思想对"狂飙突进"的领军人物——歌德所造成的影响上。文学史之所以把1770年赫尔德在斯特拉斯堡与歌德的会面认为是"狂飙突进"运动的开端,正在于从这次会面开始,赫尔德的许多革命性思想通过歌德成为"狂飙突进"运动的思想纲领。在斯特拉斯堡歌德读到了赫尔德1770年的获奖论文《论语言的起源》的手稿,在这篇论文中赫尔德提出语言起源于人的创造,是人的情感和生命的表达;指出语言和思想之间密不可分的关系,以及语言受一个民族的地理环境、生活方式和历史文化等方面的影响。这些思想通过歌德播散开来,成为"狂飙突进"运动中年轻作者们强调民族语言和民族特色的理论基础。同时在斯特拉斯堡期间,赫尔德让年轻的歌德收集各个民族的民歌,特别是各个民族早年的民歌,他认为民歌是一个民族语言和独特精神的最好表现,通过对一个民族民歌的研究可以让我们更好地理解这个民族的特质;除此以外,他还让歌德关注希伯来的圣经(赫尔德把希伯来的圣经看作是希伯来先民的民歌)、荷马和品达的作品、古冰岛诗集(The Edda)、莪相诗集(Ossian),以及莎士比亚诗歌和戏剧等。在1773年出版的论文集《论德国艺术(Von deutscher Art und Kunst/ Of German Kind and Art)》正是赫尔德和歌德在斯特拉斯堡期间对于民歌的关注和研究的成果,这些论文极大地激起了"狂飙突进"运动的参与者们对民歌和对莎士比亚的强烈兴趣。正是通过歌德,赫尔德的思想成为"狂飙突进"运动的理论纲领,这也奠定了赫尔德在文学史上的地位。"赫尔德在文学史上最重要的成就,被认为是从1770年10月在斯特拉斯堡与歌德的会面而开始的他对年轻的歌德所产生的影响”[4]。

从思想史的角度来看,“狂飙突进”运动可以看作是年轻的德国思想家们对启蒙运动基本信念的反叛,这集中体现在他们对人的能力(power)的理解上。启蒙思想家把人的能力抽象成苍白的理性和感性,并且认为理性是一种高级的认识能力而感性是一种低级的认识能力,认识的目标就是要达到理性的真理。比如德国理性主义的代表人物之一莱布尼茨就把知识分为三类:“知识可以划分为晦涩的和明白的,而明白的知识又可以进一步划分为模糊的和清晰的”,人的感性能力只能获得“晦涩的”和“模糊的”知识,它们在确定性和清晰程度上都比较差,而只有通过理性获得的知识才具有真正的确定和清晰性,才能被称为真正的知识,探求知识就是要到达理性的“清晰的”知识。[5]人在这种理解下成为一种专注理性思考而忽略感性生存的智性存在者。年轻的“狂飙突进”运动参与者们拒绝接受这样一种对人的智性理解,他们极端鄙视那些把世界理解成一个由抽象观念所编织成的网络和用抽象的概念来把握人的本质和命运的人,把“形而上学”“思辨(speculation)”和“抽象观念”等视作是需要诅咒的词汇,公开反对像尼科莱(Friedrich Nicolai,1773—1811 年)、门德尔松(Moses Mendelssohn,1729—1786 年)等这样有“抽象癖”思想家。在他们看来,人是一个有机力量的整体,他的生命活动就是这种力量的独特表达,他的感性生存是其理性思维的基础,人的生存优先于他的思想。正是基于对人的这样一种理解,狂飙突进运动的思想家们特别强调“诗”(这里的诗被理解为广泛意义上的文学)对于人的重要。因为首先“诗”的基础是感性经验,通过“诗”,感性在人生存中的基础地位得到了强调;其次“诗”是人生命的表达,是人本质力量的实现。正是在这个意义上,“狂飙突进”运动中的思想家们强调按照“诗”的方式思考,以“诗”的方式写作,而拒绝用启蒙思想家那种抽象的概念思维方式。❶

从这些思想家对人的能力理解的转变,我们更能发现赫尔德思想作为“狂飙突进”运动理论基础的意义。首先,赫尔德对启蒙思想家那种从抽象的概念来理解人和理解人类历史的方式感到极为不满,他说:“这个世界上没有人比我更感觉到普遍概念的缺陷了”[6]。他猛烈批判启蒙思想家对于人的能力的分割和抬高理性而贬抑感性的做法,反复强调感性在人类认识和生存中基础作用,他甚至认为感性才是我们生存的基础。比如在早年的论文《论存在》中赫尔德就提出“存在”是第一个感性概念,也是最自明的一个概念:“第一个感性概念(指存在——引者注),它

❶ 关于“诗”在狂飙运动思想家那里的作用请参看:Roy Pascal, The "Sturm und Drang" Movement, *The Modern Language Review*, Vol. 47, No. 2 (Apr., 1952), pp. 145 - 151。

的自明性是一切事物的基础:这种自明性是我们与生俱来的;由于它一直就使我们确信它的自明性,所以自然的本性解除了哲学家对它的自明性尽心证明的重负——它是一切自明性的中心”[7],在《论雕塑》一文中,赫尔德更是喊出了“我感觉我的自我！我存在!”[7]这样的看重感性生存在个人生命活动中的重要意义的口号。其次,在强调感性的基础上,赫尔德把人看作是一个有机力量的整体,这种有机力量的整体是一个“黑暗的深渊”,它需要把自身体现在语言和历史中才能照亮它自己。赫尔德曾这样写道:“我们大部分发明(指语言——引者)产生的地方——心灵最黑暗的部分却未被他(指沃尔夫——引者)所说明。他谈论心灵‘低级的认识能力’时好像是在说和身体截然分开的精神一样”[8],“自然拥有成千上万的可用千万种方式撩拨的细线,这些细线通过排斥和联络而被编织成一个多种形式的综合体;它们通过内在的力量拉升或者缩短自己,而且每一根细线都参与了感官的作用。有人曾经看见过比一个由于源源不断的刺激而不停跳动的心灵更加奇异的事情吗?一个内在的黑暗力量的深渊。”[8]理性只是这种有机力量被照亮后的一种功能,它立于黑暗的深渊之上,它需要通过感觉(听觉、视觉和触觉)才能运作,而并非像启蒙思想家所宣扬的那样是一种自律的能力。另外,语言作为个人和民族有机力量的表达,它肯定是“诗化”(poetic,创造性)的并因而是独特的。研究“狂飙突进”运动的著名学者帕斯卡(Rol Pascal)教授曾对此说明道:“赫尔德关于语言、知识和诗歌的哲学著作是一种一贯努力的一部分,这种努力试图找出对降解人的能力进行反叛的基本原则,在最广泛的基础上对全面发展人的能力的期望作出论述”[9]。正是赫尔德对感性和人的能力作为一个整体的强调,对语言作为个人和民族独特表达的洞见,以及在此基础上对于文学和美学的重视,使得他的思想成为“狂飙突进”运动的理论基础和思想纲领。帕斯卡教授对此也有深刻的见解:“尽管在‘狂飙突进’运动的思想家中只有赫尔德可以称作哲学家,但是我相信,我们可以很有理由地把他的思想叫作‘狂飙突进’运动的哲学,因为以其他形式(戏剧、抒情诗等)表达在他们(指‘狂飙突进’运动的思想家——引者)作品和生活中的价值和洞见是在它(指赫尔德的思想——引者)之上生发出来的”[9]。

三

德国浪漫主义运动作为启蒙运动和“狂飙突进”运动的继续,它既保留了启蒙运动的精髓,也继承了“狂飙突进”运动的精神。在保留启蒙运动的因素方面,早期的浪漫主义者们继承了启蒙主义者彻底的理性批判精神和对人类进行教育而使人不断进步的理想❶;而在承续"狂飙突进"运动的精神方面,浪漫主义者主要继承了赫尔德的思想,对此我们可以参考研究德国早期浪漫主义运动的著名学者沃尔特·思尔兹(Walter Silz)教授的论述:"德国古典主义(German Classicism)和德国的浪漫主义两者都根源于'狂飙突进'运动。……赫尔德,歌德的老师,也是浪漫主义者的老师,尽管他们并不这样承认并且把他们直接从赫尔德那里拿来的思想归功给了歌德。……优良的历史感和诗人的直觉使得赫尔德对哪怕是很遥远的个体和种族也是一个很敏锐和心有灵犀的理解者;他建立在同情理解之上的具有鉴赏力的文学批评,他对莎士比亚、对中古德国的艺术和诗歌,尤其是对民歌的狂热,他对独特性、原初性和非理性因素的高扬,他对个性与特性价值的确信——在所有这些方面赫尔德都是德国古典主义和德国浪漫主义的先驱。"[10]德国的浪漫主义运动(尤其是早期的浪漫主义运动)既看到了启蒙运动所宣扬的理性的价值,也发现了"狂飙突进"运动所强调的感性和情感的意义,德国的浪漫主义者们试图在理性与情感之间进行一种综合,实现它们的平衡。

德国浪漫主义者试图对理性和情感进行的综合和平衡,实质上也是对启蒙运动和"狂飙突进"运动采取的反思。在反思"狂飙突进"运动方面,浪漫主义者反对"狂飙突进"运动者宣扬人的情感而不顾理性的做法,他们认为经过启蒙运动,理性的批判功能和教育人类的作用已经得到显明,因此是必须坚持的。❷ 如果说浪漫主义者对"狂飙突进"运动的反思更多是认同和坚持的话,那么他们对启蒙运动的反思就是更为激烈的批判、甚至是反叛了(早期的浪漫主义者坚持了启蒙理性的批判精神和教育理想,所以他们更多是对启蒙理性进行批判,而中晚期的浪漫主义者大部分抛弃了启蒙思想家的基本信念与价值,所以他们可以看作是对启蒙理想的反叛)。浪漫主义者对启蒙运动的批判和反叛主要有以下几个方面。首先,他们反对启蒙思想家把理性尊崇检验真理的最终标准和判断一切问题的最高权威。他们认为那些超越一切概念、判断和推理的艺术情感和直觉才具有更重要的意义,因为只有它们才是生命和存在的直接和真实的表达。他们试图用美学情感和直觉来取代启蒙理性的权威地位。正是在这个意义上,浪漫主义者被认为是"非理性主义者"或者是"反理性主义者"。其次,浪漫主义者反对启蒙思想家所宣扬的个人主

---

❶ 关于早期浪漫主义者对启蒙思想的继承请参看:Beiser, Frederick C., *the Romantic imperative : the concept of early German Romanticism*, (Cambridge, Mass. ; London : Harvard University Press, 2003.) chapter3: Early Romanticism and the Aufklarung, pp43 – 55.

❷ 需要指出的是,对启蒙理性的批判功能和教育功能的坚持主要是早期浪漫主义者的观点,而随着德国浪漫主义运动的关注点不断向文学和宗教的转移,中晚期浪漫主义者变得越发的保守和倾向于传统的宗教,也更加的强调情感而远离启蒙理性(参见:Silz, Walter. *Early German romanticism : its founders and Heinrich von Kleist*, (Cambridge, Mass. : Harvard University Press, 1929.)第三部分:Early and Later Romanticism)。

义和世界公民的观点。启蒙思想家基于每个人都拥有自律理性的立场,认为每个人都是一个独立的个体,每个人都拥有一些与生俱来的不可剥夺的权利;建立在这种理性个人主义基础上的社会观和国家观认为,每个有理性的人通过和其他任何一个有理性的人订立契约来实现和维护自己,以及他人的权利,社会和国家的职责就是最大限度地保证公民(每一个有理性者)最大限度的自由和幸福,这是一种典型的契约论的国家观。在这种观点理解下,每个人和国家只是一种普遍有效的契约关系,任何人都可以和任何国家订立这样一种契约,所以每个人都可以是一个世界公民。浪漫主义者反对这种国家观和世界公民的观点。他们认为一个人必须归属于一个社群,这个社群是他生命所依和情感所系,只有在这个社群中他才能有归属感。再次,浪漫主义者反对启蒙思想家那种提倡教会和国家分离、宗教宽容以及个体自由等观点,在意识形态上他们更加保守,更加强调传统宗教的作用,[1]比如像弗里德里希·施莱格尔(Friedrich Schlegel)和亚当·穆勒(Adam Muller)等浪漫主义思想家就皈依了罗马天主教。以上三点分别体现了德国浪漫主义的反理性主义(antirationalism)、社群主义(communitarianism)和保守主义(conservatism),它们和启蒙运动的理性主义(rationalism)、个体主义(individualism)和自由主义(liberalism)直接相对,也因此德国浪漫主义运动被看作是对启蒙运动的反叛。

显见,德国浪漫主义对启蒙运动的批判或反叛实质上也是他们对“狂飙突进”运动的继承,或者说他们是在“狂飙突进”运动的一些基本思想的影响下对启蒙运动进行了批判。德国浪漫主义对启蒙运动的三点批判中最重要的是前面两点,因为对理性权威的否定和对人生活于其中的社群和传统的强调很自然地让浪漫主义者们想要回复到传统的宗教。就此而言,是赫尔德首先在这两方面对启蒙运动进行了批判。在反对启蒙理性主义方面我们在前面论述赫尔德反对启蒙思想家把人的理性视作一种自律的能力时已说明,这里不再赘述。下面我们将集中论述赫尔德关于“民族”的思想,正是他关于“民族”的思想体现了他对启蒙思想家所宣扬的个体主义和世界公民的反对,也影响了浪漫主义者“社群主义”思想的形成。

赫尔德关于“民族”的思想建立在他关于人是在历史与语言中敞开的场域的观点之上。在赫尔德看来,人身上的全部力量构成一个有机体,但这个有机体就其自身而言是黑暗的,它只有通过与世界打交道才能显明自身,这即是说人只有通过不断地把自身的黑暗力量实现出来、表达出来才能认识自身。同时,人与世界打交

---

[1] 需要指出的是德国浪漫主义对启蒙运动批判和反叛的这三个方面在浪漫主义的不同时期具有不同的侧重,对传统宗教的强调主要是晚期的浪漫主义。以上关于德国浪漫主义对启蒙运动的批判的三个要点请参见:Beiser, Frederick C., *the Romantic imperative : the concept of early German Romanticism*, (Cambridge, Mass. ; London : Harvard University Press, 2003.) pp43 -44.

道过程也是语言产生的过程，语言的产生显明了自我也照亮了世界；在语言中，人表达着自我，理解着自我，认识着世界，言说着世界，语言点亮了人与世界交会的空间。如此，人作为语言所道出的一块“林中空地（Lichtung）”（海德格尔语），他自身是一个在语言和历史中敞开的场域。赫尔德对人是黑暗的有机力量的观点所揭示的人的历史性和语言性，显明了文化和传统对于人存在的意义，因为人表达自我与认识世界的过程都是一个语言过程，而文化和传统作为已被照亮的自我与世界，它编织了一个关于自我与世界的语言网络，生活于这个语言网络中的人必定受它决定性的影响。

正是在这种对人的历史性和语言性看法的基础上，赫尔德表达了他关于“民族（Volk）”的思想，“那些共同拥有一个建立在他们的语言基础上的特别的历史传统的人们，赫尔德把他们叫作 Volk 或者民族”[11]。显然，赫尔德所理解的民族是建立在生活在同一个地方、拥有共同语言和历史传统的基础之上的。由于生活世界和历史传统最终呈现为语言，所以说一种共同的语言就成为一个民族的典型的、甚至是唯一特征。生活在一定的自然环境中的民族，她的成员长时间和这个自然环境打交道，已经形成了与这个自然环境相适应的特定生活方式和能够表达这个生活世界的独特语言，因此只要这种民族语言所编织的生活世界没有消失，那么这种民族语言就会代代相传，就会继续成为民族中每一个成员理解自我和世界的方式，这就形成了他们独具特色的历史文化传统。

所以，在赫尔德看来，一个人只有在他从小长大的文化传统中才能最好地获得一种归属感和认同感，这是一种情感和感觉的认同和归属，是人的本质需要。因为作为黑暗力量有机体的人，他必须要表达自我和认识自我，而表达自我和认识自我的过程是一个语言的过程，它必定也必须在一个已有的语言网络中才能进行。一个民族的历史和文化就是这样一种语言网络，一个人必须属于一个集体（或民族）才能更好地表达和理解他自己，这就是赫尔德所理解的人的归属感。

以此种民族观为基础，赫尔德反对启蒙思想家宣扬的个人主义和世界主义的观点。在赫尔德看来，人并不是像启蒙思想家所宣扬的那样，是一个具有理性的个体，他生活在世界的任何地方都是一样的，是一个世界公民，相反他认为人应该归属一个集体，并且只有待在那个他生于斯而且长于斯的集体里面，他才能获得更大的幸福。这也正如以赛亚·伯林所指出的：“所谓历史主义、进化论的观念就是说，你只能通过了解与你自身所处环境很不相同的环境，才能了解那里的人。这个观念也是归属感观念的根基。这个观点是赫尔德第一个提出来的。持有这个观点的赫尔德当然要去抵制世界主义的观念了。世界主义认为一个人不管身在何处——巴黎、哥本哈根、冰岛、印度，随便什么地方，都是在自己家里；赫尔德却认为人属于他本来该待着的地方，民族是有根的。他们只能根据自己的成长环境所提供的象征进行创造，他们成长的那个社会关系密切，形成了一种独一无二彼此会意的交流方式。如果一个人没有这样的幸运，在脱离了自己的根的环境里长大，被放逐到荒岛，独自过活，他，一个流亡者，力量便会大大削弱，他的创造力也会大大降低。”[12]

四

正是在基本观念上与启蒙运动的决裂，使得赫尔德成为反启蒙运动的先驱，也成为德国浪漫主义的先行者。❶

参考文献

[1] 梅林.论文学[M].北京:人民文学出版社,1982:35.

[2] Gillies, Alexander. *Herder*[M]. Oxford: Blackwell, 1945:116.

---

❶ 以赛亚·伯林把赫尔德对启蒙思想的反叛归结为三个要点:第一是赫尔德的表白主义(expressionism)的观点,这种观点认为人类活动不管就总体而言还是就具体而言,都是一个人或者一个集体个性的完全表达。只有通过这种自我表达人才能存在和认识自我,别人也是通过一个人表达出来的作品(主要是一个人的语言,因为语言是一个人表达和实现自我最重要甚至是唯一的方式)来认识这个人的;第二个是民粹主义(populism)的观点。这个观点认为:由于拥有着表白自我需要的人最重要的表达自我的活动是语言,而语言是他所生活的世界以及与这个生活相适应的生活方式的反映,所以生活在不同世界中的人他们表达自我的方式(语言)是不一样的,只有那些生活在相同的世界、过着相同的生活方式和说着相同语言的人才能更好的彼此相通,这些人组成一个有机的集体,个体在这个集体中能够最好的表达自我;同时,由于人的语言必定是在一定的集体中习得的,这个集体所处的地理位置、所过的生活方式,以及已经形成的历史文化传统等都必然体现在这个集体的语言中,并因此影响和塑造每一个集体中的成员和在这个集体中学习这种语言的人。所以,民粹主义的观点就在于人由于其表白主义的本质必定而且必须属于一个集体,只有在这样一个集体当中个体才能更好地表达他自己,他也才能被其他人更好地理解。赫尔德所理解的这种有机的集体就是他的“民族”概念;第三个是多元主义(pluralism)观点。这个观点强调不同的文化和生活价值之间是不可通约的。这个观点建立在前两个观点之上,因为每个人,以及每个民族(由于地理环境、生活方式、文化传统等方面的原因)他们对世界的认识和对自我的表达和认识都是不一样的,并且每个民族都拥有与其地理环境、生活方式和文化传统等相适应的价值观念,这些观念只有在这个民族当中才能获得理解,它们和这个民族所生活的地理环境、生活方式和历史文化等因素结合在一起构成一个有机的整体。因此不同民族所秉持的生活价值是不一样的,而且是不可通约的。伯林认为赫尔德的这三个观点是对启蒙运动的基本信条——追求自律的理性、强调个人主义和追求统一价值——的反叛(伯林用的是“反启蒙运动”),并对德国浪漫主义运动产生了深刻的影响。他对此就曾经说到:“我想重点谈谈赫尔德的三个观点。这三个观点对浪漫主义运动贡献巨大,……其一,我称之为表白主义的观点;其二是归属的观点,意即归属某一个群体;其三,真正的理想之间经常互不相容,甚至不能够调和。在当时,这三个观点中的每一个都具有革命性意义”。(以赛亚·伯林:《浪漫主义的根源》,亨利·哈代编,吕梁等译,译林出版社,南京,2008 年,第62 页。)我们这里在讨论赫尔德对德国浪漫主义的影响时主要采纳了伯林的观点。伯林关于赫尔德思想,以及赫尔德思想对浪漫主义的影响的讨论,请参看他的两本著作:以赛亚·伯林:《浪漫主义的根源》,亨利·哈代编,吕梁等译,译林出版社,南京,2008 年;以及 Berlin, Isaiah, Sir. *Vico and Herder : two studies in the history of ideas*,(London : Chatto and Windus, 1980.)

[3] Morton, Michael. *Herder and the poetics of thought : unity and diversity in On diligence in several learned languages*[M]. University Park : Pennsylvania State University Press, c1989:170.

[4] Adler Hans, Wulf Koepke Rochester. *A companion to the works of Johann Gottfried Herder* [C]. N. Y. : Camden House, 2009:391.

[5] Leibniz, Gottfried Wilhelm. *The philosophical works of Leibnitz*[M]. New Haven : Tuttle Moorhouse & Taylor, 1890:27 – 29.

[6] Herder, Johann Gottfried. *Philosophical Writings* [M]. Cambridge : Cambridge University Press, 2002:291.

[7] Robert E Norton. *Herder's Aesthetics and the European Enlight – enment*[M]. Ithaca, N. Y. ; London : Cornell University Press, 1991:42,42.

[8] Robert S. Leventhal: *The Disciplines of Interpretation: Lessing, Herder, Schlegel and Hermeneutics in Germany* 1750—1800[M]. Walter de gruyter · Berlin · New York, 1994:179,181.

[9] Roy Pascal, The "Sturm und Drang" Movement[J] . *The Modern Language Review*, Vol. 47, No. 2 (Apr. , 1952):136,138.

[10] Silz, Walter. *Early German romanticism : its founders and Heinrich von Kleist*[M]. Cambridge, Mass. : Harvard University Press, 1929:5 – 6.

[11] F. M. Barnar. *Herder's Social and Political Thought: From Enlightenment to Nationalism* [M]. Oxford: Clarendon press, 1965:57.

[12] 以赛亚·伯林.浪漫主义的根源[M].南京:译林出版社,2008:62 – 63.

论赫尔德历史哲学思想的形成

陈艳波

赫尔德的历史哲学思想既是18世纪德国乃至欧洲时代思潮的产物，也是他个人独特的生命经历的产物。我们试图将这二者结合起来展现赫尔德历史哲学思想的形成。

一、早年敬虔主义的成长氛围

我们知道，自从1517年10月31日马丁路德提出"九十五条论纲"，拉开宗教改革的序幕以后，路德派逐渐成为当时德国的正统教派，到17世纪中叶路德派已经变成了一套僵死的教条，这完全违背了路德最初强调"唯独圣经，唯独信仰"的基督教真义。正是在这样的背景下，在1670年，一位法兰克福牧师史宾纳(Johann Jacob Spener)在他自己家中召聚了一些信徒一起读经和祈祷，相互鼓励追求属灵的生命和彼此分享灵修的经验，他称这小组聚会为敬虔团契，敬虔主义就是由此得名，敬虔主义运动也由此开始。很容易看出，敬虔主义运动的实质是反对正统教派把活泼的基督教信仰和属灵的宗教生活变成一些抽象、僵化和呆板的教条，强调从内在的宗教经验来感受和领悟基督教的信仰，主张回到路德所宣扬的强调圣经的权威和个人通过信心就可以直接在上帝面前称义的基督教的真精神。这如Lewis White Beck教授所指出的："敬虔主义在德国是这样一种连续努力的公开再现，这种努力是为了获得比在任何已有的教会中存在的更简单、更少教条性以及更道德的基督教。"[1]

约翰·哥特弗里德·赫尔德(Johann Gottfried Herder，1744—1803年)于1744年8月25日出生在当时东普鲁士的小城摩隆。赫尔德父亲是摩隆的打钟人和教

---

[1] Lewis White Beck, *Early German Philosophy: Kant and His Predecessors*, (Cambridge (Mass.) : The Belknap Press of Harvard University Press, 1969.) p157. "Pietism was the public re - emergence of a more or less continuous effort in Germany to achieve a simpler, less dogmatic, and more moralistic Christianity that that to be found in any of the established churches."

堂下级职员，所以他是在“一种不富裕，但也不贫困的中等生活水平”中长大的。[1]赫尔德出生时，他所在的教区主要信奉敬虔主义，他的父母也都是非常虔诚的敬虔派教徒。赫尔德家里每天洋溢着路德式的虔诚，路德的圣经和赞美诗集，以及约翰·阿恩特(Johann Arndt，1555—1621 年)的《真正基督教的四福音书》成为影响这个家庭精神氛围的主要著作。正是在这种虔诚的宗教氛围中成长，赫尔德的思想中一直深深地烙印着敬虔主义的印记。赫尔德虽然并不是一个神秘主义者，但是他思想中的敬虔主义维度使他一直都对神秘主义事物、宗教情感，以及宗教经验有着很好的同情和理解。“他(指赫尔德——引者注)毕生对各个世纪的神秘主义者都抱有好感，他们为他打开了宗教体验这一领域的大门。他自己虽然不是个神秘主义者，但却感觉到了宗教感情的无可比拟的特殊之处。”[2]赫尔德之所以没有走向敬虔主义的极端，成为一个神秘主义者，这在于他作为启蒙时代的思想家，他也受着启蒙理性的深刻影响，实际上他希望把理性和精神性的事物结合起来理解，“然而，对赫尔德来说，他可能在他的精神经验中吸纳了健全理智，避免了他走向敬虔主义非理性的极端”[3]。对赫尔德历史哲学思想的形成来说，敬虔主义的思想也发生了很大的影响。这种影响主要表现为，敬虔主义强调直接感悟上帝的观点通过斯宾诺莎主义的改造变成了这样一种思想，即通过对上帝的作品(大自然和人类历史)的感受和解读，我们能感知上帝的临在；这运用到历史哲学领域就体现为人类的历史和文化都是上帝临在的表现，每个民族和时代的文化都是上帝意图的显现。这些思想都成为后来赫尔德历史哲学的重要观点，使得他的历史哲学具有浓郁基督教神学的维度。

二、大学时代康德与哈曼的影响

1762 年，18 岁的赫尔德在一位俄国军医的帮助下来到了哥尼斯堡学习。按照赫尔德和军医的最初约定，赫尔德到哥尼斯堡是学习外科医学的，但是由于他在第一次的尸体解剖课上就当场晕倒，他放弃了学医，而改学了神学。赫尔德虽然是神学系的学生，但是他的兴趣非常广泛，除了神学，他还大量地阅读文学、科学和哲学等方面的书籍，除了听神学系教授的讲课，他还听了大量哲学教授的讲课。在旁听哲学课的过程中，他遇到了他最喜欢而且对他影响深远的老师——当时还处于前

---

[1] 卡岑巴赫. 赫尔德传[M]. 任立，译. 北京：商务印书馆，1993：4.

[2] 卡岑巴赫. 赫尔德传[M]. 任立，译，北京：商务印书馆，1993：55.

[3] Adler，Hans，*A companion to the works of Johann Gottfried Herder*，edited by Hans Adler and Wulf Koepke，Rochester，(N. Y. ：Camden House，2009.)p15. “For his part，however，Herder would incorporate the exercise of sound reason into his spiritual experience，thus avoiding the irrational extremes of pietism.”

批判时期的年轻哲学家伊曼努儿·康德。按照赫尔德传记作者卡岑巴赫的说法，赫尔德"激动不已地追随着这位杰出的老师(指康德——引者注)，而且马上就认识到了这个男人的伟大之处"[1]。康德也表现出了对这个聪明好学的学生的喜欢，他不但在课堂上公开朗诵了赫尔德根据自己讲授的认识论改写的小诗，而且还让他免费听自己所有的讲座。正是这种对康德喜爱和追随，赫尔德的思想深深地受着前批判时期康德哲学的影响。

康德对赫尔德的影响主要包括两方面。首先是康德研究形而上学问题的方法——分析法对赫尔德的影响。在17世纪，思想家们思考哲学问题所使用的主要方法是由笛卡尔所开启的"演绎—综合法"，这种方法的实质是相信人类的理性自身是一些与生俱来的自明观念和原则，通过对它的演绎和综合而不必假借经验就可以建立形而上学的基础和整个人类知识的大厦。但18世纪牛顿物理学的成功，使得牛顿使用的"分析的方法"受到极大的推崇，这种方法认为理性只是一种分析的能力，只有在经验和现象被给予出来的基础上才能运用，它分析的程序是把一个给予出来的现象追溯和还原为一些简单的要素，然后再根据这些要素来解释现象。"分析的方法"与"演绎—综合法"之间产生了巨大的争论，成为近代经验主义与唯理论之争的一个重要方面。事实上，就"分析的方法"与"演绎-综合法"的争论而言，实质上是对理性是一种可以独立于经验的自律自明的能力还是一种需要依靠经验的给予才能进行运用的能力的不同理解，唯理论者相信前者，经验主义者则坚持后者。在这场方法论的争论中，这个时期的康德毫不犹豫地站在了牛顿的立场上，认为研究形而上学的方法只能是牛顿在物理学中采用的分析法，即通过对给予我们的模糊概念的分析而获得对概念的清晰的认识。[2] 康德在他思考所有的哲学问题时所使用的方法都是这种分析的方法，赫尔德在康德的哲学课堂上学到的最重要的东西可能就是这种分析的方法。在谈到康德对赫尔的影响时，赫尔德思想研究的著名学者 Gregory Moore 这样说道："从康德那里他(指赫尔德——引者注)学会了尊重哲学的严格性以及把分析的方法看作是通往真理的唯一的真正的道路。"[3]对此卡岑巴赫也有同样的看法："他(指赫尔德——引者注)赞叹康德的苏格拉底式治学方法，并把分析方法看作是通往真理的真正途径。"[4]正是对分析法的

---

[1] 卡岑巴赫. 赫尔德传[M]. 任立，译. 北京：商务印书馆，1993：11.

[2] 在康德看来，形而上学研究的目的就是对那些给予我们的模糊概念进行分析，找出它们的特征标志，使这些模糊概念变得清晰。对康德这个观点的详细说明可参见本论文第二章。

[3] Herder, Johann Gottfried, *Selected writings on aesthetics*, translated and edited by Gregory Moore, Princeton, (N. J. Oxford : Princeton University Press, 2006.), p2. "From Kant he learned to esteem philosophical rigor and the analytic method as the only genuine path to truth."

[4] 卡岑巴赫. 赫尔德传[M]. 任立，译. 北京：商务印书馆，1993：12.

认同,赫尔德在这一时期写作了一篇课程论文——《论存在》。这篇论文是赫尔德针对康德在《证明上帝存在惟一可能的证据》中从抽象逻辑的角度讨论存在问题提出的质疑和反驳,他从经验主义的和分析法的立场认为存在并非像康德所说的那样是最抽象的概念,需要逻辑才能证明,相反他认为存在是最感性和最确定的概念。这篇论文在以前只是被当作赫尔德的一篇习作而未被重视,它的重要性近些年才逐渐地被学者认识到,赫尔德的研究者们现在基本都认同《论存在》不但体现了在研究哲学问题时赫尔德所采用的是分析的方法,而且这篇论文还包含了赫尔德关于本体论和认识论的基本思想。就赫尔德历史哲学来说,这种从康德那里学到的"分析的方法"内在地隐含了历史主义的方法,"分析的方法"本身蕴含了历史地来看待事物的可能,即这种方法的使用使得历史主义的思维方式成为可能。因为分析法的实质是认为研究事物就是把事物分解和还原为一些最基本的要素,或者追根溯源地去了解事物的最初原因,然后再根据这些基本要素或最初原因来理解和解释事物。这种方法运用在人文科学领域必然是历史主义的。因为要理解人文领域的现象就必须去追溯它的原因,找出它的根据,然后根据事物自身的起源和发展过程来解释它,显然,这就已经是一种历史主义的理解事物的方式了。所以对"分析的方法"采信实际上为赫尔德后来历史哲学思想的发展提供了重要的方法论契机。

其次,康德在1755年出版的《一般自然史与天体理论》一书也对赫尔德历史哲学思想的发展产生了重大影响。康德在这本书中从物质世界本身来解释了宇宙和自然的形成,并且康德还把宇宙的形成看作是一个逐渐演化和发展着的过程,很显然在这里康德已经是在用一种历史的眼光来看待宇宙和自然界了。赫尔德受康德这种从自然界本身,以及以一种历史和发展的眼光来看待自然界的形成的观点影响很大,我们发现赫尔德后来在《关于人类历史哲学的思想》中关于人的形成和人的历史的描述正是康德这种观点在人的历史领域的运用。Beiser深刻地指出了这一点:"赫尔德赞同康德彻底的自然主义并且想推广它。康德在这篇论文(指《一般自然史与天体理论》——引者)里建议人类也有着同样的自然历史和可以用自然主义的方式加以说明,这个建议对年轻的赫尔德是尤其有影响的。这个建议成了他《关于人类历史哲学的思想》一书背后的基本指导思想。《关于人类历史哲学的思想》一书的目的就是要把康德的自然主义运用到历史领域自身。正如《一般自然史与天体理论》是宇宙的自然史一样,《关于人类历史哲学的思想》是人类的

自然史。”❶

在哥尼斯堡求学期间,还有一个人对赫尔德思想的形成产生了重要影响,这就是约翰·格奥尔格·哈曼(JohannGeorg Hamann,1730—1788 年)。哈曼当时就住在哥尼斯堡,并且和康德是好朋友。在一次偶然的机会中,哈曼和赫尔德认识了彼此,并且很快就密切地交往起来,事实上比赫尔德年长 14 岁的哈曼迅速成为年轻的赫尔德的良师益友(mentor)。哈曼教赫尔德学习英文,并且跟他一起翻译莎士比亚的《哈姆雷特》,他们还一起学习意大利文。哈曼对赫尔德的影响主要体现在哈曼对启蒙运动的批判上。哈曼对启蒙理性的批判❷首先在于他对路德精神的复活,在他的著作中处处闪耀着与路德精神相关的主题,这就是强调圣经的权威、强调个人与上帝通过内在的信仰直接沟通的重要性、否定人在赎罪问题上具有自由意志,以及强调信仰的超理性性质和恩典的必要性等。需要注意的是哈曼对路德的复活是一种“精神”的复活,而非正统路德教义的复活,事实上哈曼是通过休谟的怀疑主义来怀疑启蒙理性的权威,而强调信仰的重要性和权威性的。正是对路德精神的复活,特别是他对信仰的超理性性质的认识使他激烈地批判启蒙理性。哈曼对启蒙理性的批判主要包括以下要点:首先,他认为理性并非像启蒙思想家所宣称的那样是一种自律的能力,相反它受着潜意识的支配;其次,抽象的理性不能理解和解释具体的个人生活,特别是不能理解和解释个人的内在信仰;再次,理性不能和语言的使用相分离,而语言的使用和习俗,以及它在不同语境中的用法相关;最后理性并非普遍的,而是根据不同的文化表现出很大的相对性。一言以蔽之,哈曼对启蒙理性批判的核心在于他把理性放在具体的环境和活动中来考察,而否定理性是一种普遍的、自律的能力。❸ 哈曼对启蒙理性的批判深深地影响了赫尔德。赫尔德继承了哈曼的衣钵,一生都在从事对启蒙理性(这里是指那种抽象、普遍和自律的理性)的批判。就赫尔德历史哲学来说,哈曼强调理性对具体的文化和环境所表现出来的相对性使赫尔德看到了文化和环境的重要性,正是在对不同文化和环境的考察中赫尔德走上了历史主义的道路;另外,哈曼对语言的强调,特

---

❶ Frederick Beiser: Enlightenment, Revolution, and Romanticism: The Genesis of Modern German Political Thought, 1790 - 1800(Cambridge: Harvard UP, 1992), p194.

❷ 需要指出的,哈曼早年也是一个深受启蒙思想影响的人,只是从 1757—1759 年,哈曼在伦敦的经历使他的思想发生了巨大的转变,使从一个启蒙理性的支持者变成了一个启蒙理性的批判者。关于哈曼伦敦之行的具体过程及其对哈曼思想的影响,中文可参见:曹卫东:“哈曼的伦敦之行及其思想史意义”,载于《河北学刊》,2005 年 3 月;英文可参见:Frederick Beiser: The Fate of Reason: German Philosophy from Kant to Fichte,(Cambridge, Massachusetts, and London, England: Harvard University Press, 1987),pp19 - 22.

❸ 关于哈曼对启蒙理性的批判请参见:Frederick Beiser: The Fate of Reason: German Philosophy from Kant to Fichte,(Cambridge, Massachusetts, and London, England: Harvard University Press, 1987),pp16 - 29.

别是对理性对语言的依赖性的强调,使赫尔德开始重视语言[1],并且正是在对语言的研究中赫尔德看到了语言作为人与世界打交道的产物,作为人理解世界与自我的方式所具有的历史性。

康德的思想和哈曼的思想实际上代表了18世纪德国思想界的两种基本精神;一个是启蒙理性的精神,另一个是敬虔主义以宗教体验为基础的神秘主义精神。这两种精神所形成的张力实际上构成了18世纪德国启蒙运动的基本背景,德国启蒙运动的很多问题也可以从这个背景出发来理解。[2] 赫尔德也受了这两方面的思想的影响,他的思想中同时包含着这两个维度。正如我们在本论文中试图揭示的,赫尔德的历史哲学正是启蒙理性与基督教神学(主要是敬虔主义)相结合的产物,也是赫尔德试图对这两个方面进行综合的结果。

三、青年时代文学与美学研究中的历史主义方法

1764年,在哈曼的推荐下,赫尔德离开了哥尼斯堡到里加的教会学校做一名教师。由于他出色的教育才能,他很快就成为那里最受欢迎的老师,并且被任命为里加一个教堂的牧师。除了做教师和牧师,赫尔德最重要的活动就是写作,其中《关于近代德意志诗歌的断想》就是他这一时期创作的代表作品。在这部作品中赫尔德反对用任何僵死的标准来规定如何创作和解释诗歌,提出诗歌的创作和一个民

族的语言有很深的联系,我们理解诗歌也应该在充分了解这首诗歌所产生的语言和文化背景的基础上进行。在此基础上赫尔德仔细描绘了不同时代的伟大文学的特点,他根据这些文学产生的语言、文化和历史背景来理解这些伟大的作品,

---

[1] 值得指出的是,哈曼和赫尔德在语言观(主要是对语言的起源的看法)上并不相同。哈曼基于他的路德主义的神学背景认为,语言是上帝的符号,是上帝隐而未显的意图,在这种语言观的理解下整个自然万物都可以看作是上帝的语言,只是这种语言背后上帝的真实意图需要信仰才能得知,需要依靠圣经的启示才能了解。而赫尔德在《论语言的起源》中对语言神授说进行了激烈的批判,并且认为语言是人与世界打交道的结果,是人身上一种叫作"悟性"的能力创造的,语言是人理解自我与理解世界的工具,它是逐渐发展起来的。哈曼曾对赫尔德这种基于自然主义和历史主义看待语言的态度提出过批评,认为赫尔德并未了解语言的真谛。但是赫尔德在布克堡时期(1771—1776年)写作的《人类最古老的文献》和《又一种教育人类的历史哲学》中都表达了和哈曼对语言相同的看法,认为语言是上帝给予人的,人只有通过上帝的语言才能理解上帝的意图,整个自然界,每个民族和时代它的历史和文化都是上帝的语言,上帝的意图就隐藏在这些语言之中,上帝通过这些语言引领着人类历史前进,只是我们人并不能参透上帝的意图。赫尔德对语言的看法以及对人类历史的看法一直都在这两种观点之间摇摆,这也是赫尔德思想中科学理性的因素和他宗教的思想背景相互矛盾的一种表现。不过从总体上说,赫尔德在解释语言和人类历史时更多是从理性的(这里是指和信仰相对的理智)历史主义的角度,只是在看待人类历史的目标时他更多的求助于上帝。

[2] 关于18世纪德国启蒙运动的理性主义背景和敬虔主义背景的详细讨论请参见:赵林.莱布尼兹-沃尔夫体系与德国启蒙运动[J].同济大学学报(社会科学版),2005,16(1).

“当我阅读荷马史诗时，我就好像以希腊的精神站在一个集市上，并想象柏拉图对话录中的歌手伊安怎样在我面前演唱他那具有神性的诗人的史诗”[1]；并且他认为，由于语言、历史和文化等因素的不同，不能把某个时代的伟大作品作为标准来衡量其他时代的伟大作品，比如赫尔德很欣赏荷马的史诗，但他并不认为荷马就是一个固定的标准，在他看来荷马、莪相等伟大的诗人是鼎足而立的，他们各有各的伟大，都是他们的语言文化和历史的杰出代表。在这里可以很明显地看到赫尔德是在用一种历史主义的方法来理解和研究文学作品，即根据文学作品的产生的历史文化背景来理解文学作品，而不是根据一些抽线的普遍标准来理解文学作品；同时赫尔德在这里已经开始注重语言和文学、语言和思想的关系，这将成为他以后思考的重要问题之一，也将成为他历史哲学思考的重要组成部分。在里加期间除了《关于德意志诗歌的断想》以外，赫尔德还创作了《一块未竟的丰碑——论托马斯·阿贝特的著作》和《批评之林》。前一部作品是赫尔德为他喜欢的思想家托马斯·阿贝特写的一部传记，在这部传记中赫尔德开创了一种新的传记风格，这种新风格强调传记的作者要同情地深入理解他所要作传的人物，用移情的方法把握人物的所思所想；很显然这种新的传记风格实际上是赫尔德历史主义思想在理解历史人物时的运用。《批评之林》总共包括“四林”：第一林实际上赫尔德阅读莱辛《拉奥孔》的读书笔记，其中提出了一些对莱辛在《拉奥孔》中表达的美学观点的质疑；第二林和第三林是赫尔德与当时著名的美学教授克劳茨的争论；第四林在赫尔德生前没有出版，表达了赫尔德基于生理学（主要指人的听觉、视觉和触觉）的美学观。

这些作品的出版，特别是《关于德意志诗歌的断想》的出版，以及赫尔德优秀的教育和讲道才能，一方面为赫尔德赢得了名声，使他成为里加上流社会受欢迎的人士；另一方面也使赫尔德遭到了同事的嫉恨。同事的不友好和赫尔德觉得自己的才能在里加不能充分的发挥，使赫尔德萌生了离开里加的想法。1769 年 6 月 5 日，赫尔德在朋友贝伦斯的陪同下离开了里加，开始了两年多的旅行生活。赫尔德首先去了法国，他在巴黎结识了法国当时有名的启蒙运动思想家狄德罗、达朗贝尔、杜克洛和巴特勒米等人，他认为狄德罗是法国最重要的思想家，另外他还参观了法国的博物馆和宫殿；在此期间，赫尔德还写作了他思想的自白书——《1769 年游记》。在法国待了几个月之后，赫尔德应奥伊丁的还俗主教冯·吕贝克的邀请，作为教师陪同主教的儿子进行一次教育旅行。他经布鲁塞尔中转阿姆斯特丹到汉堡，在汉堡赫尔德有机会和他十分敬重的莱辛交流了思想，并且结识了后来成为他

---

[1] 卡岑巴赫. 赫尔德传[M]. 任立，译. 北京：商务印书馆，1993：22 – 23.

可信赖的朋友马蒂亚斯·克劳迪乌斯。赫尔德在奥伊丁与主教的儿子,以及另外一位宫廷教师会合后,他们三人就开始了教育旅行。他们三人经过汉诺威、卡塞尔、达姆斯塔特和卡尔斯鲁厄,最后到达了斯特拉斯堡,由于赫尔德想在斯特拉斯堡治疗他从小就患有的经常流眼泪的毛病,他和主教的儿子,以及宫廷教师分手了。在这次教育旅行的途中,赫尔德在达姆斯塔特结识了他的终身伴侣——卡洛琳纳·弗拉赫兰特。另外在斯特拉斯堡赫尔德会见了比他小几岁的年轻的法律系学生——歌德(Johann Wolfgang von Goethe,1749—1832 年),赫尔德把他在哈曼那里接受来的以及他自己关于语言、诗歌和文学的一些新想法告诉了年轻的歌德,歌德受了莫大的启发,并且把这些思想融入到了他今后的文学和诗歌创作中。正是赫尔德与歌德在斯特拉斯堡的结识与交往,催生了 18 世纪 70 ~ 80 年代在德国声势浩大的"狂飙突进(Sturm und Drang)"运动。就赫尔德历史哲学来说,他的这次旅行不但使他开阔了眼界,使他能够切身地体会不同的民族和文化,感受异国的风土与人情;而且更重要的是这次旅行促成了赫尔德的一种转变,这就是在以前(主要是在里加时期)赫尔德把历史背景知识看作是理解文学或美学的手段,文学和美学是他研究的目的,而经过了这些旅行,赫尔德的关注中心转向了人类的心灵和整个人类历史,文学和美学甚至其他的一切学问都成为研究人类心灵和整个人类历史的手段,这一点集中体现在他写作的《1769 年游记》当中。

四、布克堡时期综合基督教神学与历史主义方法的历史哲学

由于在斯特拉斯堡治疗眼病的失败,赫尔德结束了他的旅行生活,于 1771 年 5 月到布克堡任列波伯爵的宗教顾问;但是由于赫尔德和列波伯爵在思想和观念上的巨大分歧使得他们从一开始就相处得并不愉快,这也使得赫尔德在布克堡的日子被罩上了一层阴郁的色彩。在布克堡阴郁而孤独的生活使赫尔德把生活的重心转向了自身,他用对我相和民歌的研究来打发孤独和空虚,在《圣经》中寻找着精神的安慰。这段时间赫尔德的宗教情绪空前的高涨,这改变了不少他以前对事物的看法,这主要体现在对《圣经》和语言的看法上。在里加的时候赫尔德就研究过《圣经》,那时他从一种历史主义的观点认为《圣经》只是一部东方国家的诗集,它是建立在感觉印象基础之上的对民族信仰的看法。对于语言来说,还在斯特拉斯堡和歌德会面的时候,赫尔德就开始写作他关于语言哲学的名著《论语言的起源》了,这是赫尔德应征柏林普鲁士科学院悬奖征求关于语言的产生而写作的论文,这篇论文得了一等奖,并由科学院于 1771 年出版。在这篇论文中赫尔德反驳了当时关于语言起源的两种说法——语言神授说和契约说,相反他认为语言是人与世界打交道的产物,是人的本质的体现,人依靠他自己的力量发明了语言,而且人作为

需要表达自己才能认识自己的动物，他必须通过语言才能表达和认识他自己。但是，在布克堡的赫尔德重新发现了启示的范畴，认为《圣经》是上帝启示的产物，《圣经》（特别是《创世纪》）中记载了上帝创世的过程以及上帝引领人类走向何处的秘密，《圣经》因此成为"人类最古老的文献"[1]。正是在这种新的对《圣经》的理解中，赫尔德改变了他先前对语言的看法，现在他真正靠近了哈曼的思想：自然万物和人类历史都是上帝的语言，上帝的意图是隐而未显的，它就隐藏在他的话语背后，人只有通过信仰，通过上帝的启示才能接近上帝的意图。在1774年完成《又一种教育人类的历史哲学》一书中，赫尔德把他的历史主义思想和宗教思想进行了综合。一方面，他从历史主义的角度出发，反对启蒙主义者把启蒙时代的价值看作是衡量一切民族和时代的标准的做法，认为每一个时代和民族都有其自身的价值，都是上帝意图的一种实现。在这种观点理解下被启蒙思想家所强烈诟病的中世纪在赫尔德那里也获得了相应的价值，他认为中世纪作为历史发展的一个阶段，也有其自身的价值；另一方面，赫尔德从新的对《圣经》的理解出发，反对启蒙思想家所认为历史是在不断进步的观点，在这种观点看来随着历史的发展，人类会越来越幸福，也会越来越讲道德，相反赫尔德认为历史背后是早已注定了的只有上帝才知道的计划。人好像是在根据自己的意志而行动，实际上并不能摆脱上帝的天意。从这里我们可以看出，在布克堡时期赫尔德历史哲学思想已基本形成，即既看到每个民族和时代存在的价值和意义，又看到人类历史作为一个整体的它的价值和目标，只是由于此段时期赫尔德浓郁的宗教情绪，他虽然强调了每个民族和时代的意义，但是对上帝启示的过分强调使他在整个人类历史的意义和目标上陷入了不可知论。需要指出的是，基督教神学思想一直是赫尔德理解和看待人类历史的重要维度，只是他同时作为启蒙时代的产儿，他试图综合基督教神学思想和理性精神。

五、魏玛时期综合自然主义与历史主义的历史哲学

在魏玛公国当大官的歌德的帮助下，在布克堡度孤独而失落地度过了五年多的赫尔德终于在1776年10月1日也搬到了魏玛。从赫尔德搬到魏玛这一天开始，除了中间有几次短暂的离开，直到1803年去世，赫尔德一直都待在魏玛。在魏玛是赫尔德一生事业的高峰，他除了担任魏玛教区总监，还兼任了宫廷牧师长、首席宗教顾问和宗教委员会主席等十多个职务。可能是由于外部境遇的好转，赫尔

[1] 《人类最古老的文献》是赫尔德在布克堡时期创造的著作，其主题是把《圣经》"创世纪"看作是上帝最初的启示，人类只有通过信仰、通过上帝的自我显现才能理解上帝的意图。

德的宗教思想也发生了改变，他几乎抛弃了他在布克堡时期的宗教观。这从他分别在1782年和1783年出版的《论希伯来诗歌的精神》中就可以看出来，在这本书中《圣经》被重新看作是一个东方游牧民族的诗歌，他从民族的特点、生活方式以及一个民族的语言、宗教和历史来看待这个诗歌的本质和发展。宗教观的转变也影响了他对历史哲学的思考，这突出体现在他在这一时期创作的《关于人类历史哲学的思想》(1784—1791年)一书中。在这本著作中，赫尔德融合了当时自然科学发展中的最新知识，特别是生理学、比较生物学和解剖学等方面的知识，试图像康德在《一般自然史与天体理论》中所做的一样，从自然主义的立场来说明人类的起源和人类的历史；同时他试图根据他把心理学建立在生理学基础之上的观点，把人的自然史和文化史展现为一个有机的发展过程。虽然与在《又一种教育人类的历史哲学》中一样，赫尔德在《关于人类历史哲学的思想》中也强调每个民族和时代自身的价值，并且认为每个民族都是一个有机体，都有其自身的生命力和从其自身才能理解的幸福中心，但是这两本著作在看待人类的命运，以及人类历史的目标上却不一样。如上一段所述，在《又一种教育人类的历史哲学》中，赫尔德从一种完全的基督教信仰角度出发，认为人类的命运和人类历史的目标是不可知的，上帝的意图对人是完全隐而未显的；而在《关于人类历史哲学的思想》中，他虽然还是认为人由于理性的有限无法完全领会上帝的意图，但是人却可以通过自己有限的“理性”和“公道”在具体的历史过程中逐渐地理解自己的命运，走向人类的目标，这种命运、这个目标就是“人道”。❶ 除了刚才提到的《论希伯来诗歌的精神》和《关于人类历史哲学的思想》以外，赫尔德在魏玛时期创作的作品主要还有《论雕塑》(1778年)、《论人类灵魂的认识活动和感觉活动》(1778年)、《促进人道书简》(1793—1797年)，以及赫尔德批判他曾经最崇敬的老师康德的《纯粹理性批判》和《判断力批判》的著作——《论经验和知性——一种关于 < 纯粹理性批判 > 的形而上学》(1799年，又译《批判后论》)和《卡利戈尼》(1800年，又译《论美》)。

1803年12月18日，一生都在为人类的命运进行思考的赫尔德离开了人世，他被安葬在魏玛市教堂。他的纪念碑上的字母AO，意为从上帝到上帝，在字母的周围镌刻着赫尔德最喜欢的一句话：“光明、仁爱、生命”，这也是赫尔德一生事业的追求，这正如卡岑巴赫所言：“碑文再一次表达了赫尔德的哲学、宗教、信仰、希望和仁爱的总的精神”❷。

---

❶ 关于“理性”“公道”和“人道”这几个概念的含义，以及它们之间的联系我将在第五章详细地讨论。

❷ 卡岑巴赫. 赫尔德传[M]. 任立，译. 北京：商务印书馆，1993：108.

六、结语

赫尔德历史哲学思想中有着基督教神学的维度、近代自然科学的维度,以及历史主义方法的维度,我们通过对他历史哲学思想形成的历史过程的梳理,可以更清楚地看到这些维度是如何相互冲突又相互融合地交织在一起的。